원리로 배우는 식품 냉동학

FOOD FREEZING TECHNOLOGY

원리로 배우는 식품 냉동학

홍근표 · 박성희 · 조연지 · 천지연 · 최미정

수학사

머리말

오늘날 사회 구조의 급격한 변화는 식생활에 많은 영향을 미치고 있으며, 이에 따라 식품의 편리성과 간편성이 강조되고 있습니다. 냉동식품이야말로 이러한 소비자의 요구를 충족시킬 수 있으며, 미래형 식품을 대표한다고 판단됩니다. 식품을 전공으로 하는 학생과 관련 업체 종사자들에게도 식품 냉동학의 중요성이 강조되고 있고, 냉동식품은 이미 우리 식생활의 대부분을 차지하고 있지만 여전히 식품 냉동학은 식품의 저장 측면에서만 교육되고 있습니다.

식품 냉동학을 이해하기 위해서는 물질의 변화에 대한 본질적인 이해와 함께 급변하는 기술에 뒤처지지 않을 수 있는 정보의 제공이 무엇보다 중요합니다. 외국에서는 매년 식품 냉동에 관한 최근 연구 자료를 바탕으로 다양한 서적을 발간하고 있으며 관련 기술에 대한 업데이트를 활발하게 진행하고 있지만, 국내의 식품학 관련 전공 서적은 일부 도서를 제외하고는 식품 냉동학을 교육 목적으로 하는 도서는 찾기 힘든 실정입니다.

이에 이 책은 식품 냉동을 연구하고 있는 분들을 주요 집필진으로 구성하여 기존 서적들에서 제공하지 않는 새로운 지식을 제공하고 관련 자료들을 보강하는 데 많은 노력을 기울였습니다. 이 책은 독자들의 이해의 폭을 넓히기 위하여 각 장을 스토리텔링하여 내용을 구성하였습니다. 또한 냉동 현상을 깊이 있게 이해하기 위하여 다양한 이론과 원리를 단위조작 측면에서 제공하고자 하였으며, 이를 활용할 수 있는 실무 능력을 높이고자 관련된 다양한 예제 풀이를 제공하였습니다.

비록 지식과 연구 분야의 한계로 일부 내용에서는 여전히 정보 조사에 불충분한 부분이 있다고 판단되지만, 이는 향후 계속적으로 내용을 추가하고 업데이트하면서 개선해 나갈 수 있다고 봅니다.

끝으로 이 책을 집필할 수 있도록 이끌어 주신 저자들의 스승이자 식품 냉동공학의 대학자이신 민상기 교수님께 깊은 감사의 말씀을 드리며, 책이 출판될 수 있도록 많은 도움을 주신 수학사 관계자 여러분께도 진심으로 감사의 뜻을 전합니다.

저자 일동

차례

1 식품 냉동학의 기초

2 물의 특성

3 냉동의 기본 원리

4 냉동과 식품의 품질

7 주요 냉동식품

부록

1

식품 냉동학의 기초

학/습/목/표

1. 식품 산업에서 냉동의 필요성을 이해한다.
2. 냉동식품의 정의와 규격을 이해한다.
3. 에너지와 관련된 물리량의 기본 개념을 이해한다.

식품 냉동이란 식품에서 열을 빼앗아 주위보다 온도를 낮추는 과정이다. 그 결과 액체인 물은 고체인 얼음으로 상태가 바뀌게 된다. 물은 식품을 구성하는 대표적인 성분으로 대부분의 식품에 많은 양의 물이 들어 있다. 심지어 건조식품에도 물은 존재한다. 물은 사람을 포함한 동식물 들이 생명 현상을 영위하는 데 가장 중요한 물질이지만, 식품의 부패를 유발하는 미생물의 성장에도 필수적인 요소이다. 따라서 물은 식품의 저장성에 부정적인 영향을 미치게 되므로 식품을 안전하게 오랜 기간 보존하기 위해서는 식품에 존재하는 물을 건조시키거나 냉동하여 보존할 필요가 있다. 여기에서는 식품 냉동학이 중요한 이유를 알아보고, 냉동의 개념을 구체적으로 살펴보기로 한다.

1. 식품 냉동의 필요성

현재 식품 산업에서 냉동식품이 차지하는 비중은 매우 높으며, 전 세계적으로 냉동식품 시장의 규모는 매년 증가하고 있다. 해외 조사 자료에 따르면 2000년대 이후 전 세계 냉동식품 시장은 매년 평균 3.7%의 신장세를 보이고 있으며, 우리나라의 냉동식품 시장도 평균 4.2%로 크게 증가하는 추세이다. 이렇게 전 세계적으로 냉동식품 시장이 성장하게 된 원인은 시대별 식품에 대한 소비자 요구의 변화와 관련이 있다. 우리나라의 경우 일제강점기와 6·25전쟁을 거치면서 국민들의 최대 관심사는 기아 탈출에 있었다. 따라서 1970년대까지 식품 산업은 주로 대량생산과 대량 공급 위주에 초점을 맞추어 성장하였다. 식품 산업이 정착되면서 1979년 냉동만두 생산을 시작으로 본격적인 냉동식품 산업이 이루어졌다. 반면 소득 수준이 향상됨에 따라 1980년대에는 양질의 원료 사용과 국산 재료의 활용이 식품 산업의 주요 관심사로 떠올랐다. 특히 1986년 아시안게임과 1988년 올림픽을 계기로 생활 소득이 크게 향상되면서 1990년대 식품 산업에서는 화학 첨가물의 사용을 지양하고 천연 첨가물을 활용한 식품 생산이 급증하게 되었다. 2000년대에 들어서면서 건강 지향 식품에 대한 소비자 요구가 급증하였고, 이에 기능성 식품functional foods 및 건강식품healthier foods 시장이 크게 확대되기 시작하였다. 2010년대로 넘어오면서 1인 가구 및 노령인구 증가 등 사회 구조 변화가 심화되고, 여성의 사회 진출이 계속해서 확대되면서 편의 식품에 대한 관심도 높아졌다. 특히 가정식을 대체할 수 있는 양질의 가정대용식home meal replacement, HMR의 소비가 크게 증가함으로써 가정에서 간단하게 활용할 수 있는 냉동 형태의 제품들이 활발히 개발되어 판매되고 있다. 현재 우리나라의 냉동식품 시장은 주로 식육류와 수산물이 대부분을 차지하고 있는 가운데, HMR 식품 시장 규모는 전체 냉동식품 산업의 14%를 차지하고 있다. 하지만 2010년 이후 HMR 식품 시장의 성장세는 매년 4.5%로 냉동 식육 제품 시장보다 빠르게 성장하고 있다. 따라서 미래에는 냉동 HMR 식품의 활용 가치가 보다 더 높아질 것으로 전망된다.

우리나라 냉동식품 산업의 발전은 사회 구조 및 소비자 의식 구조의 변화와 밀접한 관련이 있다. 과거 냉동식품은 저급한 원료를 사용하는 질 낮은 식품으로 간주하였지만, 최근에는 냉동식품의 우수한 영양 가치를 인정받고 있다. 미국 조지아 대학교는 냉동 농산물의 비타민 함량이 신선 농산물과 유사하거나 혹은 우월하다는 결과를 보고하였다. 실제로 식품의 냉동은 원료 및 식품 자체가 갖는 영양, 향미, 품질을 보존하는 데 가장 우수한 방법이다. 또한 냉동식품은 −18°C 이하의 온도에서 저장되므로 미생물이 증식할 수 없으며, 냉동하기 전에 충분한 전처리 과정을 거치기 때문에 위생적인 식품으로 볼 수 있다. 특히 식품을 냉동 저장하는 경우 보존료 등의 화학 첨가물이나 방부제를 사용할 필요가 없기 때문에 안전한 식품이다. 따라서 과거의 냉동식품은 신선 및 냉장 식품에 비하여 저가에 판매되었지만, 최근에는 오히려 냉동 가공식품이 냉장 가공식품보다 비싼 가격으로 판매되고 있다. 냉동식품은 필요한 양만을 사용할 수 있고, 가정에서도 장기간 저장할 수 있으므로 유통 기간이 지나면 버려지는 냉장식품보다 경제적이라고 할 수 있다.

식품 냉동은 향후 식품 산업 분야에서 그 중요성이 커질 것으로 전망되고 있기 때문에, 우리는 식품 냉동의 필요성에 대해 생각해 볼 필요가 있다. 최근 기후 변화에 따라 한반도의 기온도 지난 100년간 약 1.8°C가 상승한 것으로 발표되었다. 우리가 느끼기에는 매우 미소한 변화임에도 불구하고 이러한 변화는 현재 한반도 식량 자원의 생산 판도를 바꾸고 있는 실정이다. 농산물 원료 측면에서 한반도 남부에서는 전통적으로 생산되던 온·한대 작물의 생산량이 감소하면서 이를 아열대 작물이 대체하기 시작하였다. 수산물 생산 면에서도 해수면 상승 등으로 전복, 광어, 굴 등 양식 수산물이 대량 폐사되어, 이로 인한 공급 불안정이 심화되고 있다. 결국 기후 변화로 인한 이러한 결과는 식재료의 가격 상승을 초래하고 있으며, 이를 대체하기 위하여 저가의 수입산 원료들이 수입되고 있는 실정이다. 중국에 일본의 급속 냉동 기술이 보급된 이후 중국은 고품질의 냉동 농산물을 저가에 수출하고 있다. 이에 전통적으로 국내에서 생산된 재료로 만들어 섭취하던 한식은 중국산 식재료를 이용하여 제조되기에 이르렀다. 그런데 일부 중국산 식재료는 여전히 처리 공정이 불분명하고, 안전성에 문제가 있음이 보고되고 있다. 이러한 문제점 해결을 위해 고품질 국산 식재료를 급속 냉동하여 안정적으로 보급할 수 있는 기술이 요구되고 있다.

앞에서 서술한 바와 같이 사회 구조 변화에 따라 1인 가구와 노령인구가 늘어나는 추세이고 여성의 사회활동이 활발해지고 있으며, 여가 시간의 증가로 캠핑족 등이 늘어나면서 일반 가정에서도 편의 식품에 대한 수요가 급증하고 있다. 냉동식품의 경우 전처리를 완료한 후 냉동하기 때문에 조리만으로 섭취가 가능한 즉석조리식품ready to cook, RTC 또는 가열만으로도 섭취할 수 있는 즉석섭취식품ready to eat, RTE 제품에 가장 효과적으로 적용할 수 있다. 이들 제품은 일반 원료를 구입하여 가정에서 조리했을 때에 비하여 가격이 비싼 것은 사실이지만 장기적인 관점에서 버려지는 식품 폐기 자원을 고려한다면 냉동식품이 보다 경제적이라고 할 수 있다. 결국 식품의 냉동은 장기 저장의 수단일 뿐만 아니라 HMR 제품의 제공을 가능케 함으로써 소비자에게 편리함과 즐거움을 동시에 제공할 수 있는 수단으로 매우 활용 가치가 높다고 할 수 있다.

2. 냉동식품의 정의

우리는 일상생활에서 냉동冷凍과 동결凍結이라는 용어를 자주 사용하지만, 두 개념을 구분하기보다는 혼용하여 사용하는 경우가 많다. 영어에서도 두 개념을 모두 'freezing'으로 정의하며 두 용어 간의 차이를 명확히 구별하지 않는다. 그럼에도 사전적 의미를 살펴보면 냉동이란 "식품 등 물질로부터 열을 빼앗아 그 자체의 온도를 낮추는 조작oporation 또는 처리 공정process"으로 정의하는 반면, 동결은 "냉동의 결과로 물이 얼음으로 전환된 상태"라고 정의한다. 따라서 냉동식품이란 냉동 처리로 제조하여 동결 저장하는 식품이라고 할 수 있다. 식품 과학 분야를 전공하는 학생이나 관련 분야 종사자는 각종 식품의 정의와 규격을 알아보기 위하여 『식품공전Korean Food Standard Codex』을 한번쯤은 찾아본 경험이 있을 것이다. 『식품공전』은 식품의 안전한 관리를 위한 제조 및 규격을 정리해 놓은 기준서이다. 『식품공전』에는 냉동식품을 "제조, 가공 또는 조리한 식품을 장기 보존할 목적으로 냉동 처리, 냉동 보관하는 것으로서 용기, 포장에 넣은 식품"이라고 정의되어 있다. 이를 통해 냉동식품으로서 구비해야 하는 조건은 다음과 같다.

1) 전처리

일반적으로 식품 원료나 가공식품은 전처리pretreatment가 반드시 수반되어야 한다. 냉동식품의 전처리는 하나의 처리 공정을 의미하지 않고 냉동에 의해 발생할 수 있는 식품의 안전성 및 품질 저하를 방지하기 위한 복합적인 공정을 총칭하며, 적용되는 전처리 공정은 식품의 종류에 따라 다르다. 기본적으로 냉동식품의 원료는 선별(혹은 비가식 부위의 제거) 및 세척을 통해 초기 오염도를 낮추고, 예비 냉각 과정을 거쳐 냉동 처리한다. 일부 농산물의 경우는 세척한 후 데치기blanching 과정을 거쳐 냉동하며, RTE 제품은 조리cooking한 후 냉동 처리한다. 빙과류는 냉동 상태로 섭취하기 때문에 냉동하기 전에 충분한 살균이 이루어져야 한다. 식품에 따른 전처리 방법은 제7장에서 상세히 설명하기로 한다.

2) 급속 냉동

전처리가 완료되면 식품은 본격적인 냉동 처리를 하게 된다. 이때 식품은 냉동하기 전과는 다른 이화학적 특성 변화가 일어난다. 이때 발생하는 품질 변화는 다양한 요인에 의해 영향을 받게 되는데 그중 중요한 요인 중의 하나가 냉동 속도이다. 일반적으로 식품은 냉동 과정 중 수분이 얼음으로 전환되면서 조직이 손상되는데, 조직 손상도는 냉동 속도에 영향을 받는다. 따라서 품질 변화를 최소화하기 위해서는 식품의 냉동은 빠르게 진행해야 한다. 이에 대한 상세한 원인과 방법들은 제5장에서 상세히 다루도록 한다. 급속 냉동은 온도, 냉동고 내부 공기의 유속, 식품의 크기 등에 의해 영향을 받기 때문에, 이들 인자들이 냉동 속도에 미치는 효과를 이해하여 높은 효과를 얻을 수 있는 냉동 기술이 적용되어야 한다.

3) −18℃ 이하 저장

냉동 저장이란 식품의 어는점freezing point 이하의 온도에서 저장함을 의미한다. 식품의 어는점은 식품 종류에 따라 다른데 일반적으로 −1~−5℃ 범위에서 관찰된다. 그러나 이러한 온도 영역에서도 미생물의 증식이 일어나며, 실제로는 −10℃의 저온에서도 증식하는 미생물이 있다(표 1-1). 따라서 장기 저장을 위한 냉동 온도는 이보다 낮아야 한다. 이에 대해 1950년대 미국 농무성에서는 냉동 온도별 식품의 저장성을 비교한 결과 −18℃ 이하에서는 1년간 품질 보존이 가능하다는 연구 결과를 발표하였다. 이에 우리나라를 포함한 많은 국가에서는 −18℃(0°F)를 냉동 저장의 기준 온도로 삼고 있다. 하지만 냉동 저장은

표 1-1 미생물의 생육 온도 범위

분류	생육 온도(℃)			세균 종류
	최저	최적	최대	
극저온성 (Obligate psychrophile)	-10	10	20	*Flavobacterium*, *Arthrobacter glacialis* 등
저온성 (Psychrophile)	-10	20~30	42	*Pseudomonas fragii*, *Pseudomonas fluorescens*, *Aeromonas* spp., *Psychrobacter*, *Enterococcus* 등
중온성 (Mesophile)	5	28~43	52	*Escherichia coli*, *Bacillus subtilis*, *Salmonella*, *Staphylococcus* 등
고온성 (Thermophile)	30	50~65	70	*Bacillus coagulans*, *Bacillus stearothermophilus*, *Clostridium thermosaccharolyticum*, *Thermus thermophilus* 등
극고온성 (Extreme thermophile)	65	80~90	100	*Thermotoga*, *Thermococcus*, *Pyrococcus* 등

식품의 품질 변화를 느리게 할 뿐이지 그 변화를 멈추게 할 수는 없다. 그 예로 최근에는 -18℃보다 낮은 온도에 저장한 식품의 품질이 더욱 우수하다는 연구 결과도 보고되었으며, -60℃ 가정용 심온 냉동고도 생산되고 있다.

4) 포장

냉동식품의 품질 보존을 위해서는 제품에 맞는 포장 재질과 방법의 선택이 매우 중요하다. 냉동 저장 과정 중 식품 중의 얼음은 승화되어 표면 건조가 발생하게 된다. 그 결과 제품의 중량 감소 등 금전적 손실이 발생할 뿐만 아니라, 건조된 식품 조직이 공기와 접촉하여 냉동변색freezer burn과 같은 산화적 갈변browning 현상을 일으킬 수 있다. 따라서 냉동식품은 반드시 포장하여 저장해야 한다. 냉동식품을 포장하는 경우 포장 재질의 선택에도 주의를 기울여야 한다. 기본적으로 내수성과 내기성이 우수한 재질이 필요하며, 장기간 저온에 방치되어도 손상되지 않을 정도의 경도와 내한성이 있어야 한다. 특히 냉동 RTC 제품용 포장은 냉동 상태에서 바로 조리하기 때문에 내열성에 대한 고려도 필요하다. 최근에는 전자레인지에 직접 활용할 수 있는 포장지가 상용화되었을 뿐만 아니라, 냉동 저장 과정 중 제품의 온도 이력을 알 수 있는 센서를 적용한 포장지의 개발도 활발하게 이루어지고 있다.

3. 냉동식품의 분류

냉동식품을 분류하는 기준은 다양하다. 냉동식품은 원료에 따라 농산식품, 축산식품, 수산식품, 조리식품 및 기타 냉동식품의 5종으로 분류할 수 있으며, 판매 대상에 따라 기업의 가공식품 원료로 공급되는 B2Bbusiness to business 또는 직접 소비자에게 판매되는 B2Cbusiness to consumer로 분류할 수 있다. 반면 『식품공전』에서는 냉동식품을 섭취하기 전 살균의 필요 여부에 따라 가열하지 않고 섭취하는 냉동식품과, 가열하여 섭취하는 냉동식품으로 분류하고 있는데 여기에서는 『식품공전』상의 분류 기준을 좀 더 상세히 살펴보기로 한다.

1) 가열하지 않고 섭취하는 냉동식품

이는 별도의 가열 과정 없이 그대로 섭취할 수 있는 냉동식품을 의미한다. 따라서 원료의 위생 안전성이 크게 요구되는 제품이라 볼 수 있으며, 대표적으로 냉동 떡, 냉동 훈제연어 등이 있다. 이들 제품의 제조, 가공 기준은 표 1-2와 같다.

표 1-2 가열하지 않고 섭취하는 냉동식품의 규격 기준

기준	세균 수	대장균군	대장균	유산균 수
검사 시료 수(n)	5	5	5	표시량 이상
최대 허용 시료 수(c)	2	2	2	
미생물 최소 허용 기준 (m)[1]	100,000	10	0	
미생물 한계 허용 기준 (M)[2]	500,000	100	10	
비고	발효 제품, 발효 제품 첨가 또는 유산균 첨가 제품은 제외	살균 제품에 해당	살균 제품은 제외	유산균 첨가 제품에 해당

[1] 결과가 m 이하인 경우 적합

[2] 결과가 n수 중 하나라도 M을 초과한 경우 무조건 부적합

2) 가열하여 섭취하는 냉동식품

섭취할 때에 별도의 가열 과정을 거쳐야만 하는 냉동식품으로, 이에 대한 제조, 가공 기준은 표 1-3과 같다. 섭취 시 반드시 가열 처리해야 하므로 가열하지 않고 섭취하는 냉동식품의 세균 수에 비하여 미생물 최소 허용 기준과 미생물 한계 허용 기준이 10배 정도 높은 것이 특징이다. 이들은 다시 냉동 전 비가열 식품과 가열 식품으로 나뉘는데, 냉

표 1-3 가열하여 섭취하는 냉동식품의 규격 기준

기준	세균 수[1]	대장균군	대장균	유산균 수
검사 시료 수(n)	5	5	5	표시량 이상
최대 허용 시료 수(c)	2	2	2	
미생물 최소 허용 기준(m)[2]	1,000,000	10	0	
미생물 한계 허용 기준(M)[3]	5,000,000	100	10	
비고	발효 제품, 발효 제품 첨가 또는 유산균 첨가 제품은 제외	살균 제품에 해당	살균 제품은 제외	유산균 첨가 제품에 해당

[1] 살균 제품의 세균 수는 가열하지 않고 섭취하는 냉동식품의 규격을 따름

[2] 결과가 m 이하인 경우 적합

[3] 결과가 n 수 중 하나라도 M을 초과한 경우 무조건 부적합

동 전 비가열 식품은 전체 원료 또는 일부 원료를 가열하지 않고 냉동하여 섭취하기 전에 반드시 가열해야 하는 제품을 가리키며 대표적으로 냉동만두가 여기에 속한다. 냉동 전 가열 식품은 냉동하기 전 조리를 실시한 제품으로 대부분의 냉동 조리식품이 여기에 속한다. 냉동 돈가스나 치킨너겟 등의 제품은 과거에는 냉동 전 비가열 제품 형태로 생산되었지만 최근에는 유탕 처리frying 후 냉동한 형태도 개발되었다. 따라서 가열하여 섭취하는 냉동식품은 냉동 전 가열 여부를 제품 포장지에 추가로 표시하여야 한다.

4. 식품 냉동학의 기본 개념

식품 냉동학은 냉동 현상과 원리, 냉동에 의한 식품의 변화, 다양한 냉동 기술을 다루는 학문이다. 냉동 현상이란 식품의 열heat을 외부로 배출시키는 과정이며, 따라서 냉동 과정을 이해하기 위해서는 열을 포함한 에너지의 개념들을 명확하게 이해해야 한다. 여기에서는 냉동 원리의 이해를 위한 에너지 및 냉동 현상과 관련된 중요한 물리량들의 개념을 먼저 정리해 보기로 한다.

1) 에너지

에너지energy, E는 일할 수 있는 능력으로 정의하며, 모든 물질은 에너지를 가지고 있다. 에너지는 기계적 에너지, 퍼텐셜에너지, 탄성에너지, 화학에너지, 전기에너지 등 다양한 형태로 존재하며, 하나의 형태에서 다른 형태로 전환될 수 있다. 또한 에너지는 외부에서

물질로 들어갈 수도 있고, 물질로부터 외부로 빠져나올 수도 있는 어떤 흐름과 같은 존재이다. 결국 에너지는 한 물체에서 다른 물체로 전달될 수 있는데, 이 경우 에너지는 일work과 열heat의 형태로만 전달된다. 따라서 에너지, 일과 열은 모두 줄Joule, J이라는 동일한 단위를 갖는 물리량이며, 물질이 갖는 에너지의 변화는 일과 열의 역학 관계에 의해 결정된다.

2) 일

물리학에서 일work, W은 힘(F)과 이동 거리(x)의 곱으로 정의한다.

$$W = -F \cdot \Delta x$$

일은 에너지이기 때문에 단위로 J을 사용하지만, 위 수식에 의하면 다음과 같은 기본단위로 변환될 수 있다.

$$1\ \mathrm{J} = 1\ \mathrm{kg} \cdot \mathrm{m}^2/\mathrm{s}^2$$

여기에서 우리는 다음에 살펴볼 열역학 제1법칙first law of thermodynamics을 이해하기 위하여 위의 수식에서 음의 부호가 사용된 의미를 이해할 필요가 있다. 그림 1-1과 같이 냉장고에 F라는 힘을 가하여 냉장고를 옮겼다면, 이 경우 냉장고를 옮긴 사람은 F에 해당하는 힘을 가한 결과 피곤함을 느낄 것이다.

이는 냉장고를 옮긴 사람이 가지고 있는 W만큼의 에너지를 소모한 결과이며, 소모된 에너지는 일의 형태로 물체로 전달되었다. 따라서 힘을 가한 주체는 일의 형태로 에너지

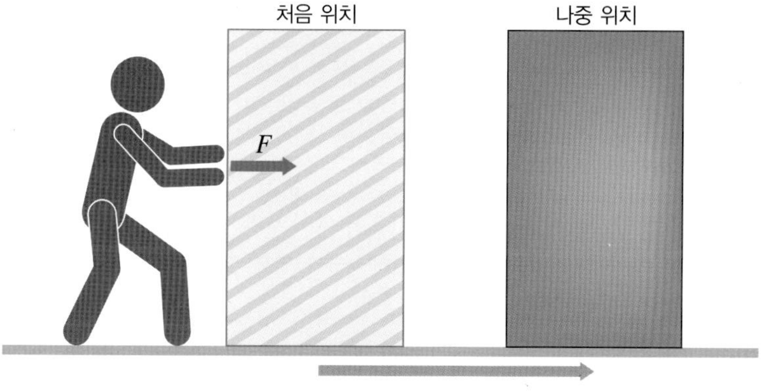

그림 1-1 기계적 일

표 1-4 일의 종류

종류	수학적 관계	관여하는 물리량
기계적 일	$F\Delta x$	힘(F), 거리 변화(Δx)
전기적 일	$E\Delta q$	전위차(E), 전하 변화(Δq)
중력에 의한 일	$mg\Delta h$	질량(m), 중력 가속도(g), 높이 변화(Δh)
표면 일	$\gamma\Delta A$	표면장력(γ), 면적 변화(ΔA)
팽창에 의한 일	$P\Delta V$	압력(P), 부피 변화(ΔV)

를 잃고, 힘이 가해진 물체는 에너지를 얻기 때문에 수식에 음의 부호가 들어간다. 앞서 살펴본 예는 기계적인 일의 한 부분이며, 이외에도 일은 전기적 일, 중력에 의한 일, 표면 일, 팽창에 의한 일 등 다양한 형태가 있다(표 1-4).

이 중 팽창에 의한 일은 냉동 장치의 작동 원리와 관련이 있으며, 기계적인 일과 매우 유사하다. 그림 1-2와 같은 실린더가 있다고 가정해 보자. 실린더 내부에 어떤 변화가 생겨 내부 공기 분자들의 운동에너지가 커지면 내부 압력이 증가하여 피스톤을 들어 올리게 된다.

그 결과 실린더의 부피는 처음 상태 V_1에서 나중 상태 V_2로 ΔV만큼 증가한다. 이 경우 팽창 일은 아래와 같이 표현할 수 있다.

$$W = -P\Delta V = -\frac{F}{A}\Delta A h = -\frac{F}{A}A\Delta h = -F\Delta h$$

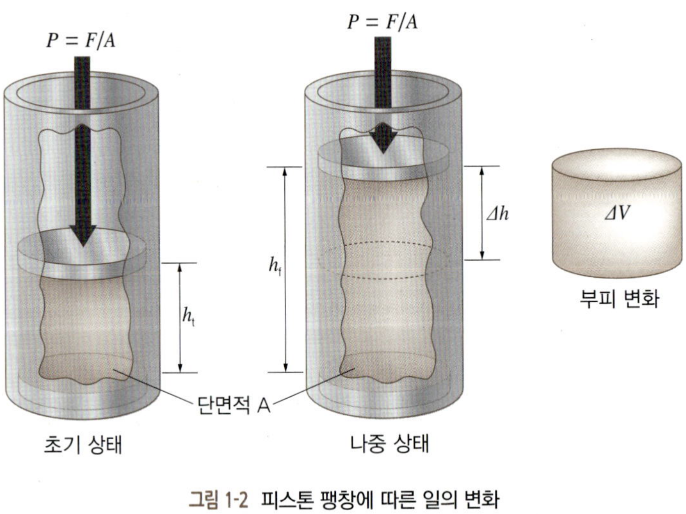

그림 1-2 피스톤 팽창에 따른 일의 변화

위 식에서도 동일하게 음의 부호가 사용되고 있으며, 피스톤의 단면적 A가 일정하기 때문에 팽창에 의한 일은 기계적인 일과 동일한 수식으로 표현될 수 있다. 따라서 피스톤은 주위 공기에 압력($P=F/A$)을 가하였고, 그 결과 부피($V=Ah$)가 팽창하여 W만큼의 일을 주위 공기로 전달하였다.

예제 1.1

293 K에서 에테인 7.5 g은 4.82 L를 차지한다. 기체가 0.5기압의 일정한 외부 압력에 대해 부피가 6.98 L가 될 때까지 등온 팽창할 때 이루어지는 일을 계산하시오.

풀이 단위 환산에 의해 초기 에테인의 부피와 압력은 0.00482 m^3 및 50,662.5 Pa이며, 동일한 온도와 압력에서 나중 부피는 0.00698 m^3로 팽창하였다. 따라서 에테인이 한 일을 계산하면 다음과 같다.

$$W=-P\Delta V=-(50{,}662\ \text{Pa})(0.00698-0.00482\ \text{m}^3)=-109.4\ \text{Pa}\cdot\text{m}^3$$

따라서 에테인은 주위에 109.4 J의 일을 하였다.

3) 열

열heat, Q을 정의하기 위하여 아이스커피를 상상해 보자. 뜨거운 커피에 얼음을 많이 넣으면 커피는 얼음에 열을 제공하여 자신은 차갑게 냉각된다. 따라서 열이란 뜨거운 커피와 차가운 얼음 간의 온도 차이로 인하여 전달된 에너지의 형태로 정의해 볼 수 있다. 얼음으로 전달된 열은 얼음을 구성하는 물 분자들이 수소결합이라는 속박에서 벗어날 수 있는 운동에너지로 전환됨으로써 얼음은 물로 전환된다. 역으로 냉동은 물 분자들이 갖고 있는 운동에너지를 열의 형태로 주위(공기)로 배출하는 과정이다. 물은 열을 흡수하여 수증기가 되거나 열을 방출하여 얼음으로 전환된다. 이 과정에서 열은 다시 현열sensible heat과 잠열latent heat로 구분된다. 이를 이해하기 위하여 상온의 물을 -18°C의 얼음으로 냉

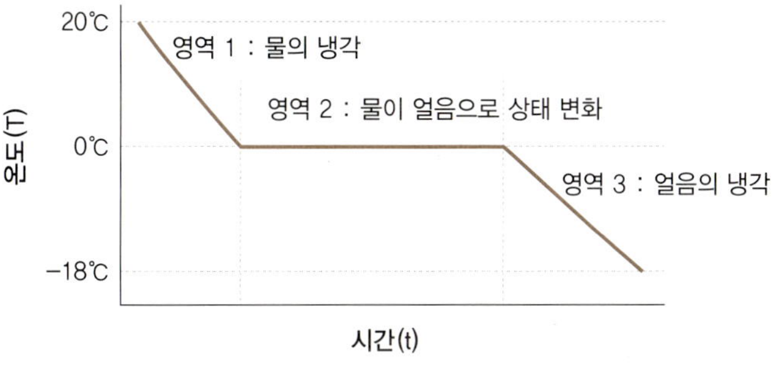

그림 1-3 물의 냉각 과정에서 온도 변화

동시키는 과정에서 물의 온도 변화를 살펴보면 그림 1-3과 같다.

영역 1에서 물은 냉각에 의해 물 분자들의 평균 운동에너지가 감소하고, 감소한 운동에너지는 열의 형태로 방출된다. 따라서 현열이란 물질의 상태 변화와는 무관하며 온도 변화에 관여하는 열로 정의할 수 있다. 이때 관여한 현열의 양은 물질의 질량(m), 비열(c)과 온도 변화($\Delta T = T_{최종} - T_{초기}$)를 모두 곱하여 다음과 같이 계산할 수 있다.

$$Q = mc\Delta T$$

비열의 개념에 대해서는 뒤에 상세히 다루기로 한다. 위 식에서 냉각 과정에서는 최종 온도가 초기 온도보다 낮기 때문에 현열의 양은 음의 값을 갖게 되며, 이는 Q에 해당하는 열이 방출되었음을 의미한다. 이에 반하여 영역 2에서는 물이 얼음으로 전환되는 단계로 온도가 일정하게 유지되고 있다. 이 단계에서 물 분자 간의 인력 때문에 속도가 가장 느린 분자들은 작은 얼음의 구조로 규칙적인 정렬을 시작하여 큰 얼음 구조를 갖추게 된다. 따라서 분자의 평균 운동에너지와 온도는 변화가 없지만 분자들의 퍼텐셜에너지 potential energy는 낮아진다. 낮아진 퍼텐셜에너지는 열의 형태로 제거된다. 이렇게 제거되는 열을 잠열이라 하며, 물체의 상태 변화에 관여하지만 온도 변화에는 관여하지 않는 열로 정의한다. 상태 변화에 따른 물의 잠열은 다음과 같다.

융해 잠열 latent heat of fusion = 334 J/g

증발 잠열 latent heat of vaporization = 2,257 J/g

즉, 물이 어는 과정에서는 334 J/g의 열을 방출하고, 얼음이 녹는 과정에서는 동일한 열이 흡수된다.

예제 1.2

10℃의 물 10 kg을 -20℃의 얼음으로 냉동시키는 데 제거되어야 할 열량을 계산하시오.

풀이 냉동 과정은 물의 냉각 과정, 물과 얼음의 상태 변화 과정 및 얼음의 냉각 과정 3단계로 이루어지며, 각 단계에서 제거되어야 할 열량을 계산하면 다음과 같다.

$$Q_{물의\ 냉각} = m \cdot c_{p,물}\ \Delta T = 10\ kg \times 1\ kcal/kg \cdot K \times (283 - 273\ K) = 100\ kcal$$

$$Q_{상태\ 변화} = m \cdot L = 10\ kg \times 80\ kcal/kg = 800\ kcal$$

$$Q_{얼음의\ 냉각} = m \cdot c_{p,얼음}\ \Delta T = 10\ kg \times 0.5\ kcal/kg \cdot K \times (273 - 253\ K) = 100\ kcal$$

따라서 제거되어야 할 열량은 각 단계별 열량의 합으로 100 + 800 + 100 = 1,000 kcal이다.

4) 비열과 열용량

지금까지 에너지, 일과 열의 단위로 줄(J)을 사용하였다. 국제도량형위원회에서는 에너지의 단위로 SI 단위인 줄을 권장하고 있지만, 전통적으로 널리 사용된 에너지의 단위는 칼로리calorie, cal이며, 경우에 따라서는 cal 단위가 편하게 이용될 수도 있다. 1 cal는 물 1 g을 14.5°C에서 15.5°C로 온도를 1°C 높이는 데 필요한 열량으로 정의한다. 칼로리는 다음과 같이 줄로 환산할 수 있다.

$$1\ \text{cal} = 4.186\ \text{J}$$

$$1\ \text{J} = \frac{1}{4.186}\ \text{cal} = 0.239\ \text{cal}$$

비열specific heat, c은 물질 1 g의 온도를 1°C 높이는 데 필요한 열량으로 정의된다. 물의 경우 칼로리의 정의에 의해 1 g을 1°C 높이는 데 1 cal가 필요하므로 물의 비열은 1 cal/g·°C이다.

표 1-5에서와 같이 물의 비열은 다른 물질들에 비하여 매우 높다. 이는 물의 온도를 높이기 위하여 많은 에너지가 필요하며, 물은 온도가 쉽게 변하지 않는 물질이라는 것을 의미한다. 유사한 개념으로 열용량heat capacity, C은 물질의 온도 변화를 1°C 높이는 데 필요한 열량으로 정의한다. 따라서 열용량과 비열 간에는 다음과 같은 관계가 있다.

$$C = mc$$

열용량은 가끔 비열과 혼동하여 사용되고 있지만, 엄밀한 의미에서 열용량과 비열은 서로 다르다. 비열은 물질의 고유한 특성이라고 볼 수 있지만, 열용량은 물질의 양에 따라 변한다. 예를 들어 작은 컵 안의 물과 수영장 물의 경우 비열은 같지만 열용량이 다르

표 1-5 물질의 비열

물질	비열(kcal/kg·K)	물질	비열(kcal/kg·K)
철	0.1070	얼음	0.5020
구리	0.0919	해수	0.9400
납	0.0410	물	1.0000
수은	0.0333	나무	0.51~0.65
코르크	0.4900	유리	0.14~0.22
알루미늄	0.2110	에탄올	0.5700

며, 이는 동일한 물질이지만 보유하고 있는 열의 양이 다름을 뜻한다.

예제 1.3

수분 함량 60%, 지질 함량 20%, 단백질 함량 20%를 함유한 소고기의 비열을 계산하시오.

풀이 식품의 각각의 성분별 비열은 탄수화물 0.29 kcal/kg·K, 단백질 0.38 kcal/kg·K, 지질 0.41 kcal/kg·K, 회분 0.19 kcal/kg·K이다. 이렇게 여러 성분으로 이루어진 식품의 비열은 각 성분의 질량분률(x)을 이용하여 다음 식을 통해 산출할 수 있다.

$$c_p = c_{p,1}x_1 + c_{p,2}x_2 + c_{p,3}x_3 \cdots$$

따라서, 위 식을 이용하면 소고기의 비열은 0.758 kcal/kg·K으로 계산된다.

단원 요약

- 전 세계적으로 냉동식품 시장은 매년 4% 이상의 신장세를 보이고 있으며, 가정 대용식의 소비 증가에 따라 냉동식품의 판매는 지속적으로 증가할 전망이다.
- 냉동식품은 제조, 가공 또는 조리한 식품을 장기 보존할 목적으로 냉동 처리, 냉동 보관하는 것으로 용기, 포장에 넣은 식품으로 정의한다.
- 냉동식품은 가열하지 않고 섭취하는 냉동식품과 가열하여 섭취하는 냉동식품으로 분류되며, 가열하여 섭취하는 냉동식품은 다시 냉동 전 비가열 식품과 냉동 전 가열 식품으로 나뉜다.
- 에너지란 일할 수 있는 능력으로, 하나의 형태에서 다른 형태로 전환될 수 있으며 일과 열의 형태로 전달된다.
- 일은 힘과 이동거리의 곱으로 정의되는 에너지의 형태이며, 팽창 일은 압력과 부피의 곱으로도 표현된다.
- 열은 온도 차이로 인하여 전달된 에너지의 형태이며 물질의 온도 변화에 관여하는 현열과 물질의 상태 변화에 관여하는 잠열로 구분된다.
- 비열은 물질 1 g의 온도를 1℃ 높이는 데 필요한 열량이며, 물의 비열은 1 cal/g·℃이다. 열용량은 물질의 비열과 질량의 곱으로 정의된다.

연습문제

1 다음 중 냉동식품과 관계가 없는 것을 고르시오.

① 가공하지 않고 바로 냉동시킨 식품이다.
② 급속 냉동시킨 식품이다.
③ −18°C 이하에 저장한 식품이다.
④ 적당한 용기나 재질로 포장한 식품이다.

2 다음 용어 중 틀린 것을 고르시오.

① RTE : 즉석 섭취식품
② RTC : 즉석 조리식품
③ RTH : 즉석 냉동식품
④ HMR : 가정 대용식품

3 −18°C를 바르게 °F로 바꾼 것을 고르시오.

① −18°F ② −12°F ③ −5°F ④ −0.4°F

4 현열에 대한 설명 중 옳은 것을 고르시오.

① 물체의 상태 변화에 관여하는 열
② 물체의 온도 변화에 관계하는 열
③ 현열량 = 질량 × 융해열
④ 융해열, 증발열 및 승화열은 현열에 속한다.

5 잠열과 관계가 없는 것을 고르시오.

① 비열 ② 증발열 ③ 승화열 ④ 융해열

6 얼음의 융해 잠열로 적당한 것을 고르시오.

① 80 kcal/kg
② 336 kcal/kg
③ 420 kcal/kg
④ 0.5 kcal/kg

7 1 kcal를 바르게 설명한 것을 고르시오

① 얼음 1 kg을 1°C 올리는 데 필요한 열량
② 얼음 1 g을 1°C 올리는 데 필요한 열량
③ 물 1 g을 1°C 올리는 데 필요한 열량
④ 물 1 kg을 1°C 올리는 데 필요한 열량

8 어떤 물질 10 kg에 10 kcal의 열을 가하여 온도가 2°C 상승하였다면 이 물질이 무엇인지 고르시오.

① 물
② 얼음
③ 구리
④ 철

9 0°C 물 1톤을 이용하여 0°C 얼음을 생산하는 데 필요한 열량을 고르시오.

① 3,333 kcal
② 80,000 kcal
③ 80 kcal
④ 50 kcal

10 10°C의 물 1톤으로 -20°C의 얼음을 만들고자 할 경우 소요되는 열량을 구하시오.

① 10,000 kcal
② 20,000 kcal
③ 80,000 kcal
④ 100,000 kcal

11 비체적에 대한 설명 중 바르게 설명한 것을 고르시오.

① 단위용적에 대한 무게
② 4°C에서 물의 부피
③ 단위중량의 물체가 차지하는 용적
④ 단위용적의 물체가 차지하는 중량

2

물의 특성

학 / 습 / 목 / 표

1. 물 분자의 구조에 따른 물의 물리적 특성을 이해한다.
2. 물의 상태 변화에 따른 물리적 특성 변화를 이해한다.
3. 냉동 현상의 해석을 위한 기본적인 열역학적 개념을 이해한다.

냉동 현상의 이해를 위하여 물의 특성을 살펴볼 필요가 있다. 물은 다른 물질들과는 다른 매우 독특한 물리적 특성을 가지고 있다. 이러한 특성을 보이는 원인은 물 분자들 간의 수소결합hydrogen bond 형성에 있다. 식품의 가공, 저장 및 섭취 과정에서 물은 고체, 액체 및 기체의 상태 중 하나로 존재한다. 이러한 상태의 변화는 물이 갖는 물리적 특성 변화를 수반하게 되며, 이러한 현상을 이해하고 해석하면 냉동식품의 품질 변화를 예측할 수 있다. 또한 물의 상태 변화에 따른 물리적 특성 변화를 이해하기 위해서 열역학적 지식을 활용할 필요가 있다. 여기에서는 식품 냉동의 핵심 성분인 물의 기본적 특성을 이해하고, 물의 상태 변화 과정을 이론적으로 이해하기 위한 기본적인 열역학 개념들을 살펴보기로 한다.

1. 물 분자의 구조와 수소결합

자연계에 존재하는 다른 물질들에 비하여 물은 매우 독특한 물리적 특성을 가지고 있다. 주기율표에서 16족 원소들인 산소, 황, 셀레늄, 텔루늄은 2개의 수소 원자와 공유결합을 형성하여 각각 물, 황화수소, 셀렌화수소 및 텔루르화수소 등의 수소화물hydride, XH_2을 형성한다. 표 2-1과 같이 수소화물은 중심 원자의 주기가 감소함에 따라 끓는점과 어는점은 낮아지는 특성이 있는 반면에, 물은 이러한 경향성을 보이지 않고 끓는점과 어는점이 매우 높다. 이러한 현상은 물 분자들 서로 간의 강한 수소결합의 결과인데, 물 분자들이 수소결합을 하는 이유는 물 분자의 구성 성분과 밀접한 관계가 있다.

표 2-1 수소화물의 어는점과 끓는점

화합물	화학식	어는점(℃)	끓는점(℃)
물	H_2O	0	100
황화수소	H_2S	-84	-62
셀렌화수소	H_2Se	-64	-42
텔루르화수소	H_2Te	-49	-4

1) 물의 극성

구조적으로 물 분자는 수소 원자 2개와 산소 원자 1개가 공유결합covalent bond을 하고 있으며, 산소 원자를 기준으로 2개의 수소 원자가 104.5°의 각도로 배치되어 있다(그림 2-1).

물 분자에서 산소와 수소 간의 공유결합은 492 kJ/mol의 결합 강도를 갖는다. 이러한 구조는 16족 원소들이 만드는 다른 수소화물에서도 유사하게 관찰된다. 또한 중심원자의 주기가 증가함에 따라 중심원자와 수소 간의 거리는 증가하는 반면, 수소의 배치 각도는 감소하는 특성이 있다(표 2-2). 수소화물의 유사한 구조에도 불구하고 물만이 수소결합을 형성할 수 있는 이유는 수소와 산소 간의 전기음성도electronegativity 차이 때문이다. 산소는 전기음성도가 3.44로 수소의 2.20보다 크기 때문에 산소와 수소 간의 공유 전자쌍은 산소 쪽으로 편중되며, 이로 인하여 산소는 부분적 음전하를 띠고 수소는 부분적 양전하를 띠게 된다. 따라서 물은 보편적인 극성 용매universal polar solvent로 작용한다. 반면 물 이외의 수소화물은 전기음성도가 2.10~2.58의 범위에서 존재하므로 차이가 없거나 무시할 수 있을 정도로 미약하다. 따라서 공유 전자쌍은 중심원자와 수소 간에 거의 균등하게 분포하므로 부분전하가 없으며 수소결합을 형성하지 못한다.

물 분자 상호 간의 수소결합은 약 25 kJ/mol 강도의 인력이다. 따라서 물 분자들은 다른 수소화물보다 상호 간의 인력이 강하다. 고체 상태에 열을 가하여 액체 상태로 전환시키면 물질 분자들 간의 결합력이 약화되고 분자들의 이동이 자유로워지지만, 물은 분

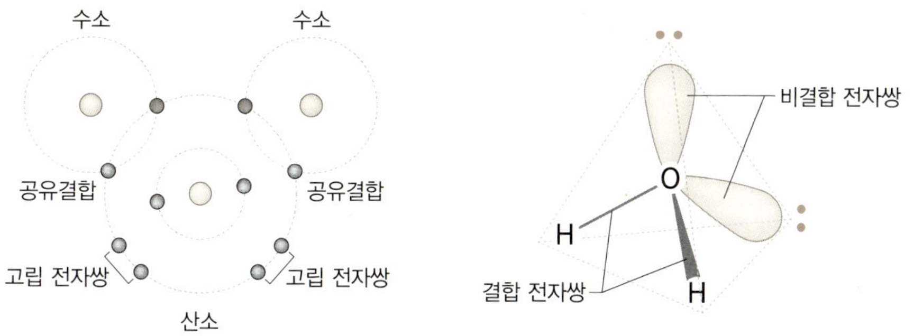

그림 2-1 물 분자의 화학 구조

표 2-2 수소화물의 구조

화합물	중심원자	중심원자의 전기음성도	중심원자와 수소 간의 거리(pm)	수소 배치 각도(°)
물	산소	3.44	95.84	104.5
황화수소	황	2.58	133.6	92.1
셀렌화수소	셀레늄	2.55	146.0	91.0
텔루르화수소	텔루륨	2.10	169.0	90.0

참고 : 수소의 전기음성도는 2.20

자들 간의 결합력이 강하기 때문에 다른 수소화물보다 높은 끓는점과 어는점을 보이게 되며 이는 물의 독특한 물리적 특성에 직접적으로 영향을 미치게 된다.

2) 물의 물리적 특성

수소결합은 물 분자 상호 간에 발생하는 비교적 강한 인력이기 때문에 전반적으로 물의 물리적 특성에 영향을 미친다. 대표적인 액체의 특성인 점도viscosity는 흐름에 대한 내부 저항으로 정의된다. 분자들 간의 인력이 강할수록 물질은 흐름에 따른 저항력이 커지므로 물은 점도가 매우 높은 액체이다. 또한 수소결합은 온도 의존적이기 때문에 물의 점도도 온도에 따라 변하는 특성이 있다. 유사하게 표면장력surface tension 또한 물질을 구성하는 분자들 간의 인력에 의해 좌우되는 물리적 특성으로, 표면에 존재하는 분자들이 서로 뭉치고자 하는 힘에 의해 발생한다. 물 분자들 간의 수소결합으로 물 분자들은 다른 물질들에 비하여 서로 뭉치고자 하는 힘이 매우 크며, 그 결과 물의 표면장력은 72~73 mM/m로 모든 액체 물질 가운데 가장 크다.

앞에서 살펴보았듯이 물은 끓는점이 상당히 높은 물질이다. 밀폐된 용기에 액체를 넣은 후 용기를 가열하면 분자들 간의 결합력이 약화되어 자유롭게 운동을 하게 된다. 그

tip 소금쟁이가 물에 뜨는 이유?

물의 내부에서 물 분자들은 사방으로 인력이 작용하고 있지만, 물의 표면에서는 물의 내부 방향으로만 인력이 작용한다. 이러한 힘의 불균형을 해소하기 위하여 표면에 존재하는 물 분자들이 뭉치고자 하는 힘을 표면장력이라 한다. 우리 주변에서 살펴보면 풀잎에 이슬이 맺히거나 소금쟁이가 물의 표면에 떠 있는 것은 물의 표면장력 때문이다.

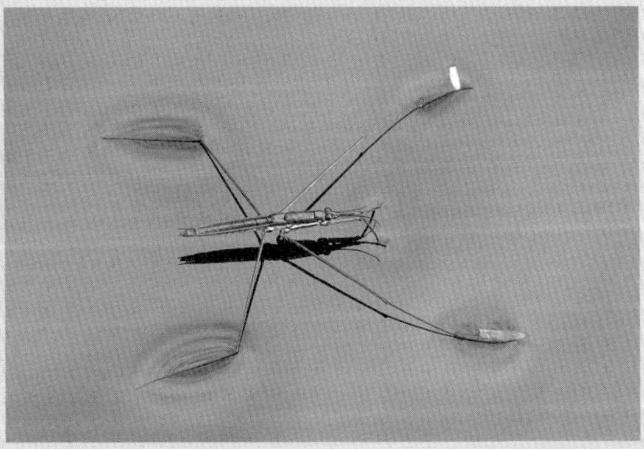

결과 용기 내부의 증기압vapor pressure이 증가하여 용기가 팽창하게 된다. 물은 서로 간의 수소결합으로 인하여 다른 물질들보다 기화시키기 어려우며, 결국 물은 다른 액체 물질들에 비하여 동일한 온도 조건하에서 증기압이 낮은 특성이 있다.

또한 물의 증발 잠열latent heat of vaporization은 25℃에서 44 kJ/mol이며, 이는 물 분자 간의 수소결합 강도의 약 2배에 해당한다. 수소결합의 온도 의존성에 의하여 물의 온도를 낮추면 물 분자들은 상당히 규칙적으로 배열하게 된다. 이때 1개의 물 분자는 인접한 4개의 물 분자와 강한 수소결합을 형성하여 사면체 형태로 배열됨으로써 고체 상태인 얼음이 된다. 흥미로운 사실은 얼음의 규칙적인 구조는 물에 비하여 부피가 크며, 이는 다른 물질과는 다른 물만의 독특한 특성 중의 하나이다. 이러한 특성은 얼음이 물에 비하여 밀도가 작다는 결과를 나타내는 것이며, 물컵 속의 얼음이 물 위로 뜨는 것은 얼음의 부피 증가에 따른 밀도 감소로 이해할 수 있다.

2. 물의 상태

1) 상태의 분류

우리는 일상생활에서 상태state라는 용어를 자주 사용한다. 물질의 상태phase는 물리적 성질에 따라 분류되는 물질의 형태라고 볼 수 있다. 기본적으로 물질은 고체, 액체 및 기체 상태로 구별되며, 동일한 물질이라 하더라도 각각의 상태가 갖는 물리적 특성은 차이가 있다. 우리는 물질의 상태를 크기와 형태로 구별할 수 있지만, 최근에는 물질을 구성하는 분자 상호 간의 작용으로 물질의 상태를 구별한다(표 2-3).

물질의 상태는 온도와 압력에 따라 그림 2-2와 같이 분류되며, 이를 상 도해도phase diagram라고 한다. 상 도해도에서 물질의 상태는 3개의 선으로 분류되며, 이들 상태를 나누는 선에서는 물질의 상태 변화가 일어난다. 선 A-B는 물질의 끓는점을 의미하며, 선 A-C

표 2-3 물질의 상태에 따른 특성

상태	특성	분자 간 작용
고체	크기와 형태를 가짐	분자들이 규칙적으로 배열되며, 분자들 간에 강한 상호작용
액체	크기를 갖지만 형태는 없음	인근 분자들 간에는 약하게 상호작용하지만 고체에 비해 현격하게 작은 상호작용
기체	크기와 형태가 없음	분자 간의 거리가 매우 멀고, 분자 간에 거의 상호작용을 하지 않음

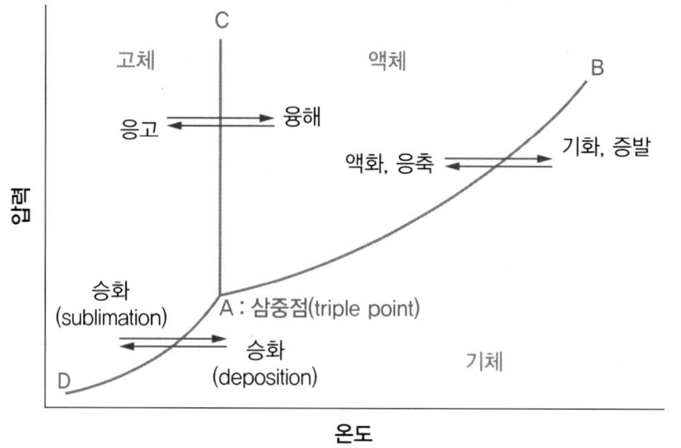

그림 2-2 물질의 상 도해도

는 물질의 어는점(또는 녹는점), 선 A-D는 물질의 승화점이다. 상 도해도에 의하면 승화점과 끓는점은 압력에 비례하여 증가하는데, 이는 모든 물질이 공통적으로 보여 주는 특성이다. 반면에 물은 물질의 어는점에서 다른 물질들과는 다른 특성을 보인다. 일반적으로 물질의 어는점은 압력이 증가할수록 증가하지만, 물은 예외적으로 압력이 증가하면 어는점이 감소하는 특성이 있다. 이는 뒤에서 설명할 얼음과 물의 부피 변화와 관련이 있다. 또한 고체, 액체, 기체 상변이의 모든 선이 모이는 점 A를 삼중점triple point이라고 하며, 이때의 온도와 압력 조건에서는 물질의 3가지 상태가 모두 공존한다.

그림 2-2에서는 물질의 상태를 기본 3가지 상태로 분류하였지만, 실제로 얼음은 온도와 압력 조건에 따라 좀 더 세분할 수 있다(그림 2-3). 대기압 조건에서 생기는 얼음 상태를 얼음 I, 혹은 이들 얼음의 육각형hexagonal 구조 때문에 얼음 Ih라는 명칭을 붙인 반면, 높은 압력하에서는 얼음 II 이외에도 매우 다양한 상태의 얼음이 존재한다. 현재까지 알려진 얼음의 상태는 총 17종이며, 상태라는 용어에서 알 수 있듯이 각 얼음들은 서로 상이한 물리적 특성을 갖는다(부록 2 참조). 대표적으로 밀도에서 큰 차이를 보이는데 일반

기체와 증기의 차이

기체와 증기라는 용어는 흔히 혼용하므로 이 책에서도 이를 구분하지는 않았다. 하지만 엄밀하게는 기체는 정상 온도(25°C)와 압력(1기압)에서 기체인 물질에 사용하고, 증기는 정상 온도와 압력에서는 액체나 고체인 물질의 기체 형태를 말한다.

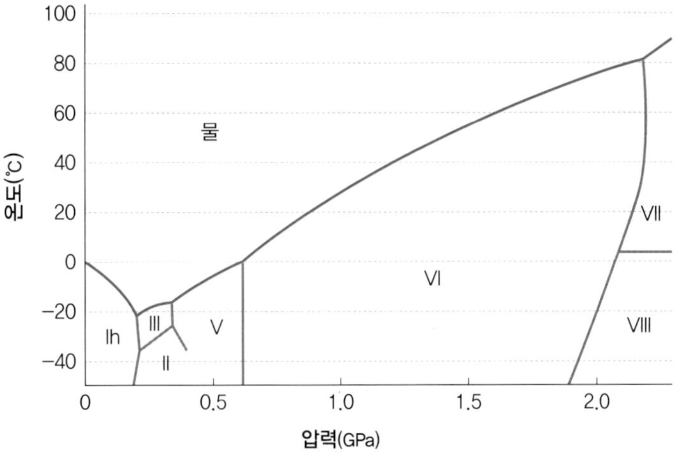

그림 2-3 얼음의 상 도해도

적으로 얼음 I은 물보다 밀도가 낮은 반면에, 얼음 II 이상의 상태에서는 물보다 높은 밀도를 갖는다. 이러한 밀도 차이는 각 얼음 상태에서 물 분자들의 배열 형태 차이로 발생한다.

2) 물과 얼음의 특성 비교

물질을 이루는 분자들 간의 상호작용 측면에서 고체는 액체에 비하여 분자들 간의 인력이 강하며, 그 결과 고체는 규칙적으로 정렬된 상태로 존재한다. 일반적으로 물질은 액체 상태가 고체 상태에 비하여 분자들이 자유롭게 존재할 수 있으며, 그 결과 액체의 밀도는 고체보다 작다. 반면, 물은 이와는 반대의 현상을 보여 준다. 일반적으로 얼음(엄밀한 의미에서 얼음 I)을 물에 넣으면 물 위로 뜨는 현상을 볼 수 있다. 이는 앞에서 설명한 바와 같이 얼음의 밀도가 물보다 작음을 의미한다. 이러한 현상이 왜 발생하는지를 이해하기 위해서는 얼음에서 물 분자들의 결합 구조를 다시 한 번 살펴볼 필요가 있다.

앞의 그림 2-1에서 물 분자의 중심 산소 원자는 2쌍의 비공유 전자쌍lone pair을 보유하고 있음을 살펴보았다. 따라서 그림 2-4와 같이 1개의 물 분자는 인접한 4개의 물 분자와 수소결합을 형성하였을 때 가장 안정적인 결합 배치를 이루게 된다. 또한 외부의 물 분자들도 이들을 중심으로 인접한 4개의 물 분자와의 수소결합을 형성하게 되는데, 이를 3차원적으로 연결시켜 보면 육각형 형태의 격자 구조가 만들어지며 각 물 분자들 간의 결합각은 105°에 해당한다. 따라서 얼음 결정은 육각형 형태로 성장하는 특성이 있다.

고체 상태의 얼음과 분자 구조　　액체 상태의 얼음과 분자 구조　　기체 상태의 얼음과 분자 구조

그림 2-4 기체, 액체, 고체로 상변이 중 수소결합을 통한 물 분자의 배치 구조

반면 얼음에서 물 분자들 간의 공간 구조는 3차원적 결합들이 공간을 최대로 확장하기 때문에 오히려 액체 상태에 비하여 밀도가 감소하는 결과를 초래한다. 흔히 알려진 바와 같이 물은 4°C에서 1,000 kg/m^3의 최대 밀도를 갖는다(그림 2-5). 반면에 0°C에서 얼음이 갖는 밀도는 917 kg/m^3에 해당한다. 물보다 작은 얼음의 밀도는 결국 식품을 냉동시

물의 대류 현상이란?

일상생활에서 물질이 뜨거울수록 밀도가 감소하는 것을 쉽게 관찰할 수 있다. 예를 들어 주전자로 물을 끓이면 주전자 아래쪽의 뜨거운 물은 밀도가 낮아 상승하고, 위쪽의 차가운 물은 하강하면서 대류 현상$_{convection}$이 발생한다. 반면 4°C에서 물의 온도를 낮추면 물은 얼음으로 전환되기 위하여 규칙적인 공간 배치를 시작하기 때문에 밀도가 감소한다. 이는 물 분자들의 운동 감소에 의한 수축보다는 수소결합에 의해 팽창하려는 경향이 커져서 일어나는 현상이다. 추운 겨울에 강이 얼어붙어도 얼음 아래로 4°C의 물 층이 존재하기 때문에 수상생물이 생존할 수 있는 것이다.

사진 자료 :
https://ko.wikipedia.org/wiki/%EB%B9%99%ED%95%98

켰을 때 발생하는 다양한 품질 저하의 주요 원인이 되며, 이는 제4장에서 상세히 다루도록 한다.

밀도 이외에도 얼음은 물과는 다른 물리적 특성을 보인다. 표 2-4에 물과 얼음의 중요한 물리적 특성을 비교하였다. 얼음은 물보다 열용량이 약 2배 작기 때문에 물보다 쉽게 온도를 높이거나 낮출 수 있다. 열전도도thermal conductivity란 전도열 전달 과정에서 열을 전달할 수 있는 능력으로 얼음이 물보다 약 4배 높다. 따라서 얼음은 물보다 열을 전달할 수 있는 능력이 4배가량 높다. 이는 식품의 해동 과정이 냉동 과정보다 시간이 오래 걸리는 이유이며, 이에 관해서는 제6장에서 자세히 다루기로 한다. 열확산도thermal diffusivity는 물질의 서로 다른 위치에 온도 변화가 발생하였을 때 더운 부분에서 찬 부분으로 열이 전달되는 속도를 의미하며, 열전도도를 밀도와 비열의 곱으로 나눈 값에 해당한다. 얼음의 열확산도는 물보다 약 8배 크다. 결국 얼음은 물에 비하여 온도에 매우 민감하게 작용하며, 냉동식품은 냉장식품에 비하여 온도 관리가 매우 중요함을 알 수 있다.

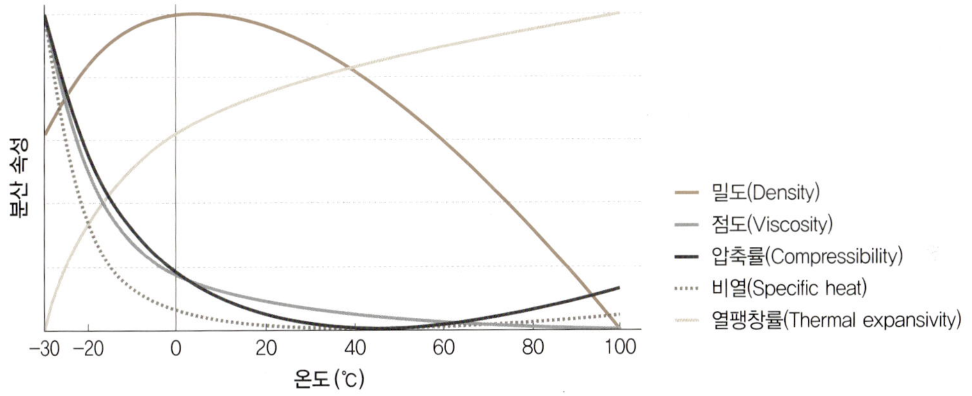

그림 2-5 온도에 따른 물의 물리적 특성 변화

표 2-4 얼음과 물의 물리적 특성 비교

물리적 특성	얼음	물
열전도도(W/m·K)	2.22	0.563
밀도(kg/m³)	917	1000
열용량(kJ/kg·K)	2.06	4.18
열확산도(m²/s)	1.09×10^{-6}	0.14×10^{-6}

3. 중요 열역학 개념

앞에서 물과 얼음은 동일한 물질이지만 매우 상이한 물리적 특성을 지니고 있음을 살펴보았다. 여기에서는 냉동 현상을 거시적으로 해석하기 위하여 주요 열역학 개념들을 살펴보기로 한다. 열역학thermodynamics이란 열 현상에서 에너지의 흐름을 열과 일의 관계로 다루는 학문으로, 4개의 법칙으로 이루어져 있다. 열역학 지식들은 냉동 현상을 물리적으로 해석할 수 있을 뿐 아니라 제5장에서 다룰 냉동 장치의 작동 원리를 이해하는 데에도 중요하다.

1) 열역학의 소개 및 중요 용어

열역학은 열thermos과 동력dynamics의 합성어로 자연계에서 에너지의 흐름을 다루기 위한 물리학의 한 분야이다. 열역학에서는 매우 추상적인 개념들을 활용하기 때문에 이에 대한 해석에서 많은 혼동을 일으킬 수 있지만 생물학, 물리학, 화학, 공학, 통계학에서 매우 중요한 학문으로 다루고 있다.

열역학 법칙에 대해서는 표 2-5에 중요 개념을 정리하였다. 4개의 법칙으로 이루어진 열역학 법칙 중 제0법칙은 제3법칙 이후에 그 개념이 정립되었지만, 개념 자체가 전체 법칙에서 매우 중요한 기본 개념이기에 제0법칙으로 명명되었다.

열역학은 계system와 주위surrounding의 개념으로부터 시작한다. 계는 우리가 관찰하거나 혹은 관심을 갖는 대상이며, 그 나머지를 주위라고 정의한다. 계와 주위는 경계boundary를 통해 구분된다. 또한 계와 주위를 합쳐서 우주universe라고 한다. 컵과 같은 어떤 용기 안에 물을 따라 두었다고 가정해 보자. 우리가 관심을 갖는 물은 계가 되고, 용기는 경계가 되며, 용기 외부는 전부 주위에 해당한다. 시간이 경과하면 물은 증발하여 수위가 점점 낮아지게 된다. 반면에 용기가 밀폐되어 있으면 시간이 지나도 수위는 변하지 않는다. 따라

표 2-5 열역학 법칙의 개요

열역학 법칙	법칙의 주요 내용
제0법칙	물질 A와 B가 열적으로 평형 상태이고, 물질 A와 C가 열적으로 평형 상태이면 물질 B와 C도 열적 평형 상태이다.
제1법칙	계의 내부에너지 변화는 계가 흡수한 열과 계가 한 일의 차이이다.
제2법칙	고립계에서 총엔트로피의 변화는 절대로 감소하지 않는다.
제3법칙	계의 엔트로피는 0 K(-273.15℃)에 접근할 때 일정한 값을 갖는다.

표 2-6 경계에 따른 계의 분류

계의 종류	정의	예시
열린계(opened system)	경계를 통해 물질과 에너지 이동이 가능	더운 여름에 컵에 시원한 물을 따라 놓으면 물의 온도는 점점 올라가며, 결국 증발하여 수위가 감소
닫힌계(closed system)	경계를 통해 물질은 이동할 수 없고, 에너지만 이동 가능	더운 여름에 밀폐용기에 시원한 물을 따라 놓으면 물의 온도는 점점 올라가지만 수위에 변화는 없음
고립계(isolated system)	경계를 통한 물질과 에너지 이동이 없음	더운 여름에 단열된 밀폐용기에 시원한 물을 따라 놓으면 물의 온도와 수위에 변화가 없음

서 우리는 용기(경계)의 상태에 따라 계를 표 2-6과 같이 나눌 수 있다.

더운 여름에 각 계에 시원한 물이 들어 있는 상황을 가정하였을 때 시간이 지남에 따라 물의 온도가 올라감은 외부 공기(주위)의 열이 물로 이동한 에너지의 이동 결과이며, 물이 증발하여 수위가 감소하는 것은 물(물질)이 외부(주위)로 이동한 결과이다. 열역학 법칙은 내용과 응용 분야가 매우 넓기 때문에 여기서 이를 전부 다루기는 어렵다. 다만, 열역학 제1법칙의 일과 열의 관계를 이용하여 냉동고가 어떻게 작동하는지의 기본 지식을 배우고, 열역학 제2법칙을 통하여 냉동 현상을 해석하고 냉동에 의한 얼음의 부피 팽창 현상을 이해하고자 한다.

2) 열역학 제1법칙

흔히 열역학 제1법칙을 에너지 보존 법칙law of conservation of energy이라 한다. 에너지는 생성되거나 소멸되지 않고, 다만 한 형태에서 다른 형태로 전환될 수 있다. 여기에서 말하는 에너지는 우주의 에너지를 의미하며, 따라서 위의 관계를 다음과 같이 표현할 수 있다.

$$E_{\text{Universe}} = E_{\text{System}} + E_{\text{Surrounding}}$$

예를 들어 닫힌계에서 계의 에너지는 경계를 통해 주위로 이동할 수 있지만, 우주의 에너지는 변하지 않고 일정하다. 여기에서 우주와 주위에는 관심이 없고 오직 계에만 관심이 있다. 계의 에너지가 주위로 이동하면 그 결과 계의 에너지는 낮아진다. 이때 에너지의 흐름이 생기는데, 이러한 에너지 흐름의 한 형태인 일과 열에 대해서는 이미 제1장에서 살펴보았다. 따라서 계의 에너지는 일과 열의 역학 관계로 결정된다고 볼 수 있다. 이들의 역학 관계를 알기 위해서 내부에너지internal energy, U와 엔탈피enthalpy, H라는 용어를 이해할 필요가 있다.

(1) 내부에너지

내부에너지는 열역학 제1법칙에서 가장 중요한 개념이지만 이를 정확하게 정의하기는 어렵다. 용어의 의미가 말하듯 내부에너지란 어떤 계 내부에 존재하는 에너지이다. 모든 물질은 에너지를 보유하고 있다. 예를 들어 물질을 구성하는 분자들 간에 작용하는 인력, 분자들 자체의 운동에너지와 퍼텐셜에너지, 물질을 구성하는 성분들 간의 화학결합 등이 모두 내부에너지이다. 따라서 어떤 물질이 갖고 있는 내부에너지가 얼마인지는 파악하기 어렵지만, 내부에너지가 얼마나 바뀌었는지는 계로부터 경계를 통해 이동한 에너지, 즉 열과 일의 양을 알면 쉽게 알 수 있다. 따라서 내부에너지 변화는 다음의 수식과 같이 표현할 수 있다.

$$\Delta U = Q + W$$

위의 관계를 좀 더 상세하게 살펴보기 위하여 풍선에 열을 가하는 과정을 가정해 보자. 풍선 내부의 공기들을 덥히면 운동에너지는 증가하게 된다. 그 결과 공기 분자들은 풍선의 내벽에 더 많이 충돌하게 되고 풍선은 부풀어 오르게 된다. 이 예에서 열(Q)은 풍선 외부에서 내부로 이동하였고, 그 결과 풍선의 내부에너지를 Q만큼 증가시켰다. 풍선이 부풀어 오르면서 풍선은 주위 공기를 밀어내는 일(W)을 하였고, 그 결과 풍선의 내부에너지를 W만큼 감소시켰다. 따라서 내부에너지 변화(ΔU)는 $Q - W$가 된다. 반대로 풍선을 냉각시키면 풍선의 내부에너지는 Q만큼 감소하지만, 풍선이 수축하여 주위가 풍선으로 일을 하였기에 내부에너지는 W만큼 증가한다. 따라서 내부에너지 변화는 $-Q + W$가 된다. 결국 계의 내부에너지 변화에 관여하는 열과 일의 역학 관계는 그림 2-6와 같이 표현할 수 있다.

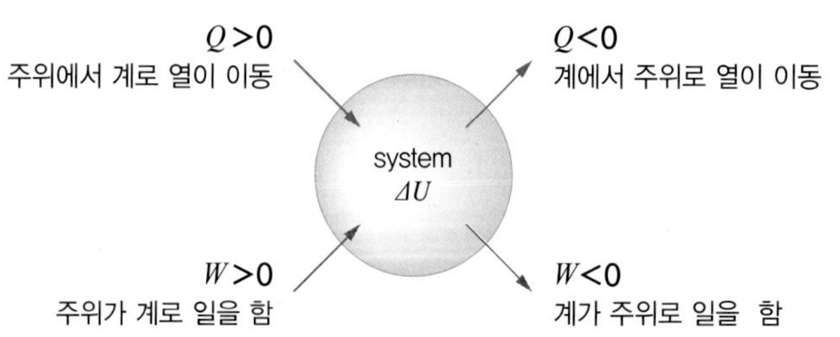

그림 2-6 계를 중심으로 일과 열의 흐름 및 각 물리량의 기호

(2) 엔탈피

엔탈피란 어떤 계가 가지고 있는 총에너지로 정의된다. 경우에 따라서 우리는 엔탈피와 내부에너지를 혼동하여 사용하기 쉽다. 물질이 어떤 부피를 가지고 있는 경우, 이 물질은 해당 부피에 해당하는 공간만큼 주위 공기를 밀어내고 있다. 따라서 이 물체에 압력 P가 가해진다면 제1장에서 살펴보았듯이 물체는 주위에 일을 하고 있다($W=-P\Delta V$). 따라서 물체의 총에너지인 엔탈피는 물체의 내부에너지와 물체가 주위에 가하고 있는 일의 합이며, 다음과 같이 표현할 수 있다.

$$H=U+PV$$

내부에너지와 같이 엔탈피도 그 자체 수치를 산출하기는 어렵지만, 변화량은 쉽게 산출할 수 있다. 일반적으로 우리가 관찰할 수 있는 대부분의 변화 과정은 대기압 환경에서 이루어지기 때문에 엔탈피 변화는 다음과 같다.

$$\Delta H=H_{\text{final}}-H_{\text{initial}}=\Delta U+P\Delta V=\Delta U-W$$

또한 내부에너지 변화를 일과 열의 관계로 풀어 보면 위 식은 다음과 같이 변형된다.

$$\Delta H=\Delta U-W=Q+W-W=Q$$

따라서 엔탈피 변화는 계를 통하여 얼마나 열이 이동하였는지를 알면 쉽게 계산할 수 있다. 일반적으로 어떤 변화 과정에서 주위에서 계로 열이 이동하는 경우를 흡열 과정 endothermic process, 계에서 주위로 열이 이동하는 경우를 발열 과정exothermic process이라고 표현한다.

- 흡열 과정 : $Q>0$ 또는 $\Delta H>0$ ($H_{\text{final}}>H_{\text{initial}}$)
- 발열 과정 : $Q<0$ 또는 $\Delta H<0$ ($H_{\text{final}}<H_{\text{initial}}$)

엔탈피와 내부에너지 변화는 현상이 발생하는 온도, 압력, 부피 등에 따라 다양하게 표현될 수 있으며, 이는 제5장에서 상세하게 설명하기로 한다.

예제 2.1

상온 18°C의 물 1 L를 단열된 전기 주전자에서 끓이려고 한다. 전기 주전자의 전열기 용량은 1,000 W일 때 물이 끓기까지 소요되는 시간을 구하시오.

(계속)

풀이 물 1 L는 약 1 kg에 해당하기 때문에 필요한 열은 다음과 같다.

$$\Delta H = Q = m \cdot c_p \Delta T$$
$$= (1\ \text{kg})(4.2\ \text{kJ/kg}\cdot\text{K})(373-291\ \text{K}) = 344.4\ \text{kJ}$$

전열기 용량은 1,000 W이며 단위를 환산하면 1,000 J/s = 1 kJ/s이므로 소요 시간을 산출하면 다음과 같다.

$$t = \frac{344.4\ \text{kJ}}{1\ \text{kJ/s}} = 344.4\ \text{s} = 5.74\text{분}$$

예제 2.2

등압 과정에서 $\Delta H = Q$임을 증명하시오.

풀이 내부에너지는 $\Delta U = Q + W$이며, $W = -P\Delta V$이다. 따라서 두 식을 정리하면 다음과 같다.

$$\Delta U = Q - P\Delta V$$

이를 다시 정리하면 $Q = \Delta U + P\Delta V$이 된다.
일정한 압력하에서 상태 1에서 상태 2로 변화하는 과정을 풀어 보면 다음과 같다.

$$Q = (U_2 - U_1) + P(V_2 - V_1)$$
$$= (U_2 + PV_2) - (U_1 + PV_1)$$
$$= H_2 - H_1 = \Delta H$$

사람은 대기압 환경에서 생활하고 있다. 따라서, 우리가 관찰하는 대부분의 변화는 일정한 압력에서 이루어진다. 결국 등압 공정에서 계에 출입하는 열의 양은 계의 엔탈피 변화와 같다.

(3) 상태 변화에 따른 내부에너지와 엔탈피 변화

두 에너지 개념의 차이를 이해하기 위한 쉬운 예로 대기압에서 100°C 물 1 kg을 끓여 모두 기화시키는 과정을 가정해 보자. 이 과정에서는 다음 두 가지 에너지의 개념을 생각해야 한다.

- 분자들이 인력을 극복하여 자유롭게 활동할 수 있는 에너지
- 수증기를 위한 공간을 만들기 위해 주위 공기를 밀어내는 데 필요한 에너지

물이 수증기로 상태 변화하기 위한 총에너지를 증발 잠열heat of vaporization이라 한다. 이 과정에서 에너지 변화는 포화수증기표(부록 3)를 활용하여 산출할 수 있다. 분자들이 인력을 극복하기 위한 에너지는 수증기와 물의 내부에너지 차이로 산출할 수 있다. 따라서 100°C에서 수증기와 물의 내부에너지를 포화수증기표(부록 3 참조)에서 찾아보면 다음과 같이 내부에너지 변화를 구할 수 있다.

$$\Delta U = U_{Vapor} - U_{Water} = 2506.5 - 418.9 = 2087.6 \text{ kJ/kg}$$

또한, 주위 공기를 밀어내는 데 소요되는 에너지(일)는 100°C의 수증기와 물이 갖는 비체적specific volume을 사용하여 다음과 같이 산출할 수 있다.

$$P\Delta V = (101.35 \text{ kPa})(1.6729 - 0.001044 \text{ m}^3/\text{kg}) = 169.4 \text{ kJ/kg}$$

증발 잠열은 위의 두 에너지를 합한 값으로, 다음과 같은데 이는 100°C 수증기와 물의 엔탈피 변화와 같다.

$$\Delta H = 2087.6 + 169.4 = 2,257 \text{ kJ/kg}$$

예제 2.3

0°C, 1기압에서 1 g의 얼음과 물이 갖는 부피는 각각 1.09×10^{-6} m³과 1.00×10^{-6} m³이며, 100°C에서 1 g의 물과 수증기가 갖는 부피는 각각 1.04×10^{-6} m³과 1.70×10^{-3} m³이다. 융해 과정과 기화 과정에서 엔탈피 변화와 내부에너지 변화의 차이를 계산하시오.

풀이 일정한 압력에서 내부에너지와 엔탈피의 관계에 의하면 $\Delta H = \Delta U + P\Delta V$이므로 엔탈피 변화와 내부에너지 변화와의 차이는 다음과 같다.

$$\Delta H - \Delta U = P\Delta V$$

압력은 1기압(1 atm)이므로 이를 Pa 단위로 환산하면 101,325 Pa이 된다.

융해 과정 : $P\Delta V = (101{,}325 \text{ Pa})(1.00 \times 10^{-6} - 1.09 \times 10^{-6} \text{ m}^3) = -9.12 \times 10^{-3} \text{ J}$
기화 과정 : $P\Delta V = (101{,}325 \text{ Pa})(1.70 \times 10^{-3} - 1.04 \times 10^{-6} \text{ m}^3) = 172 \text{ J}$

융해 과정에서의 엔탈피와 내부에너지 변화 간의 차이는 무시할 정도로 작지만, 기화 과정에서는 차이가 매우 커진다. 두 과정 모두 잠열을 흡수하는 과정이다. 기화 과정에서는 흡수한 잠열(엔탈피 증가)의 일부를 계가 외부를 밀어내는 일에 사용하였기 때문에 내부에너지의 증가는 엔탈피 증가보다 작은 반면, 융해 과정에서는 흡수한 잠열(엔탈피 증가)과 함께 주위가 계에 일을 해주었기 때문에 내부에너지의 증가가 엔탈피 증가보다 크다.

3) 열역학 제2법칙

열역학 제2법칙은 엔트로피entropy와 자유에너지free energy라는 개념을 도입하여 평형 상태를 규정하는 법칙이다. 우리는 다양한 현상에 대한 방향성을 경험적으로 예측해 볼 수 있다. 예를 들어 물에 잉크를 떨어뜨리면 시간이 지남에 따라 잉크가 번지면서 최종적으로 물의 색이 변하게 되지만 그 반대 현상의 경우는 자연스럽게 일어나지 않는다. 이러한 현상은 열전달이나 물질 전달 현상에서도 쉽게 관찰된다. 그 대표적인 예는 다음과 같다.

- 열은 온도가 높은 곳에서 낮은 곳으로 이동한다.
- 물질은 농도가 높은 곳에서 낮은 곳으로 이동한다.

위의 현상들은 인위적으로 조작된 현상이 아닌 자연스럽게 이루어지는 현상이며, 이러한 과정을 자발적spontaneous 과정이라고 한다. 온도를 낮추면 물이 얼음으로 전환되는 현상, 또는 반대로 온도를 높이면 얼음이 물로 전환되는 현상은 자발적인 과정의 한 예이다. 이러한 자발성이 발생하는 이유는 모든 현상은 에너지를 낮추는 방향으로 일어나기 때문이며, 따라서 자발성은 어떤 현상의 방향성을 이해하는 방법이 될 수 있다.

열역학 제2법칙에서 우주의 엔트로피는 항상 증가한다고 규정하고 있어서 이를 엔트로피 법칙이라고도 한다. 따라서 열역학 제2법칙을 이해하려면 엔트로피에 대한 이해가 선행되어야 한다. 여기에서 엔트로피를 상세하게 다루기는 어렵지만 이를 처음 제안한 독일의 클라우지우스Rudolf Julius Emanuel Clausius(1822~1888)는 엔트로피를 열량에서 온도를 나눈 값으로 정의하였다.

$$S = \frac{Q}{T}$$

대부분의 열역학 서적에서 엔트로피를 무질서 정도에 대한 척도로 표현하고 있다. 즉, 우주는 계속해서 무질서한 상태로 변하고 있다고 볼 수 있다. 낮은 온도에서 물이 얼음으로 전환되는 과정도 무질서한 상태로의 전환이라고 할 수 있다. 물에 비하여 얼음 상태에서 물 분자들은 일정하게 정렬하므로 계의 무질서도는 감소했다고 볼 수 있지만, 이 과정에서 물이 가지고 있던 다량의 열이 주위로 방출되어 주위 공기들의 운동은 더욱 활발해지기 때문에 우주의 무질서도는 증가하게 된다. 따라서 열역학 제2법칙은 다음과 같이 표현할 수 있다.

$$\Delta S_{\text{Universe}} = \Delta S_{\text{System}} + \Delta S_{\text{Surrounding}} > 0$$

일반적으로 우리는 계에만 관심을 갖는 반면에 위와 같은 표현에서 자발적인 변화를 이해하기 위해서는 계와 주위의 엔트로피를 모두 다루어야 하는 어려움이 있다. 계에서 발생하는 변화만으로 현상의 자발성을 예측하기 위하여 깁스 자유에너지Gibbs' free energy, G 개념을 사용할 필요가 있다. 자유에너지는 계의 엔탈피와 엔트로피를 이용하여 다음 관계식으로 표현할 수 있다.

$$G = H - TS$$

일정한 온도와 압력 조건에서 어떤 변화가 일어나면 자유에너지에도 변화가 일어나게 되며, 그 관계식은 다음과 같다.

$$\Delta G = \Delta H - T\Delta S$$

위 식을 통하여 모든 현상은 계의 자유에너지를 낮추는 방향으로 일어난다고 열역학 제2법칙을 표현할 수 있다. 즉, 자발적인 과정의 ΔG는 항상 음의 값이며, 비자발적인 과정에서는 양의 값을 갖게 된다.

예제 2.4

0°C의 물 1 kg을 0°C의 얼음으로 얼릴 때 계의 엔트로피 변화를 구하시오.

풀이 물의 융해 잠열은 333 kJ/kg임을 기억해야 한다. 엔트로피는 열량을 온도로 나눈 값이기 때문에 엔트로피 변화는 다음과 같다.

$$\Delta S = \frac{\Delta Q}{T} = \frac{m \cdot L}{T} = \frac{(1\ \text{kg})(-333\ \text{kJ/kg})}{273\ \text{K}} = -1.22\ \text{kJ/K}$$

여기에서 열량 변화는 냉동에 의해 융해 잠열을 제거해야 하기 때문에 음의 부호가 들어 갔음에 주의해야 한다.

예제 2.5

얼음의 형성 과정에서 발생하는 과냉각 현상은 물이 어는점 이하에서도 액체 상태로 존재하는 것으로 매우 불안정한 현상이다. 따라서 과냉각 상태의 물은 자발적으로 얼음으로 바뀌려고 한다. 현재 -5°C의 물 1 kg을 가지고 있는데, 이 물이 얼음으로 변화하는 과정에서 계, 주위 및 우주의 엔트로피 변화를 구하시오.

풀이 상태 변화 과정은 평형에 있는 두 상태 간의 가역적인 미소 변화 과정이므로 엔트로피의 정의를 아래와 같이 사용할 수 있다.

$$dS = \frac{dQ}{T}$$

또한 예제 2.2를 통하여 등압 과정에서 $\Delta H = Q$임을 살펴보았다. 열량 Q는 열용량(C)과 온도차(ΔT)의 곱이므로 엔탈피의 미소 변화는 다음과 같이 주어진다.

$$dH = m \cdot c_p dT$$

이를 엔트로피 정의에 대입해 보면 다음과 같다.

$$dS = \frac{dH}{T} = \frac{m \cdot c_p dT}{T}$$

위 식에서 온도가 T_1에서 T_2로 미소 변화하면 엔트로피는 S_1에서 S_2로 미소 변화하므로 위 식을 적분해 보면 다음과 같이 전개된다.

(계속)

$$\int_{S_1}^{S_2} dS = \int_{T_1}^{T_2} \frac{m \cdot c_p dT}{T}$$

위 식을 풀어 보면 다음과 같이 정리된다.

$$S_2 - S_1 = \Delta S = m \cdot c_p \cdot \ln \frac{T_2}{T_1}$$

1) 계의 엔트로피 변화

따라서 계의 엔트로피 산출에는 위의 식을 사용하면 된다. 여기서 중요한 고려 사항으로는 상태 변화가 일어나기 위해 두 상태는 반드시 평형이어야 한다. 하지만 -5°C 물과 -5°C 얼음은 평형 상태에 있지 않으므로 두 상태가 평형이 되기 위한 중간 단계들을 다음과 같이 고려해야 한다.

(1) -5°C 물이 0°C 물로 가역적으로 가열

$$\Delta S_1 = (1\ \mathrm{kg})(1\ \mathrm{kcal/kg \cdot K})\ \ln \frac{273\ \mathrm{K}}{268\ \mathrm{K}} = 0.0185\ \mathrm{kcal/K}$$

(2) 0°C 물이 0°C 얼음으로 전환 : 온도의 변화가 없으므로

$$\Delta S_2 = \frac{Q}{T} = \frac{\Delta H_{\mathrm{fusion}}}{T} = \frac{(-80\ \ \mathrm{kcal/kg}) \times (1\ \mathrm{kg})}{273\ \mathrm{K}} = -0.293\ \mathrm{kcal/K}$$

(3) 0°C 얼음이 -5°C 얼음으로 가역적으로 냉각

$$\Delta S_3 = (1\ \mathrm{kg})(0.5\ \mathrm{kcal/kg \cdot K})\ \ln \frac{268\ \mathrm{K}}{273\ \mathrm{K}} = -0.009\ \mathrm{kcal/K}$$

따라서 계의 엔트로피 변화는 다음과 같다.

$$\Delta S_{\mathrm{syetem}} = \Delta S_1 + \Delta S_2 + \Delta S_3 = -0.284\ \mathrm{kcal/K}$$

2) 주위의 엔트로피 변화 : 동일한 과정에서 주위의 열 변화를 산출함

(1) 주위는 과냉각 상태의 물로 열을 잃어버렸는데 이때 주위가 잃은 열은 계가 얻은 열과 동일

$$Q_{\text{주위},1} = -Q_{\text{계}} = -m \cdot c_p\ \Delta T = -(1\ \mathrm{kg})(1\ \mathrm{kcal/kg \cdot K})(273 - 268\ \mathrm{K}) = -5\ \mathrm{kcal}$$

(2) 상변화 과정에서 잠열이 주위로 방출

$$Q_{\text{주위},2} = (1\ \mathrm{kg})(80\ \mathrm{kcal/kg}) = 80\ \mathrm{kcal}$$

(3) 얼음이 온도를 낮추기 위해 주위로 열을 방출

$$Q_{\text{주위},3} = -m \cdot c_p\ \Delta T = -(1\ \mathrm{kg})(0.5\ \mathrm{kcal/kg \cdot K})(268 - 273\ \mathrm{K}) = 2.5\ \mathrm{kcal}$$

따라서 주위가 얻은 열의 양은 77.5 kcal이며, -5°C에서 주위의 엔트로피 변화는 다음과 같다.

$$\Delta S_{\text{주위}} = \frac{77.5\ \mathrm{kcal}}{268\ \mathrm{K}} = 0.289\ \mathrm{kcal/K}$$

(계속)

3) 우주의 엔트로피 변화는 계와 주위 엔트로피 변화의 합으로 0.005 kcal/K이다.
결국 과냉각 상태의 물이 얼음으로 변화하는 과정에서 계의 엔트로피는 감소하였지만 주위는 열을 받아 엔트로피가 증가하였고, 그 결과 우주의 엔트로피는 증가한다. 따라서 이 반응은 자발적으로 일어나야 하기 때문에 과냉각 상태의 물은 얼 수밖에 없다.

4) 냉동 현상의 열역학적 해석

지금부터는 위의 열역학 법칙을 활용하여 냉동 현상을 해석해 보고자 한다. 냉동이란 물이 얼음으로 전환되는 상태이기 때문에 여기에서 발생하는 물리량의 변화는 나중 상태(얼음)와 처음 상태(물)와의 차이로 정의된다. 따라서 자발적인 냉동 과정에서의 자유에너지 변화는 다음과 같다.

$$\Delta G = G_{\mathrm{Ice}} - G_{\mathrm{Water}} < 0$$

이때, 물과 얼음의 자유에너지는 각각 다음과 같이 표현할 수 있다.

$$G_{\mathrm{Ice}} = H_{\mathrm{Ice}} - TS_{\mathrm{Ice}}$$

$$G_{\mathrm{Water}} = H_{\mathrm{Water}} - TS_{\mathrm{Water}}$$

물은 내부의 열에너지를 배출하여 얼음으로 전환되는 발열반응이다. 따라서 엔탈피의 변화는 다음과 같이 표현할 수 있다.

$$\Delta H = H_{\mathrm{Ice}} - H_{\mathrm{Water}} < 0 \qquad (H_{\mathrm{Ice}} < H_{\mathrm{Water}})$$

또한 엔트로피를 계의 무질서도로 생각하면 물 분자들의 무질서도는 액체 상태가 고체 상태보다 크다. 따라서 엔트로피 변화도 음의 값을 갖는다.

$$\Delta S = S_{\mathrm{Ice}} - S_{\mathrm{Water}} < 0 \qquad (S_{\mathrm{Ice}} < S_{\mathrm{Water}})$$

이제 물과 얼음 상태의 자유에너지를 온도에 따라 그래프를 그려 보면 그림 2-7과 같다. 엔트로피는 항상 양의 값이기 때문에 자유에너지는 음의 기울기를 갖게 되며, 물의 엔트로피가 더 크기 때문에 물의 자유에너지 변화는 얼음보다 급격하다. 또한 절편intercept인 엔탈피도 물이 더 크기 때문에 물과 얼음의 자유에너지는 한 점(A)을 중심으로 교차하게 된다. 점 A보다 낮은 온도에서는 얼음의 자유에너지가 물의 자유에너지보다 작으므로 냉동 현상이 자발적으로 일어나는 반면에, 이보다 높은 온도에서는 물의 자유에너지

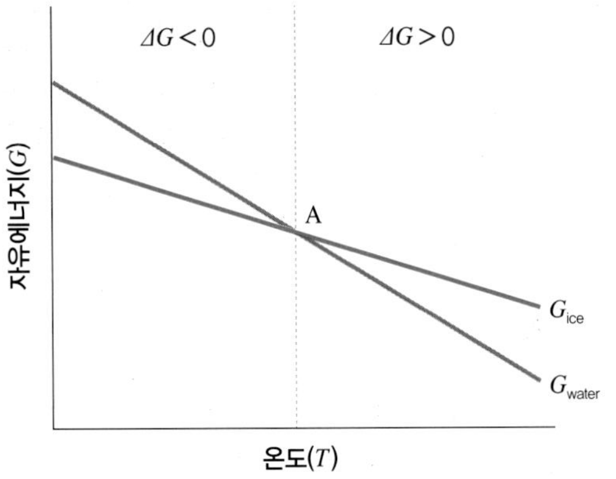

그림 2-7 온도에 따른 물과 얼음의 자유에너지 변화

가 얼음보다 작아 냉동 현상은 비자발적이다. 또한 점 A에서는 물과 얼음의 자유에너지가 같기 때문에 여기에서는 물과 얼음이 공존할 수 있는 평형 상태가 되며, 이는 물의 어는점freezing point에 해당한다.

이는 단순하지만 물과 얼음의 상태 변화에 중요한 원리이며, 이후 얼음이 물보다 부피가 커지는 현상을 설명하는 데 중요하다. 따라서 이에 대한 상세한 설명은 제3장에서 다루기로 한다.

단원 요약

- 물 분자는 극성을 띠기 때문에 인접한 물 분자와 수소결합을 형성하며, 이는 물이 다른 물질들과는 다른 다양한 특성을 가지고 있음을 의미한다
- 물은 끓는점과 어는점이 매우 높고, 점도와 표면장력이 크며 증기압이 낮은 특성이 있다.
- 얼음은 온도와 압력에 따라 17종의 다양한 상태로 존재할 수 있으며, 대기압에서 만들어지는 얼음을 얼음 Ih라고 한다.
- 얼음의 물 분자는 인접한 4개의 물 분자와 수소결합을 형성하여 육각형 배열을 하게 되며, 그 결과 액체 상태의 물보다 밀도가 작다.
- 얼음은 물보다 열전도도와 열확산도가 높고, 열용량은 작다. 따라서 얼음은 물보다 온도 변화에 민감하다.
- 열역학에서 계는 물질과 에너지 이동 여부에 따라 열린계, 닫힌계 및 고립계로 분류된다.
- 열역학 제1법칙은 에너지 보존 법칙이라고도 한다. 우주의 에너지는 생성되거나 소멸하지 않고, 한 형태에서 다른 형태로 전환될 수 있다.
- 내부에너지는 계 내부에 존재하는 모든 에너지이며, 엔탈피는 계의 부피로 인해 계가 주위로 행하는 일을 포함한 계의 총에너지이다.
- 내부에너지의 변화는 계에 작용하고 있는 일과 열의 합이다.
- 흡열 과정에서 엔탈피 변화는 양의 수치이며, 발열 과정에서는 음의 수치를 갖는다.
- 열역학 제2법칙은 엔트로피 법칙이라고도 한다. 우주의 엔트로피는 항상 증가한다.
- 자유에너지의 개념을 사용하면 계의 변화만을 측정하여 변화의 자발성과 방향성을 예측할 수 있다.
- 모든 현상은 계의 자유에너지를 낮추는 방향으로 일어난다.

연습문제

1 다음 수소화물 중 수소결합을 형성할 수 있는 물질을 고르시오.

① H_2O ② H_2S ③ H_2Se ④ H_2Te

2 다음 중 물에 대한 설명으로 틀린 것을 고르시오.

① 물은 극성 용매이다.

② 얼음 상태에서 물 분자는 인접한 4개의 물 분자와 수소결합을 형성한다.

③ 산소는 부분적인 음전하, 수소는 부분적인 양전하를 띤다.

④ 물 분자의 극성은 2개의 수소가 산소를 중심으로 104.5°로 배치되어 있기 때문에 발생한다.

3 물의 물리적 특성에 대한 설명으로 틀린 것을 고르시오.

① 점도가 높다. ② 표면장력이 높다.

③ 증기압이 높다. ④ 어는점이 높다.

4 다음 중 얼음에 대한 설명 중 틀린 것을 고르시오.

① 얼음은 물보다 밀도가 작다. ② 얼음은 물보다 열전도도가 크다.

③ 얼음은 물보다 열용량이 작다. ④ 얼음은 물보다 열확산도가 작다.

5 열역학 1법칙에 대한 설명으로 틀린 것을 고르시오.

① 내부에너지 변화는 열과 일의 합이다.

② 주위에서 계로 열이 이동하면 내부에너지는 증가한다.

③ 계가 팽창하면 내부에너지는 증가한다.

④ 엔탈피는 내부에너지와 물체가 주위에 가하고 있는 일의 합이다.

6 다음 중 경계를 통해 물질과 에너지의 이동이 없는 계를 고르시오

① 닫힌계 ② 열린계 ③ 회분계 ④ 고립계

7 열역학 2법칙에서 자발적인 현상에 대한 설명으로 옳은 것을 고르시오

① 우주의 엔트로피를 감소시키는 방향으로 일어난다.

② 계의 자유에너지를 감소시키는 방향으로 일어난다.

③ 계의 내부에너지를 감소시키는 방향으로 일어난다.

④ 계의 엔탈피를 감소시키는 방향으로 일어난다.

8 동력의 단위인 1 kW는 몇 kcal/h에 해당하는지 올바른 것을 고르시오.

① 80 kcal/h ② 860 kcal/h ③ 3,333 kcal/h ④ 80,000 kcal/h

9 냉동공학에서 0엔탈피의 기준 온도가 몇 도인지 올바른 것을 고르시오.

① −18°C ② −5°C ③ 0°C ④ 20°C

10 1 kcal는 몇 kg·m에 해당하는지 올바른 것을 고르시오.

① 429 kg·m ② 1/429 kg·m ③ 860 kg·m ④ 1/860 kg·m

11 냉동공학에서 사용하는 엔탈피의 단위를 고르시오.

① kcal/h ② kcal/kg ③ kcal/kg·m ④ kg·m/kcal

3

냉동의 기본 원리

학 / 습 / 목 / 표

1. 열전달 현상을 이해하여 냉동 부하를 산출할 수 있다.
2. 물의 냉동 현상을 이해하며, 순수한 물과 식품 냉동 간의 차이를 설명할 수 있다.
3. 냉동 시간을 예측해 보고, 냉동 속도에 영향을 미치는 요인을 이해하여 냉동 공정의 개선 방안을 마련할 수 있다.

냉동 과정은 식품의 열을 외부로 전달시키는 과정이다. 이 과정에 물은 단계별 메커니즘에 의해 액체에서 고체로 상태 전환이 이루어진다. 냉동의 원리를 이해하기 위해서는 기본적으로 냉동 현상을 열전달과 연관 지어 이해해야 한다. 또한 이러한 현상의 메커니즘들을 이용하면 주어진 식품의 냉동 시간을 예측할 수 있으며, 여기에서 사용되는 원리들은 향후 냉동 속도를 향상시킬 수 있는 이론적 방법을 제공해 줄 수 있다. 따라서 여기에서는 냉동 현상의 기본적인 변화 과정에 대하여 상세히 살펴보기로 한다.

1. 열전달 현상

열은 고온에서 저온으로 이동하는 특성이 있다. 따라서 온도 차이가 존재하면 열의 이동이 발생하는데, 냉동 과정에서 열은 식품 내부에서 표면을 통해 외부로 방출된다. 식품의 열전달heat transfer 현상은 전도conduction, 대류convection 및 복사radiation의 3가지 형태로 분류되며, 냉동 과정에서는 전도 또는 대류에 의한 열전달이 이루어진다. 특히, 냉동 과정에서의 열전달 현상은 전도와 대류 열전달이 복합적으로 발생하는데, 냉동고 바닥과 식품과의 접촉면에서는 전도열 전달이 발생하며 식품 중 공기에 노출된 부분에서는 대류열 전달이 발생한다. 열전달 과정에서 열전달 속도는 단위시간당 전달된 열의 양으로 정의되며, 이는 추진력에 비례하고 저항에 반비례하는 특성이 있다. 열전달의 추진력은 온도 차이며 열전달 거리는 저항으로 작용하는 특성이 있다. 따라서 추진력을 크게 하거나 저항을 줄이면 열전달 속도가 빨라지므로 냉·해동 속도를 향상시킬 수 있다. 따라서 여기에서는 냉동 과정에서 일어나는 전도와 대류 열전달 과정에서 열전달 속도에 관여하는 인자들을 살펴보기로 한다.

1) 전도열 전달

일반적으로 금속 막대의 한쪽 끝을 지속적으로 가열하면 점차 반대쪽도 뜨거워진다. 전도란 어떤 매질을 통해 열이 전달되는 현상으로, 접촉식 냉·해동 과정에서의 주요 열전달 형태이다. 길이 L, 단면적 A의 평판을 통해 전도열 전달이 일어나는 경우 정상 상태에서 평판 내부의 온도 분포도는 그림 3-1과 같다.

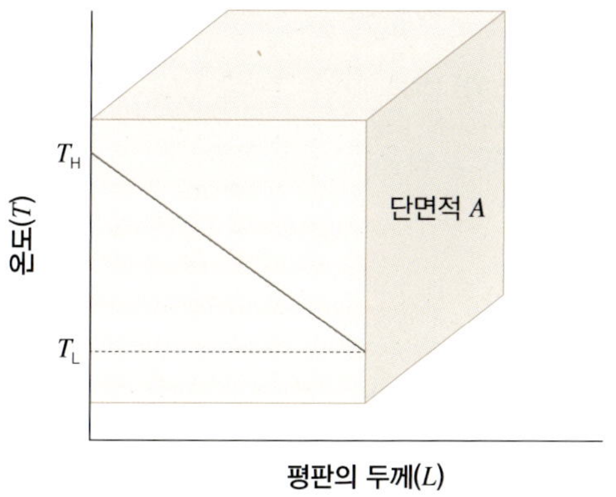

그림 3-1 평판을 통한 전도열 전달과 온도 분포도

이 경우 전도열 전달 속도는 푸리에Fourier 식으로 산출될 수 있다.

$$\dot{Q} = kA\frac{T_H - T_L}{L}$$

여기서 k는 열전도도thermal conductivity로 이는 물질의 고유한 특성이며 W/m·K의 단위를 갖는다(그림 3-2). 위 식에 의하면 열전달 속도의 추진력으로는 고온(T_H)과 저온(T_L)의 차이와 열전달 단면적(A)이 작용하며, 열전달이 일어나는 매질의 거리(L)는 저항으로 작용하고 있다. 이를 통하여 우리는 다음과 같이 냉동 속도를 개선시킬 수 있다.

- 식품의 단면적을 크게 함 : 큰 부피의 식품을 작게 절단하면 단면적이 증가하며 빠르게 열이 제거된다.

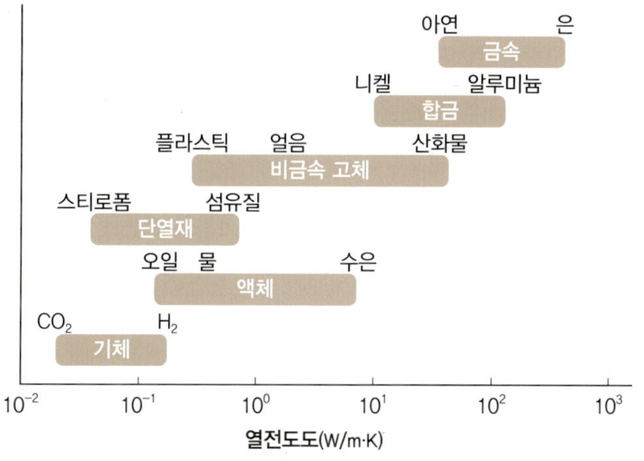

그림 3-2 물질의 종류에 따른 열전도도 비교

- 온도 차를 크게 함 : 냉동고의 온도가 낮을수록 냉동은 빠르게 일어난다.
- 열전달 거리를 짧게 함 : 동일 부피에서는 구형보다 판형이 빠르게 냉동된다.
- 열전도도를 크게 함 : 접촉식 냉동의 경우 열전도도가 높은 재질의 냉각판을 사용한다.

예제 3.1

높이 5 m, 너비 10 m, 두께 1 m인 벽이 있다. 벽의 외부와 내부 온도를 측정한 결과 외부 온도는 15°C이고 내부 온도는 -18°C이었다. 이 벽의 열전도도가 0.85 W/m·K이라고 할 때 정상 상태에서 벽을 통한 열손실은 얼마인지 구하시오.

풀이 열은 벽의 내부에서 외부로 이동하며, 이때 열전달 면적은 $5 \times 10 = 50\ m^2$이다. 이를 활용하여 정상 상태 열전달 속도는 다음과 같이 산출할 수 있다.

$$\dot{Q} = k \cdot A \frac{\Delta T}{L} = (0.85\ \mathrm{W/m \cdot K})(50\ \mathrm{m^2}) \frac{288 - 255\ \mathrm{K}}{1\ \mathrm{m}} = 1402.5\ \mathrm{W}$$

따라서 벽을 통해 초당 1.4 kJ의 열이 손실되고 있다.

예제 3.2

예제 3.1에서 열손실을 줄이기 위하여 내벽에 두께 0.5 m의 단열재를 부착하였다. 단열재의 열전도도가 0.036 W/m·K일 때 정상 상태에서 벽을 통한 열손실이 얼마인지 구하시오.

풀이 정상 상태에서 벽을 통한 열전달 속도와 단열재를 통한 열전달 속도는 일정하다. 이를 도식화해 보면 다음 그림과 같다.

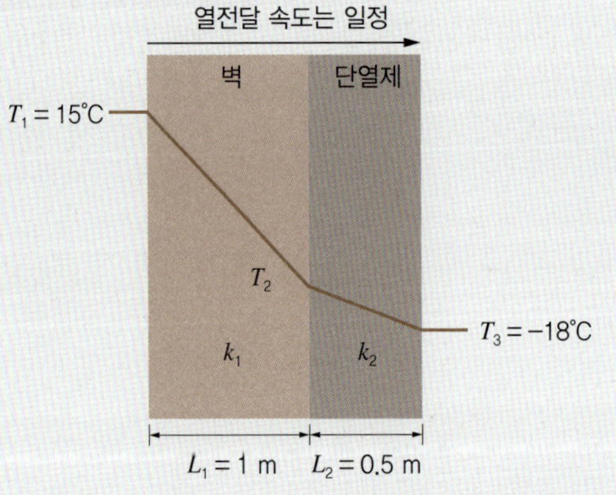

위에서 벽을 통한 열전달 속도 Q_1과 단열재를 통한 열전달 속도 Q_2는 다음과 같이 표현된다.

$$\dot{Q}_1 = k_1 \cdot A \frac{T_1 - T_2}{L_1} \qquad \dot{Q}_2 = k_2 \cdot A \frac{T_2 - T_3}{L_2}$$

정상 상태에서 열전달 속도 Q_1과 Q_2는 일정하기 때문에 이를 Q라 할 수 있다. 위 식에서 좌변을 온도 차만 남기고 식을 정리해 보면 다음과 같다.

(계속)

$$T_1 - T_2 = \frac{\dot{Q}}{A}\frac{L_1}{k_1}$$

$$T_2 - T_3 = \frac{\dot{Q}}{A}\frac{L_2}{k_2}$$

두 식은 다음과 같이 정리할 수 있으며,

$$T_1 - T_3 = \frac{\dot{Q}}{A}\left(\frac{L_1}{k_1} + \frac{L_2}{k_2}\right)$$

위 식에서 좌변을 열전달 속도만 남기고 정리하면 다음과 같다.

$$\dot{Q} = A\frac{T_1 - T_3}{\left(\frac{L_1}{k_1} + \frac{L_2}{k_2}\right)} = 50\ \mathrm{m^2} \times \frac{288 - 255\ \mathrm{K}}{\left(\frac{1\ \mathrm{m}}{0.85\ \mathrm{W/m \cdot K}} + \frac{0.5\ \mathrm{m}}{0.036\ \mathrm{W/m \cdot K}}\right)} = 109.5\ \mathrm{W}$$

따라서 단열재에 의해 초당 열손실은 109.5 J이며, 단열재를 부착하기 전보다 90% 이상 감소시킬 수 있다.

2) 대류열 전달

냉동고 내부에서 발생하는 열전달의 주요 형태로, 공기와 같은 유체를 통하여 이루어지는 열전달 형태이다. 열전달 속도를 산출하기 위하여 냉동고 내부는 위치별 온도 차이가 없이 일정하다고 가정한다. 공기의 온도는 일정하다가 식품과의 거리가 매우 가까워질수록 점점 상승한다고 볼 수 있다. 이 경우 그림 3-3과 같이 식품의 표면에 가상의 필름film이 존재하고, 이 필름을 통하여 온도 차이가 존재하기 때문에 전도열 전달이 일어난다고 가정해 볼 수 있다.

가상 필름의 두께를 L이라 하고, 필름의 열전도도를 k라고 하면, 필름을 통한 열전달

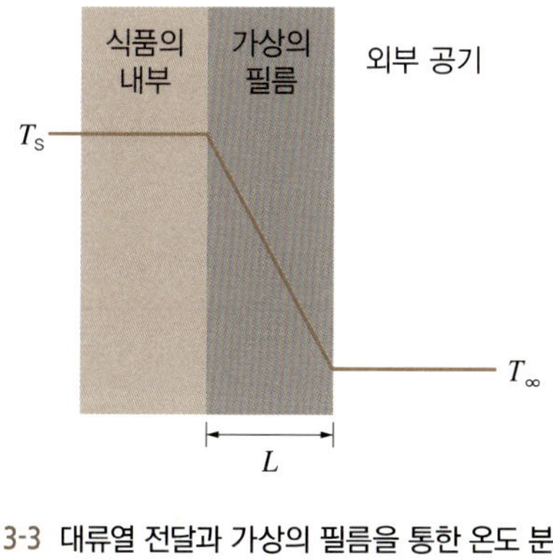

그림 3-3 대류열 전달과 가상의 필름을 통한 온도 분포도

속도는 푸리에식과 동일하게 표현할 수 있다. 그러나 필름은 실제로 존재하지 않으므로 두께와 열전도도를 산출할 수 없기 때문에 두께와 열전도도를 하나의 상수 h라고 표현하면 열전달 속도는 다음과 같이 표현된다.

$$\dot{Q} = hA(T_S - T_\infty)$$

여기서 상수 h를 열전달 계수heat transfer coefficient라 하고 단위로는 W/m²·K을 사용한다. 열전달 계수는 가상의 필름을 통해 적용된 개념이기 때문에 물질의 고유한 성질이라고 볼 수 없다. 다만, 열전달 유체의 흐름 상태에 의존하는 수치이다. 공기가 정지 상태에 있으면 찬 공기는 하강하고 더운 공기는 상승하기 때문에 자연적으로 대류 현상이 발생한다. 이 경우 열전달 계수는 5~25 W/m²·K의 범위에 있는 반면, 팬을 통해 공기를 강제로 순환시키는 경우에는 열전달 계수가 이보다 크게 증가한다. 따라서 식품을 찬 공기로 냉동시키는 경우 순환팬을 설치하여 강제 대류를 유도하면 냉동 속도를 향상시킬 수 있다.

예제 3.3

냉수에서 식품을 냉각시키고 있다. 식품의 크기는 가로, 세로 및 두께가 5×10×2 cm이고 열전도도는 0.07 W/m·K이다. 물의 온도는 10°C이고, 열전달 계수는 80 W/m²·K이다. 식품의 온도가 40°C인 경우 식품에서 제거되는 열량을 구하시오(단, 냉각 과정은 정상 상태로 가정).

풀이 평판형 식품은 물속에서 판의 좌우측 양방향에서 열전달에 의한 냉각이 일어난다. 이 경우 식품 중심부에서 표면으로 열의 전도, 표면에서 냉수로 대류열 전달이 일어난다. 정상 상태이므로 두 열전달 속도는 일정하다.

식품의 내부 온도를 T_1, 표면 온도를 T_2, 물의 온도를 T_∞라 하면

(1) 식품의 내부에서 표면으로의 전도열 전달 속도

$$\dot{Q} = kA\frac{T_1 - T_2}{L_1}$$

(2) 식품의 표면에서 냉수로의 대류열 전달 속도

$$\dot{Q} = hA(T_2 - T_\infty)$$

위의 두 열전달 속도는 동일하기 때문에 두 식은 다음과 같이 정리할 수 있다(예제 3.2 참조).

$$\dot{Q} = A\frac{T_1 - T_\infty}{\left(\dfrac{L}{k} + \dfrac{1}{h}\right)}$$

위 식에 문제의 조건들을 대입해 보면 제거되는 열량을 계산할 수 있다.

$$\dot{Q} = (50 \times 10^{-4}\ \text{m}^2)\frac{30\ \text{K}}{\left(\dfrac{0.01\ \text{m}}{0.07\ \text{W/m}\cdot\text{K}} + \dfrac{1}{80\ \text{W}\cdot/\text{m}^2\cdot\text{K}}\right)} = 0.97\ \text{J/s}$$

(계속)

이와 같이 전도와 대류가 복합적으로 관여하는 열전달 과정에서의 열전달 속도는 다음과 같이 표현되며, 이때 계수 U를 총괄 열전달 계수라고 한다.

$$\dot{Q} = U \cdot A \cdot \Delta T \qquad U = \frac{1}{\frac{L}{k} + \frac{1}{h} + \cdots}$$

2. 식품의 냉동 현상

1) 얼음 형성

냉동 메커니즘은 크게 물의 냉각 단계, 얼음으로의 상변화 단계 및 얼음의 냉각 단계로 이루어져 있다. 물과 얼음의 냉각 단계에서는 현열의 방출로 각 상태의 온도 변화가 일어나는 반면에, 상변화 단계에서는 잠열을 방출하여 온도 변화는 일어나지 않고 상태 변화만 발생하게 된다. 순수한 물을 냉각시켜 보면 과냉각 상태가 유도될 경우 그림 3-4와 같은 온도 변화가 발생한다. 이에 따라 얼음의 형성 메커니즘은 크게 과냉각(A~B), 빙핵 형성(B), 상변화(B~C) 및 얼음의 냉각(C~D)의 4단계로 나눌 수 있다.

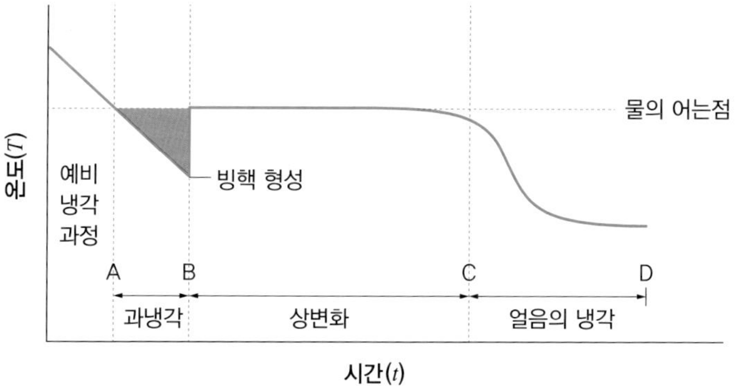

그림 3-4 냉동 과정에서 시간에 따른 물의 온도 변화

(1) 과냉각

물의 어는점은 0°C이지만, 순수한 물을 냉각시키면 0°C 이하에서 얼지 않고 액체 상태를 유지하는 현상이 관찰된다. 이러한 현상을 과냉각supercooling이라 한다. 과냉각 현상은 물뿐만 아니라 지질과 같은 물질에서도 동일하게 관찰된다. 과냉각 현상이 발생하는 원인은 액체에서 고체 상태로 전환되기 위한 분자들 간의 규칙적인 결정 구조 형성에 시간

이 소요되는데, 냉각 과정이 지나치게 빠른 경우 어는점에서 규칙적인 결정 구조를 형성하지 못한 채 냉각되기 때문에 어는점보다 낮은 온도에서도 여전히 액체 상태로 존재하게 되는 것이다. 물의 경우 냉각 조건에 따라 형성되는 최대 과냉각의 크기는 매우 다양하며 대기압 환경에서는 최대 −39°C 영역까지 과냉각 상태로 존재하는 경우도 있다. 그러나 과냉각 상태는 매우 불안정한 상태이기 때문에 물은 얼음으로 전환하려고 하는 강한 경향성을 띤다. 따라서 과냉각 상태의 물에 결정체 또는 충격 등이 가해지면 과냉각 상태의 물은 급격한 상변화를 일으킨다.

(2) 빙핵 형성

과냉각 상태의 물에 빙핵ice nucleation이 형성되면 물의 온도는 어는점으로 상승하게 된다. 빙핵이란 얼음 결정체를 구성하기 위한 기본 단위로, 물 분자들의 규칙적인 배열이 이루어지면서 발생한다. 빙핵의 형성은 다음과 같이 구분된다.

- 동질성 빙핵 형성homogeneous nucleation : 불순물이 섞이지 않고 순수한 물 분자들만이 모여 핵을 형성
- 이질성 빙핵 형성heterogeneous nucleation : 이물질이 핵을 형성하는 데 부분적으로 역할을 하는 경우

동질성 빙핵 형성 과정은 순수한 물에서만 일어나기 때문에 식품에서 발생하는 빙핵 형성 과정은 이질성 빙핵에 해당한다. 빙핵은 불규칙한 물 분자들 배열 속에 분자 간의 규칙적인 배열이 이루어진 지점에서 형성된다(그림 3-5). 빙핵의 형성은 자발적인 반응이지만, 경우에 따라 인위적으로 빙핵을 발생시킬 수 있다. 대표적으로 충격에 의해 발생하

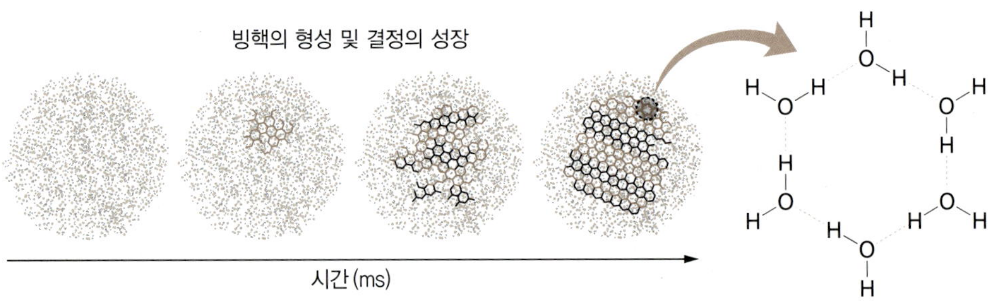

그림 3-5 빙핵의 형성 과정

는 기포, 또는 외부에서 만들어진 작은 얼음 입자들이 모두 과냉각 상태에서 빙핵으로 작용할 수 있다. 빙핵의 형성은 물에서 얼음으로의 상태 전환에서 가장 먼저 이루어지는 과정이며, 상태 변화에 따른 물의 잠열이 방출되어 온도가 어는점까지 높아지게 된다. 따라서 빙핵 형성 온도가 낮을수록 더 많은 잠열을 방출하여 상변화 속도를 향상시킬 수 있다. 이는 형성되는 빙핵의 수에도 영향을 미치게 되는데, 빙핵의 형성 온도가 낮을수록 형성되는 빙핵의 수는 증가하는 경향이 있다.

(3) 얼음 결정체의 성장

빙핵이 형성되면 핵 주위에서 물 분자들이 결합하면서 얼음 입자로 성장해 나가는 과정이 발생한다. 얼음 결정체는 나뭇가지 형태dendrite로 냉동 공정의 진행 방향을 따라 빠르게 성장하며, 이 과정에서 얼음의 양은 증가하고 물의 양은 감소하게 된다(그림 3-6). 얼음 결정체의 성장 과정은 물의 상태 변화 과정이기 때문에 온도는 물의 어는점으로 일정하게 유지된다. 충분한 얼음이 형성되면 얼음의 냉각에 의해 온도가 냉동고 내부 온도로 하강하게 된다. 냉동식품의 품질은 얼음 결정체의 성장 시간에 좌우된다. 즉, 얼음 결정체가 성장할 수 있는 충분한 시간이 제공되면 큰 얼음 결정체가 형성되는 반면에, 이 시간이 짧으면 얼음 결정체가 충분히 성장하지 못하여 작은 결정체를 형성하게 된다. 따라서 냉동 속도는 얼음 결정체의 크기에 영향을 준다.

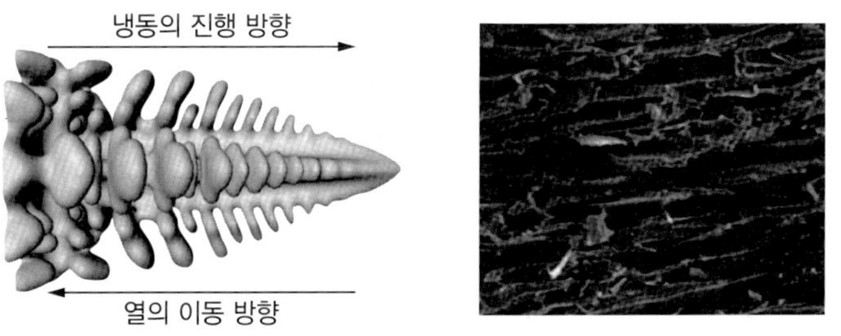

그림 3-6 얼음 결정체의 성장 형태

2) 용액의 냉동

(1) 라울의 법칙

물에 용질이 존재하는 경우 어는점과 끓는점은 서로 상이한 변화를 보인다. 라울의 법칙Raoult's law에 의하면 용질의 첨가는 증기압을 강하시키기 때문에 끓는점을 올리는 반면,

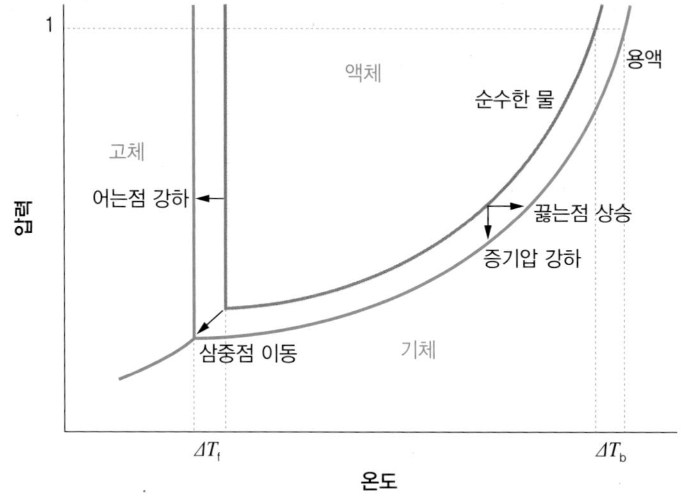

그림 3-7 물과 용액의 끓는점과 어는점 변화

어는점은 낮추는 특성이 있다. 그림 3-7은 순수한 물과 용액의 증기압 강하에 의해 발생하는 어는점 내림 현상을 나타내었다. 용질과 물 간의 상호작용은 물의 증발을 부분적으로 방해하며, 그 결과 물의 증기압은 강하하고 기화 과정에서 용질과 물 간의 결합력을 극복하기 위하여 더 많은 에너지를 필요로 한다. 따라서 끓는점이 올라감으로써 삼중점이 이동하게 된다. 삼중점의 이동은 결국 어는점의 강하를 초래한다. 이러한 변화의 차이는 용질의 농도에 의해 결정된다.

(2) 어는점 내림

식품에 존재하는 수분은 다량의 용질을 함유하고 있다. 냉동 과정에서 용질의 농도에 따라 어느 정도의 어는점 내림freezing point depression이 발생하는지에 대해 살펴보기로 한다. 블라그덴의 법칙Blagden's law에 의하면 저농도의 이상용액ideal solution에서 일어나는 어는점 내림(ΔT)은 용질의 농도에만 의존하며, 그 정도는 다음 식과 같다.

$$\Delta T = K_F \cdot m \cdot i$$

여기서 K_F는 어는점 내림 상수cryoscopic constant로 물의 경우 1.853 kg·K/mol이며, m은 용액의 몰랄 농도molality, i는 반트호프 계수van't Hoff factor이다. 반트호프 계수는 용질의 분자 1개가 형성할 수 있는 이온의 수로 정의되며 NaCl은 2, $BaCl_2$는 3이 된다. 설탕과 같은 비전해성 용질에는 1을 사용한다. 블라그덴의 법칙은 용질의 특성을 고려하지 않기 때문에 고농도 용액에서는 사용하기 어렵다.

예제 3.4

500 g의 물에 설탕($C_{12}H_{22}O_{11}$) 25 g을 용해시킨 용액의 어는점을 계산하시오.

풀이 용액의 몰랄 농도를 계산하면 다음과 같다.

$$m = \frac{\text{설탕 } 25 \text{ g}}{\text{물 } 500 \text{ g}} = \frac{\text{설탕 } 50 \text{ g}}{\text{용매 } 1 \text{ kg}} \times \frac{\text{설탕 } 1 \text{ mol}}{\text{설탕 } 342.3 \text{ g}} = 0.146 \text{ mol/kg}$$

어는점 내림을 계산하면

$$\Delta T = 1.853 \text{ kg}\cdot\text{K/mol} \times 0.146 \text{ mol/kg} \times 1 = 0.271 \text{ K}$$

따라서 용액의 어는점은 −0.271°C이다. 역으로 용액의 어는점을 알면 용질의 분자량을 계산할 수 있다.

(3) 공정점

냉동 과정이 진행됨에 따라 용액은 농축되기 시작하며 어는점은 낮아진다. 이러한 진행이 어느 순간 종료되면 용액은 완전히 얼게 된다. 이때의 온도를 공정점eutectic point(공융점)이라 한다. 그림 3-8과 같이 두 성분이 녹아 있는 용액을 냉동시킨 결과 물은 모두 얼음으로 변화하며, 최종적으로 두 고체상의 결정이 균일하게 분포한 혼합체가 만들어진다.

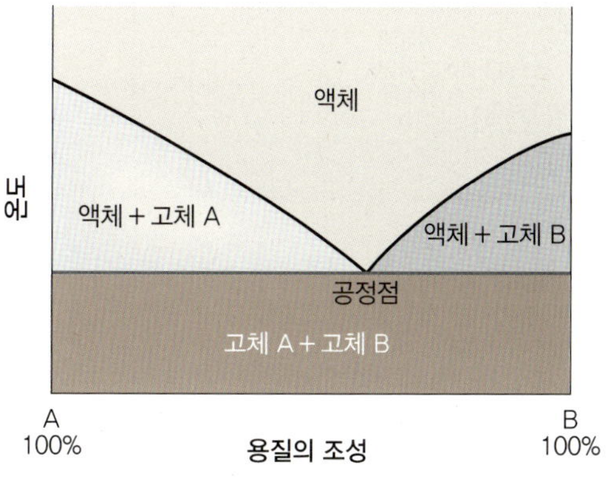

그림 3-8 용액의 공정점

3) 실제 식품의 냉동

(1) 초기 어는점

식품의 냉동 과정 중 온도 변화는 순수한 물과는 차이를 보인다. 표 3-1과 같이 대부분의 식품은 물보다 어는점이 낮다. 이는 식품에 용질이 존재하기 때문이며, 특히 전해질성 용질은 비전해질성 용질보다 어는점 내림에 큰 영향을 미치게 된다.

식품의 냉동 과정에서는 과냉각 현상이 잘 관찰되지 않는다(그림 3-9). 이는 물 이외의 식품을 구성하는 성분들이 빙핵의 역할을 하기 때문이다. 또한 얼음으로의 상태 전환 과정에서 온도가 지속적으로 낮아지는 특성이 있기 때문에 식품의 어는점은 냉동 곡선을 통하여 확인하기 어렵다. 이러한 현상은 얼음 결정체가 형성되는 과정에서 비동결수에 존재하는 용질이 계속해서 농축되기 때문에 발생하며, 용액에서도 동일하게 관찰되는 특성이다. 따라서 상변화 기간에 온도가 변하는 용액과 식품의 어는점은 초기 어는점initial freezing point을 통하여 측정한다. 초기 어는점은 상변화가 발생하기 전 냉각 과정에서 온도의 접선을 그린 후에, 상변화 과정에서 온도의 접선을 그려 그 교차점의 온도를 읽으면

표 3-1 주요 식품의 초기 어는점

식품	초기 어는점(℃)	식품	초기 어는점(℃)	식품	초기 어는점(℃)
토마토	-0.9	포도	-2.2	소고기	-0.6
양파	-1.1	감	-2.1	생선	-0.6
감자	-1.7	레몬	-2.2	우유	-0.5
고구마	-1.9	바나나	-3.4	난백	-0.5
사과	-2.0	밤	-4.5	난황	-0.7

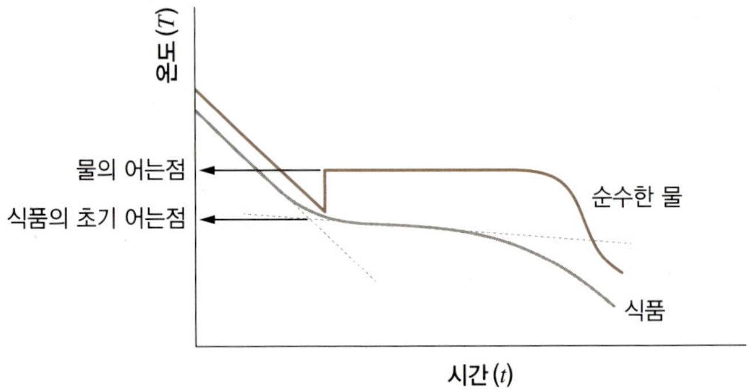

그림 3-9 물과 식품의 냉동 곡선 비교

산출할 수 있다.

따라서 식품의 냉동 시간은 식품에 존재하는 동일한 양의 순수한 물을 얼리는 시간보다 길다. 냉동의 추진력은 식품과 냉동고 내부와의 온도 차이이며, 동일한 온도에서 냉동을 실시하게 되면 어는점이 낮을수록 온도 차이가 줄어든다. 또한 과냉각 현상이 발생하지 않으므로 효과적인 잠열 방출이 어려워 상변화 시간을 길어지게 하고, 냉동 과정의 진행에 따른 용질의 농축은 물이 얼음으로 상태 변화하는 것을 보다 더 어렵게 만든다.

식품의 품질 보존을 위해서는 급속 냉동을 통한 상변화 시간의 단축이 필요하다. 반면, 형성되는 얼음 결정체의 크기는 상변화 시간뿐만 아니라 과냉각의 크기와도 상관 관계가 있다(그림 3-10). 즉, 과냉각의 크기가 클수록 많은 빙핵이 형성되어 효과적으로 잠열을 배출하게 되므로 상변화 시간을 단축시킬 수 있다. 그러나 과냉각의 크기를 제어하기가 매우 어렵기 때문에 산업체에서는 주로 냉동 온도를 낮추거나 식품의 크기를 작게 하여 급속 냉동을 실시하고 있다. 최근에는 냉각기의 온도 제어 기술이 발전함에 따라 액상 식품용 과냉각 저장 장비가 상용화되었지만, 여전히 고체형 식품에 대한 활용에는 기술 개발이 필요하다.

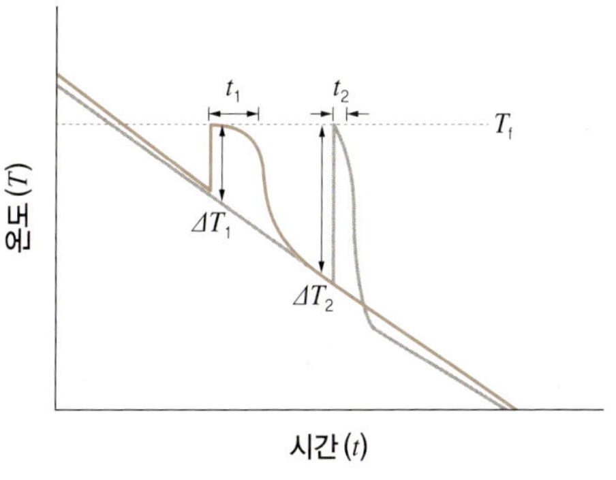

그림 3-10 과냉각의 크기와 상변화 시간의 상관 관계

표 3-2 냉동 속도에 따른 얼음 결정체의 수와 크기 비교

냉동 방법	동결 속도	결정체 수	결정체 크기(μm)
-10℃ 공랭식	느림	적음	250~350
-15℃ 염수 침지식	빠름	다수	50~150
-80℃ 드라이아이스	매우 빠름	매우 많음	5~15
-196℃ 액화질소	순간적 냉동	유리질	-

(2) 동결률

냉동은 식품 중의 수분을 얼음으로 전환시키는 과정이지만 실제로는 모든 물이 얼지는 않는다. 즉, 식품에 존재하는 자유수는 쉽게 얼음으로 전환되는 반면에, 결합수의 냉동은 매우 어렵다. 일부 결합수들 또한 냉동 온도가 낮아지면 얼음 결정체를 형성할 수 있으며, 전체 수분에서 이들의 비율은 약 7~26%를 차지한다. 따라서 냉동 과정 중 식품의 냉동이 어느 정도 진행되었는지를 평가할 수 있는 척도로 동결률freezing ratio을 사용할 수 있다. 동결률이란 식품의 전체 수분 대비 얼음으로 전환된 수분의 비율을 의미하며, 다음과 같이 산출할 수 있다.

$$\text{동결률}(\%) = \left(1 - \frac{T_f}{T_F}\right) \times 100$$

여기서 T_f는 식품의 어는점이며 T_F는 냉동 과정에서 식품의 품온material temperature을 의미한다. 이를 통해 형성된 얼음의 양을 계산해 보면 그림 3-11과 같다. 즉, 초기 어는점의 차이에 따라 동결률은 다소 차이가 있지만, 동결이 발생한 초기에 대부분의 얼음이 형성되는 것을 알 수 있다.

이를 통해 식품이 -5℃에 도달하면 동결률은 80% 이상의 수준을 보이게 된다. 이 과정은 식품의 품질에 영향을 주기 때문에 일부 문헌에서는 0~-5℃ 영역을 최대 얼음 결정 생성대zone of maximum ice crystal formation라고 표현한다. 식품의 어는점은 다양하기 때문에 이를 절대적으로 사용하기는 어렵지만, 결국 식품의 품질은 상변화 구간에 의해 영향을 받게

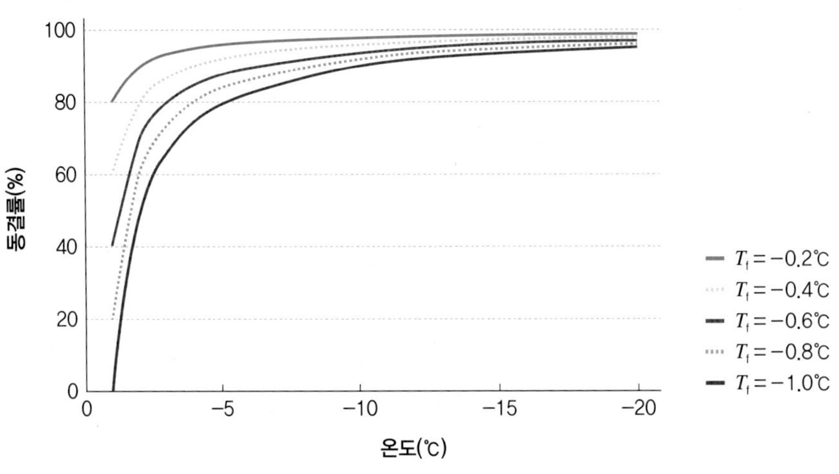

그림 3-11 식품의 어는점에 따른 동결률의 변화

된다. 실제로 식품의 냉동 과정에서 대부분의 시간은 물의 상변화 과정이 차지한다. 이는 식품에서 방출되는 잠열이 매우 크기 때문이다.

냉동 과정에서 단계별로 방출되는 열량을 비교하기 위하여 20°C의 물 1 kg을 -40°C 얼음으로 냉동시키는 과정을 가정해 보자(그림 3-12). 물의 냉각 과정에는 20 kcal, 상변화 과정에서는 80 kcal, 얼음의 냉각 과정에서 20 kcal가 소요되어 총 120 kcal의 열이 제거되었다. 이때 방출된 총열량 중 잠열이 차지하는 비중은 67%이므로 냉동 과정 중 상변화 단계의 시간은 물이나 얼음의 냉각 단계보다 길고, 얼음 결정체의 성장으로 식품의 품질은 저하된다. 따라서 냉동식품의 품질 보존을 위해 상변화 단계에 소요되는 시간을 단축시켜야 한다.

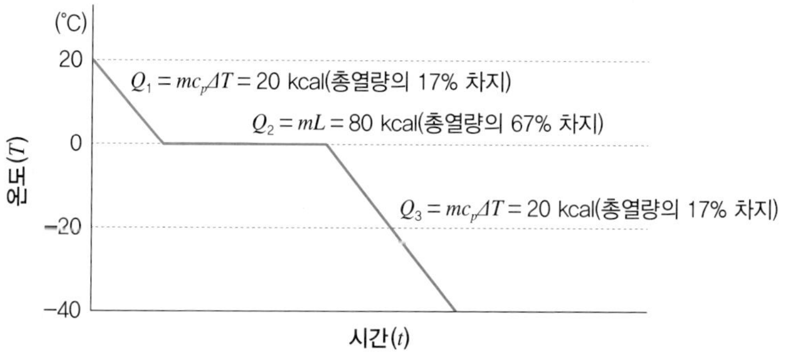

그림 3-12 물의 냉동 과정에서 소요되는 열량

3. 냉동 속도

1) 냉동 시간의 예측

냉동 시간은 식품의 온도가 냉동고 내부 온도에 도달하기까지 걸리는 시간이다. 따라서 냉동 속도를 평가할 수 있는 가장 간단한 방법은 냉동 과정 중 시간에 따른 중심부의 온도 변화를 측정하는 것이다. 식품 내에서도 위치에 따라 온도 차이가 발생하는데, 그림 3-13과 같이 식품의 표면은 급격하게 온도가 낮아지는 반면, 중심부로 갈수록 냉동되기까지 더 긴 시간이 소요된다. 따라서 식품의 냉동이 종료되는 시점은 식품의 열적 중심부 온도가 냉동고 온도에 도달한 때이다.

냉동 시간을 예측할 수 있으면 냉동 공정을 쉽게 제어할 수 있는 장점이 있다. 이를 위해 가장 널리 사용되는 방법이 플랑크식Plank's equation이다. 평판형 식품의 좌·우측에서 냉

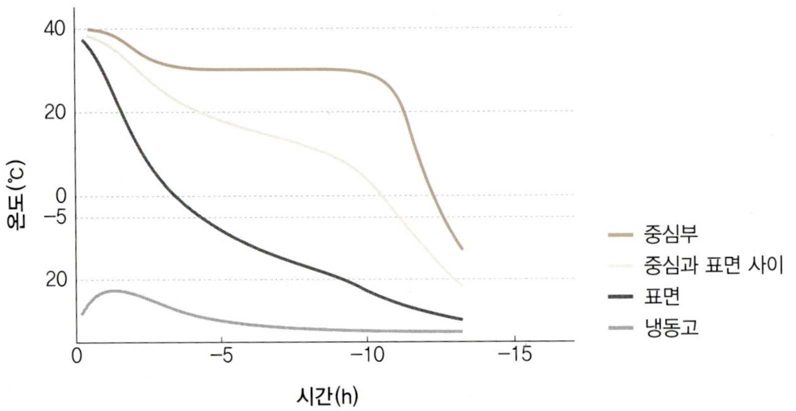

그림 3-13 식품 내 위치에 따른 냉동 중 온도 변화

동이 개시된다고 가정해 보면 식품은 좌·우측 표면부터 얼게 된다. 이때 형성되는 동결면은 식품의 중심부를 향해 x의 거리를 이동해 들어가며 그 결과 식품 내부의 온도 분포는 그림 3-14와 같다.

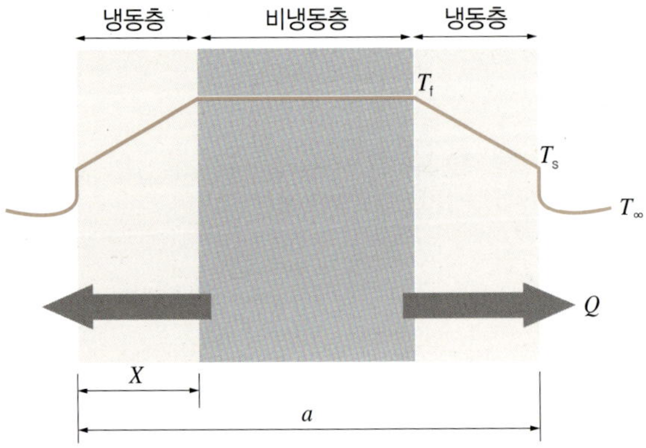

그림 3-14 평판형 식품의 냉동 과정 중 내부 온도 분포

식품 내부의 비동결 부위와 동결 부위 간에는 전도열 전달이 일어나고, 식품의 표면에서는 대류열 전달이 일어난다. 열전달이 정상 상태에서 일어난다고 가정해 보면 전도와 대류를 통해 방출되는 열량은 일정하다. 따라서 식품에서 냉동고로 방출되는 총열량은 다음과 같다.

$$\dot{Q}_1 = \frac{A(T_f - T_\infty)}{\frac{1}{h} + \frac{x}{k}}$$

냉동이 진행되면 잠열이 방출되는데, 동결 면에서 생성되는 잠열은 식품 외부로 제거되어야 한다. 만약 시간 dt 동안 이동한 동결 면의 거리는 dx였다면 형성된 동결부의 총부피는 $A \cdot dx$가 된다. 여기에 동결 식품의 밀도 ρ를 곱하면 동결부의 총질량이 산출되고, 이에 따라 시간당 제거되어야 할 잠열의 양은 다음과 같다.

$$\dot{Q}_2 = A \cdot L \cdot \rho \frac{dx}{dt}$$

정상 상태에서 동결 면에서 발생한 열은 식품 외부로 제거되기 때문에 Q_1과 Q_2는 같다. 따라서 위의 두 식을 정리하면 다음과 같다.

$$(T_f - T_\infty)dt = L \cdot \rho \left(\frac{1}{h} + \frac{x}{k}\right) dx$$

냉동 시간(t_f)은 좌·우측의 동결 면이 중심부에서 만나기까지 걸리는 시간이며, 이때 동결 면의 이동 거리 x는 식품 두께 a의 절반이다. 따라서 위의 식을 적분하면 냉동 시간을 다음과 같이 정리할 수 있다.

$$t_f = \frac{L \cdot \rho}{T_f - T_\infty} \left(\frac{a}{2h} + \frac{a^2}{8k}\right)$$

위 식은 식품의 형태가 평판일 경우 산출된 식이고, 플랑크식은 다양한 형태의 제품에 적용될 수 있도록 다음과 같은 일반식으로 표시하는데 이때 사용한 플랑크 계수 P, R과 식품의 두께 a는 식품의 기하학적 형태에 따라 표 3-3과 같이 사용한다.

$$t_f = \frac{L \cdot \rho}{T_f - T_\infty} \left(\frac{P \cdot a}{h} + \frac{R \cdot a^2}{k}\right)$$

표 3-3 **플랑크 계수**

식품의 기하학적 형태	P	R	a
평판형	1/2	1/8	두께
원통형	1/4	1/16	직경
구형	1/6	1/24	직경

예제 3.5

충분한 예비 냉각을 통해 평판형 식품은 초기 어는점인 -2°C까지 냉각시켰으며 아직 동결은 시작되지 않았다. 식품의 밀도는 920 kg/m³이고 열전도도는 1.7 W/m·K이며, 융해 잠열은 290 kJ/kg이었다. 냉동고의 온도는 -18°C, 냉동고 내부에서의 열전달 계수는 25 W/m²·K이다. 식품의 두께가 10 cm인 경우와 1 cm인 경우 동결 시간을 비교하시오(단, 식품의 냉동은 두께를 기준으로 좌우에서 동시 발생함).

풀이 평판형의 플랑크 계수를 이용하여 냉동 속도식을 작성하면 다음과 같다.

$$t_f = \frac{L \cdot \rho}{T_f - T_\infty}\left(\frac{a}{2h} + \frac{a^2}{8k}\right)$$

따라서 문제의 조건을 위 식에 넣어 보면 두께별 냉동 속도는 다음과 같이 계산된다.

1) 두께 : 10 cm

$$t_f = \frac{(290 \times 10^3\ \mathrm{J/kg})(920\ \mathrm{kg/m^3})}{(271 - 255\ \mathrm{K})}\left(\frac{0.1\ \mathrm{m}}{2 \times 25\ \mathrm{W/m^2 \cdot K}} + \frac{(0.1\ \mathrm{m})^2}{8 \times 1.7\ \mathrm{W/m \cdot K}}\right) = 12.7\ \mathrm{h}$$

2) 두께 : 1 cm

$$t_f = 3{,}458\ s = 0.96\ \mathrm{h}$$

따라서 식품의 두께를 10배 얇게 하면 냉동 시간은 10배 이상 단축할 수 있다.

플랑크식은 냉동 시간의 예측을 위해 편리하게 사용할 수 있지만 실제 냉동 시간과는 차이가 있다. 이러한 차이가 발생하는 이유는 플랑크식은 상변화가 발생하기 전후 물과 얼음의 냉각 시간을 고려하지 않고 실제 식품을 정상 상태로 가정하였으며, 실제 냉동 과정 중에는 냉동 속도에 영향을 미치는 다양한 요소들이 존재하기 때문이다.

냉동 시간은 속도의 형태로 표현할 수 있다. 속도는 주어진 시간 동안 이동한 거리인데, 식품의 냉동은 특정 방향으로 이루어지지 않고 양방향에서 중심 쪽으로 일어나기 때문에 이동 거리는 식품 두께(D)의 절반으로 잡고 이를 총 냉동 시간으로 나누어 주면 냉동 속도로 표현할 수 있다. 이에 따른 냉동 분류를 표 3-4에 나타내었다.

예제 3.6

예제 3.5의 결과를 냉동 속도(cm/h)로 표현하는 경우 두께에 따른 냉동 속도를 비교하시오.

풀이 두께 10 cm의 시료는 냉동에 총 12.7 h가 소요되었기에 이를 냉동 속도로 산출해 보면 다음과 같다.

$$V_{10\ \mathrm{cm}} = \frac{5\ \mathrm{cm}}{12.7\ \mathrm{h}} = 0.39\ \mathrm{cm/h}$$

따라서 완만 동결에 해당한다. 반면 두께가 1 cm인 시료의 냉동 속도는 0.52 cm/h로 급속 동결에 해당한다.

표 3-4 **냉동 속도별 분류**

분류	냉동 속도(cm/h)	예
매우 완만 동결	0.1 이하	느린 공기 유속(2 m/s 이하)에서 냉동
완만 동결	0.1~0.5	
급속 동결	0.5~5	빠른 공기 유속에서 냉동하거나 액체 CO_2 냉동
매우 급속 동결	5~10	
초급속 동결	10 이상	액화질소 침지 냉동

$$\text{냉동 속도}(V,\ \text{cm/h}) = \frac{D/2}{t_f}$$

2) 냉동 속도에 영향을 미치는 요인

식품의 냉동 속도는 식품의 품질에 직접적인 영향을 미치기 때문에 냉동 속도에 영향을 미치는 요인들을 파악하여 냉동 속도를 개선해야 한다. 냉동 속도에 영향을 미치는 인자는 무수히 많지만 여기서는 주요 요인들만을 소개하기로 한다.

(1) 냉동 온도

냉동 속도는 냉동 온도에 의해 영향을 받는데 온도가 낮을수록 냉동 속도는 빠르다. 이는 냉동 온도가 냉동 공정에서 열전달의 추진력으로 작용하기 때문이다. 냉동 온도는 과거 -18°C를 기준 온도로 사용하였지만, 실제 냉동 저장 온도는 -30°C 이하로 낮아지고 있으며, 최근에는 심온 냉동고deep freezer 같은 장비들도 상용화되고 있는 추세이다. 현재 심온 냉동에 대한 명확한 기준은 없지만 -50°C 이하를 심온 냉동으로 표현하고 있다. 반면 지나치게 낮은 냉동 온도로 운영하는 데에는 막대한 운전비가 소요되기 때문에 이는 냉동식품의 가격 상승을 초래하게 된다. 따라서 제품에 따른 적정한 냉동 온도의 설정이 필요하다.

(2) 냉동 방법

냉동고의 종류에 따라 동일한 냉동 온도를 적용하더라도 냉동 속도는 차이가 생긴다. 일반적으로 찬 공기를 사용하는 냉동 장치에 비하여 액체 냉매 침지식 냉동 장치에서의 냉동 속도가 훨씬 빠르다. 동일한 찬 공기를 사용하더라도 자연 대류식 장비에 비하여 강제 대류식 장비의 냉동 속도가 더 빠르다. 이 과정에서 공기의 습도와 흐름 형태도 냉동 속도에 영향을 미친다. 흐름 측면에서는 난류형 흐름이 층류형 흐름에 비하여 빠른 냉동 효과를 얻을 수 있다.

(3) 식품의 초기 온도

냉동 온도와 유사하게 식품의 초기 온도도 냉동 속도에 영향을 미친다. 식품의 초기 온도가 지나치게 높을 경우 식품의 초기 냉각 과정이 길어지기 때문에 결국 총 냉동 시간도 길어진다. 또한 식품으로부터 제거해야 할 열량이 증가하기 때문에 냉동고는 계속해서 압축기compressor를 작동하게 되므로 전력 소모도 급증한다. 따라서 냉동식품은 냉동 전 충분한 예비 냉각 과정을 거치는 것이 좋다. 실제로 예비 냉각으로 품온을 식품의 어는점 근처까지 낮출 경우 냉동식품의 품질이 우수하다는 사실이 다수의 연구 문헌을 통해 입증되었다.

(4) 식품의 크기와 형태

냉동 과정에서 식품 내부의 열은 식품 표면을 통해 외부로 전달된다. 앞서 열전달 과정에서 열전달 속도가 식품의 표면적에 비례하는 것을 살펴보았다. 식품의 표면적은 식품 크기를 작게 할수록 커진다. 즉, 덩어리 형태의 식품을 그대로 냉동시키기보다는 이를 작게 나눠서 개별적으로 냉동시키면 빠른 냉동 효과를 얻을 수 있다. 또한, 동일한 질량의 식품은 두께를 얇게 만들면 표면적을 효과적으로 증가시킬 수 있다. 실제로 두께를 두 배 증가시켰을 때 총 냉동 시간이 두 배 이상 걸리는 것이 실험적으로 검증된 사례가 있다.

(5) 식품의 조성

식품의 조성에 따른 냉동 속도 차이는 매우 크다. 예를 들어 수분 함량이 높은 식품은 상대적으로 냉동 시간도 길어지므로, 식품의 수분을 다소 낮추어 냉동하는 탈수 냉동dehydro-freezing으로 냉농 시간을 단축시킬 수 있다. 또한 지질은 열전달을 방해하는 절연체로 작용하기 때문에 지질 함량이 높을수록 냉동 시간이 길어지고, 대량의 당류 또는 염류를 함유한 식품 중에는 수분이 결합수 상태로 존재하기 때문에 이 또한 냉동 속도를 늦추는 요소로 작용한다.

(6) 포장 방법

공기는 대표적인 절연체로 작용한다. 따라서 진공포장보다 함기포장은 식품의 열 방출을 억제하기 때문에 냉동 시간이 길어진다. 진공포장한 식품이더라도 식품의 밀도가 낮은 경우, 즉 식품 내부 구조가 다공질인 경우 냉동 속도는 느려진다.

단원 요약

- 식품에서 온도 차에 의한 열전달은 전도, 대류, 복사의 형태가 복합적으로 일어나며, 냉동 과정에서는 전도와 대류에 의한 열전달이 발생한다.
- 전도열 전달은 식품의 열전도도, 단면적, 식품과 냉동고의 온도 차이에 비례하고, 식품의 두께에는 반비례한다.
- 대류열 전달은 냉매의 열전달 계수, 식품의 단면적, 식품과 냉동고의 온도 차이에 비례한다. 열전달 계수는 냉매의 흐름에 의존한다.
- 얼음의 형성 과정은 과냉각, 빙핵 형성, 상변화 및 얼음의 냉각 단계로 이루어진다.
- 순수한 물의 상변화 과정에서는 온도가 일정하지만, 용액과 식품에서는 용질의 농축으로 상변화 과정에서 온도는 감소한다. 따라서 식품의 어는점은 초기 어는점을 통하여 측정한다.
- 얼음 결정체는 식품의 품질에 영향을 미치며 급속 냉동을 통해 작은 크기의 얼음 결정체가 형성된다.
- 과냉각의 크기는 얼음 결정체의 수에 비례하고, 상변화 시간은 얼음 결정체의 크기에 비례한다.
- 식품의 냉동 시간은 플랑크식을 이용하여 예측할 수 있다. 다만, 실제 냉동 시간은 플랑크식에 의한 냉동 시간보다 길다.
- 냉동 속도는 냉동 온도, 냉동 방법, 식품의 초기 온도, 식품의 크기와 형태, 식품의 조성 및 포장 방법 등에 의해 영향을 받는다.

연습문제

1 전도열 전달 속도를 높이기 위한 방법으로 틀린 것을 고르시오.

① 전달 매질의 단면적을 크게 한다. ② 전달 매질의 두께를 크게 한다.

③ 열전도도가 큰 매질을 사용한다. ④ 매질을 통한 온도 차이를 크게 한다

2 열전도도가 큰 것부터 순서대로 나열된 것을 고르시오.

① 은 > 니켈 > 수소 > 물 ② 알루미늄 > 얼음 > 물 > 스티로폼

③ 스티로폼 > 수은 > 플라스틱 > 아연 ④ 아연 > 얼음 > 스티로폼 > 물

3 열전도도의 단위를 고르시오.

① kcal/kg ② J/m·K ③ kcal/kg·K ④ W/m·K

4 열전달 계수의 크기 비교로 옳은 것을 고르시오.

① 정지 공기 > 송풍 중인 공기 ② 정지 공기 > 정지 물

③ 흐르는 물 > 정지 공기 ④ 송풍 중인 공기 > 정지 물

5 다음 중 동질성 빙핵이 형성되는 식품을 고르시오.

① 순수한 물 ② 식육 ③ 딸기 ④ 새우

6 다음 중 냉동식품의 품질에 영향을 미치는 주요 과정을 고르시오.

① 과냉각 ② 빙핵 ③ 결정의 성장 ④ 얼음의 냉각

7 얼음의 형성 메커니즘이 옳은 것을 고르시오.

① 과냉각 → 빙핵 형성 → 얼음 냉각 → 결정 성장

② 빙핵 형성 → 결정 성장 → 과냉각 → 얼음 냉각

③ 과냉각 → 빙핵 형성 → 결정 성장 → 얼음 냉각

④ 빙핵 형성 → 결정 성장 → 얼음 냉각 → 과냉각

8 다음 중 가장 큰 얼음 결정체가 만들어지는 냉동 방법을 고르시오.

① 공기 냉동 ② 침지 냉동

③ 드라이아이스 냉동 ④ 액화질소 냉동

9 10℃ 물 1 kg을 -20℃ 얼음으로 냉동시키는 데 제거되어야 할 열량을 구하시오.

① 80 kcal ② 100 kcal ③ 420 kcal ④ 540 kcal

10 용액의 냉동 과정에서 모든 수분이 얼어 용질이 석출되는 온도를 가리키는 용어를 고르시오.

① 초기 어는점 ② 공정점 ③ 임계점 ④ 삼중점

11 다음 용질 중 어는점 내림이 가장 큰 물질을 고르시오.

① 설탕 ② NaCl ③ $CaCl_2$ ④ KCl

12 다음 중 라울의 법칙에 대한 설명으로 틀린 것을 고르시오.

① 용질의 양이 증가하면 끓는점이 상승한다.

② 용질의 양이 증가하면 증기압이 강하한다.

③ 용질의 양이 증가하면 어는점이 낮아진다.

④ 삼중점은 용질의 양에 영향을 받지 않는다.

13 식품의 초기 어는점이 -1℃일 경우 식품의 품온이 -10℃에 도달하였을 때의 동결률을 고르시오.

① 80% ② 85% ③ 90% ④ 100%

14 식품의 냉동에 관한 설명으로 틀린 것을 고르시오.

① 상변화 온도가 일정하다.

② 과냉각이 잘 생성되지 않는다.

③ 식품의 어는점은 일정하지 않아 초기 어는점을 사용한다.

④ 식품은 물보다 어는점이 낮다.

15 급속 냉동식품에 대한 설명 중 옳은 것을 고르시오.

① 완만 냉동에 비해 얼음 결정 수가 많다. ② 완만 냉동에 비해 얼음 결정 수가 적다.

③ 완만 냉동에 비해 얼음 결정이 크다. ④ 완만 냉동과 차이가 없다.

16 플랑크의 냉동 시간 예측식에 대한 설명으로 옳지 않은 것을 고르시오.

① 냉동 전 예비 냉각과 상변화 후 최종 냉각 과정은 고려하지 않는다.

② 식품 내부에서 표면으로 전도열 전달이, 표면에서 공기로 대류열 전달이 일어난다.

③ 방출되는 잠열과 외부로 이동하는 열량은 같다.

④ 실제 냉동 시간의 측정이 가능하다.

17 다음 중 급속 동결 속도로 옳은 것을 고르시오.

① 0.1~0.5 cm/h ② 0.1~0.3 cm/h ③ 0.5~5.0 cm/h ④ 0.3~0.5 cm/h

18 어떤 식품의 크기가 6×8×2 cm이고, 냉동되는 데 1시간 걸렸다. 이 식품의 냉동 속도를 구하시오.

① 1 cm/h ② 2 cm/h ③ 3 cm/h ④ 4 cm/h

19 온도 중심점에 대한 설명으로 옳은 것을 고르시오.

① 식품의 기하학적 중심
② 식품의 부위별 온도 평균
③ 식품의 가로와 세로 교차축
④ 식품의 온도 강하가 가장 늦은 위치

20 냉동식품의 얼음 결정 성장에 관여하는 요인이 아닌 것을 고르시오.

① 냉동온도
② 함기 포장의 공기 조성
③ 식품의 수분 함량
④ 냉동 속도

4

냉동과 식품의 품질

학 / 습 / 목 / 표

1. 물과 얼음의 상태 변화 과정 및 어는점 변화를 이해한다.
2. 냉동 과정에서 발생하는 식품의 물리적, 화학적 변화를 이해한다.
3. 냉동 저장 과정에서 식품의 품질 변화에 관여하는 요인들을 이해한다.
4. 냉동식품의 품질을 보존하기 위한 방법을 이해한다.

앞에서 냉동 속도가 식품의 품질과 밀접한 관련이 있음을 설명하였다. 냉동 속도가 빠르면 얼음 결정체가 형성할 수 있는 시간적 여유가 없으므로 식품의 조직 손상은 최소화된다. 따라서 고품질의 냉동식품 생산을 위해서는 급속 동결이 요구된다. 반면 냉동식품이 신선식품과 품질 차이를 보이는 본질적인 원인은 물과 얼음의 밀도 차이 때문이다. 즉, 얼음의 부피 팽창은 식품의 조직을 손상시키고, 손상된 조직은 해동에 의해 복원되지 않기 때문에 다량의 드립 손실을 보인다. 따라서 냉동에 의한 식품의 품질 변화는 필연적 현상이며, 이러한 변화를 최소화하기 위하여 다양한 요인들을 검토할 필요가 있다. 이를 위하여 여기에서는 얼음의 부피 팽창 원리를 이해하고, 냉동 과정 및 저장 중 냉동식품에 발생하는 물리화학적 변화와 이를 억제하기 위한 방법들을 상세히 살펴보기로 한다.

1. 얼음의 부피 팽창

대기압 환경에서 형성되는 얼음은 물보다 밀도가 작기 때문에 냉동 중 얼음의 부피 팽창은 냉동식품에서 발생하는 품질 변화의 주원인이 된다. 이번에는 열역학 제2법칙에서 살펴본 지식을 활용하여 얼음의 부피 변화를 보다 상세히 이해하고, 이러한 부피 변화가 식품에 미치는 효과를 살펴보기로 한다.

1) 온도와 압력에 따른 얼음의 부피 변화

앞에서 열역학 제2법칙에 의해 물과 얼음의 상태 변화 과정을 열역학적으로 해석해 보았다. 물에서 얼음으로의 상태 변화는 각 상태에서 물질의 자유에너지 차이로 인하여 발생하며, 자유에너지는 온도가 증가할수록 감소하는 특성을 보였다. 여기에서는 자유에너지의 온도와 압력 의존성을 살펴보고, 열역학에서 매우 중요한 클라페이론식Clapeyron equation을 유도해 봄으로써 얼음의 부피 팽창을 이해하기로 한다.

(1) 자유에너지의 온도와 압력 의존성

영하의 환경에서 물은 얼음으로 자발적으로 변화한다. 반면에 물이 얼음으로 상태 변화하는 과정에서는 온도의 변화 없이 잠열의 방출이 일어난다. 잠열의 방출은 물질의 엔탈피에 영향을 주며, 이에 따라 자유에너지와 엔트로피의 변화를 수반할 수 있다. 어떤 변화 과정에서 매우 미소한 변화가 발생하였을 때를 가정해 보기로 하자. 미소 변화는 계의 자유에너지, 엔탈피, 온도 및 엔트로피에도 미소한 변화를 일으킨다.

$$(G+dG)=(H+dH)-(T+dT)(S+dS)$$

따라서 위 식을 풀어 보면 다음과 같다.

$$G+dG=H+dH-TS-TdS-SdT-dTdS$$

이때 초기 자유에너지 G는 $H-TdS$이므로 위 식에서 제거할 수 있으며, 온도와 엔트로피 미소 변화의 곱은 매우 작은 수치이기 때문에 무시할 수 있다. 따라서 식은 다음과 같이 정리할 수 있다.

$$dG=dH-TdS-SdT$$

이를 엔탈피와 내부에너지 관계에 적용시켜 보면 엔탈피 미소 변화를 다음과 같이 정리할 수 있다.

$$dH=dU+PdV+VdP$$

엔트로피 변화는 열량의 변화를 온도로 나눈 값($\Delta S=\Delta Q/T$)이므로 내부에너지의 미소 변화를 다음과 같이 변형시킬 수 있다.

$$dU=dQ+dW=TdS-PdV$$

따라서 이를 엔탈피의 미소 변화에 적용시켜 보면 식을 다음과 같이 정리할 수 있다.

$$dH=TdS-PdV+PdV+VdP$$

$$dH=TdS+VdP$$

최종적으로 엔탈피의 미소 변화를 자유에너지 미소 변화식에 적용시키면 다음의 식을 얻을 수 있다.

$$dG=TdS+VdP-TdS-SdT$$

$$dG=VdP-SdT$$

이때 등온 공정과 등압 공정에서 위 식을 활용하여 자유에너지의 온도와 압력 의존성을 표 4-1과 같이 산출할 수 있다.

표 4-1 등온 공정과 등압 공정에서 자유에너지의 변화

공정의 종류	자유에너지 변화	자유에너지의 온도/압력 의존성
등온 공정($dT=0$)	$dG=VdP$	부피는 항상 양의 값을 갖는다. 따라서 압력이 증가하면 자유에너지는 증가한다.
등압 공정($dP=0$)	$dG=-SdT$	엔트로피는 항상 양의 값을 갖는다. 따라서 온도가 증가하면 자유에너지는 감소한다.

(2) 클라페이론식과 얼음의 부피 변화

자유에너지의 온도와 압력 의존성을 물과 얼음의 평형 상태에 적용시켜 보기로 한다. 즉, 평형 상태에서 물과 얼음의 자유에너지는 동일하므로, 자유에너지의 미소 변화도 물과 얼음 상태에서 동일하다.

$$dG_{\text{Water}} = dG_{\text{Ice}}$$

물과 얼음이 갖는 자유에너지의 미소 변화는 다음과 같다.

$$dG_{\text{Water}} = V_{\text{Water}}\,dP - S_{\text{Water}}\,dT$$

$$dG_{\text{Ice}} = V_{\text{Ice}}\,dP - S_{\text{Ice}}\,dT$$

위의 두 식은 서로 같기 때문에 식을 온도와 압력의 미세 변화로 정리해 보면 다음과 같이 변형된다.

$$(S_{\text{Ice}} - S_{\text{Water}})dT = (V_{\text{Ice}} - V_{\text{Water}})dP$$

여기서 식을 온도와 압력의 미세 변화로 정리해 보면 클라페이론식을 얻을 수 있다.

$$\frac{dP}{dT} = \frac{S_{\text{Ice}} - S_{\text{Water}}}{V_{\text{Ice}} - V_{\text{Water}}} = \frac{\Delta S}{\Delta V} = \frac{\Delta H}{T\Delta V}$$

이제 클라페이론식을 물질의 상 도해도에 적용시켜 보자(그림 4-1). 상 도해도에서 고체와 액체 상태를 구분하는 선 A-B는 물질의 어는점에 해당하며, 대부분의 물질은 압력이 증가할수록 어는점의 온도가 증가하는 반면 물은 감소한다.

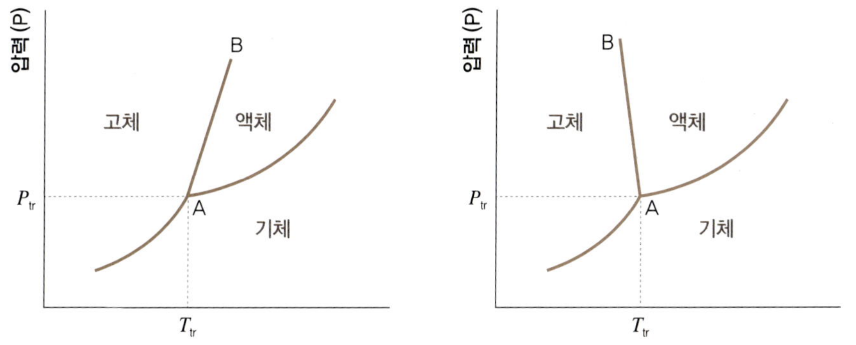

물질의 상 도해도　　　　물의 상 도해도

그림 4-1 물질과 물의 상 도해도 비교

예제 4.1

0℃, 1 atm에서 물의 부피는 18.0 mL/mol, 얼음의 부피는 19.6 mL/mol이다. 압력의 증가에 따른 물의 어는점 변화를 예측하시오.

풀이 클라페이론식을 사용하면 온도와 압력에 따른 어는점의 기울기를 산출할 수 있다. 이를 활용하기 위한 열역학적 특성으로 물의 융해 잠열은 80 cal/g이며, 이를 J/mol 단위로 환산하면 다음과 같다.

$$\Delta H_{\text{fusion}} = 80\ \text{cal/g} \times \frac{4.186\ \text{J}}{1\ \text{cal}} \times \frac{18\ \text{g}}{1\ \text{mol}} = 6{,}028\ \text{J/mol}$$

이를 클라페이론식에 대입해 보면 온도 변화에 따른 압력 변화를 다음과 같이 산출할 수 있다.

$$\frac{dP}{dT} = \frac{\Delta H}{T\Delta V} = \frac{6{,}028\ \text{J/mol}}{273\ \text{K}(18.0-19.6\ \text{mL/mol})} = -13.8\ \text{J/mL}\cdot\text{K}$$

반면 온도 변화에 따른 압력 변화는 atm/K 단위로 주어져야 하므로, 위의 수치를 단위 환산하면 최종적으로 다음과 같은 기울기를 얻게 된다.

$$\frac{dP}{dT} = -(13.8\ \text{J/mL}\cdot\text{K}) \times \frac{1\ \text{mL}}{10^{-6}\ \text{m}^3} \times \frac{1\ \text{Pa}\cdot\text{m}^3}{1\ \text{J}} \times \frac{9.87\times10^{-6}\ \text{atm}}{1\ \text{Pa}} = -136\ \text{atm/K}$$

위 수치의 역수를 산출해 보면 다음과 같다.

$$\frac{dP}{dT} = -\frac{1}{136\ \text{atm/K}} = -7.35\times10^{-3}\ \text{K/atm}$$

결국 압력이 1기압 상승할 때마다 어는점은 -7.35×10^{-3} K씩 낮아진다.

상 도해도에서 선 A-B의 기울기는 클라페이론식의 dP/dT에 해당하며, 물질들은 양의 값을 갖는 반면에 물만은 음의 값을 갖는다. 모든 물질에서 액체가 고체로 상태 변화하는 과정은 발열 과정이므로 엔탈피 변화는 항상 음의 값을 갖는다($\Delta H < 0$). 따라서 상 도해도에서 어는점의 기울기(dP/dT)가 양의 값을 갖는 모든 물질들은 상태 변화 과정에서 부피의 감소를 수반하고, 그 결과 고체 상태에서 높은 밀도를 갖는다. 이와는 달리 물은 어는점의 기울기가 음의 값을 갖기 때문에 상태 변화의 결과 부피는 반드시 증가해야 한다. 따라서 얼음은 물보다 밀도가 작고 부피가 크다.

이상의 설명을 역으로 거슬러 올라가 보면 물의 어는점이 압력의 증가에 따라 감소하는 현상을 이해할 수 있다. 앞에서 등온 과정에서는 자유에너지의 미소 변화가 압력에 비례함을 살펴보았다($dG = VdP$). 일반적으로 액체는 고체 상태에 비하여 부피가 크기 때문에 압력의 증가에 따른 자유에너지의 증가는 액체 상태가 고체 상태보다 크다(그림 4-2). 그 결과 물질의 어는점은 압력이 높을수록 증가한다. 이와는 달리 얼음은 물보다 부피가 크기 때문에 압력의 증가는 얼음 상태의 자유에너지를 크게 증가시키는 반면, 물 상태의 자유에너지 증가는 상대적으로 작다. 이에 따라 압력이 증가하면 어는점이 낮아진다.

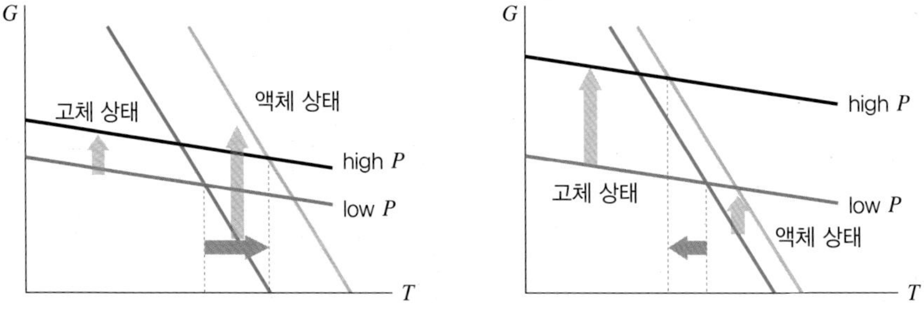

물질에서 자유에너지의 압력 의존성 　　 물에서 자유에너지의 압력 의존성

그림 4-2 물질(왼쪽)과 물(오른쪽)에서 자유에너지의 압력 의존성

반면 위에서 살펴본 얼음의 부피 팽창은 대기압 환경에서 만들어지는 얼음 Ih 상태에서만 적용된다(그림 4-3). 얼음 Ih은 210 MPa 이하의 압력 환경에서 형성되기 때문에 이러한 압력 범위 내에서 압력을 증가시키면 얼음의 부피 팽창에 의해 어는점이 감소하는 반면, 그 이상의 압력에서 형성되는 얼음 II 이상의 상태는 물보다 밀도가 높은 일반적인 물질의 특성을 따르기 때문에 압력을 증가시키면 어는점이 다시 상승하게 된다. 이러한 물의 어는점의 압력 의존성은 최근 초고압 냉동 기술의 개발 원리에 해당하는데 이에 대해

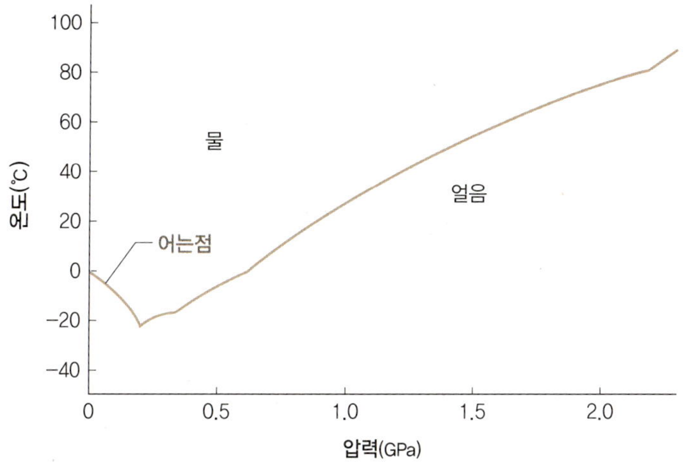

그림 4-3 온도와 압력에 따른 물의 어는점 변화

서는 제5장에서 상세히 설명하기로 한다.

2) 냉동 속도와 조직 손상

냉동 과정에서 얼음의 부피 팽창은 식품 조직 손상의 주원인이 된다. 이는 냉동의 메커니즘과 관련이 있다. 일반적으로 식품을 냉동고에 넣어 두면 식품의 중심에서부터 열이 외부로 배출된다. 이 과정에서 식품의 내부는 느리게 냉각되고 외부는 빠르게 냉각되므로, 결국 식품 외부가 먼저 얼게 된다. 대부분의 식품 조직은 유연하지만, 표면이 얼어서 동결층이 형성되면 표면은 유연성을 잃어버리게 된다. 이후 동결층이 내부로 확장되는 과정에서 얼음의 팽창은 식품 내부에 강한 팽압turgor pressure을 형성하게 된다. 그 결과 단단한 식품 조직의 세포막은 파괴되어 손상을 입게 된다.

식품 중 수분만이 부피 변화와 관련이 있다고 가정하면 팽압에 의한 냉동식품의 팽창률expansion ratio은 식품 중 수분의 질량분율(x), 동결률(m_F) 및 얼음의 팽창률(v_1)을 통해 다음과 같이 산출할 수 있으며, 얼음의 팽창률은 0.09이다.

$$\text{팽창률}(\%) = x \cdot m_F \cdot v_1$$

예제 4.2

삼겹살을 -30℃에서 급속하게 냉동시켰다. 냉동 삼겹살의 팽창률을 산출하시오(단, 삼겹살의 수분 함량은 65%, 초기 어는점은 -1℃).

(계속)

풀이 삼겹살의 동결률을 산출하면

$$m_F = 1 - \frac{-1}{-30} = 0.97$$

따라서 돼지고기의 팽창률은 0.65×0.97×0.09=0.057이며, 5.7%의 부피가 팽창한다. 그러나 삼겹살은 지방 함량이 높은데, 지방은 저온에서 수축되기 때문에 실제 팽창률은 이보다 작다.

따라서 얼음의 팽창에 의한 식품 내부의 팽압 발생은 그 자체가 식품 조직의 물리적 손상을 가할 뿐만 아니라, 세포 기관 손상에 의한 분해효소의 방출 및 효소적 조직 변형 등 2차적인 품질 변형을 수반하게 된다. 식품 내부에 발생한 팽압이 최대에 도달하면 식품 표면에 균열이 발생할 수 있으며, 그 결과 팽압은 급격히 떨어진다. 이러한 현상은 매우 빠르게 식품을 냉동하더라도 발생할 수 있지만, 식품의 종류와 조성에 따라 발생하는 팽압은 매우 다르다.

2. 냉동에 의한 식품 조직 손상 이론

냉동 과정 중 식품의 동결은 표면에서 중심부로 진행된다. 미시적으로는 식품을 구성하는 세포는 외부부터 먼저 얼게 된다. 따라서 냉동 속도가 느린 경우 세포 외부에 큰 얼음 결정이 형성되고, 이들이 세포에 압력을 가하여 손상을 주게 된다(그림 4-4). 냉동 속도가 빠르면 세포의 외부와 내부에 작은 얼음 결정이 형성된다. 이 경우 세포 외부의 얼음 결정이 세포에 압력을 가하더라도 세포 내부의 얼음 결정이 외부의 압력에 대응할 수 있기 때문에 세포의 손상은 크게 줄어들게 된다. 반면에 냉동 과정 중 발생하는 조직의 물리적 손상은 팽압에 의한 손상뿐만 아니라 여러 가지 요인이 작용하여 일어나며, 더불어 다양한 화학적 손상도 복합적으로 일어난다. 따라서 여기에서는 냉동 과정 중 식품에서 발생하는 주요 손상의 발생 원인을 각 이론별로 상세하게 살펴보기로 한다.

1) 물리적 손상

(1) 기계적 손상 이론

식품을 냉동하면 조직 세포 사이에 얼음 결정이 형성되며, 이들은 세포막 및 세포벽을 파괴하여 조직이 손상된다는 이론이다. 얼음 결정이 세포 사이 공간에 형성되면 이에 따

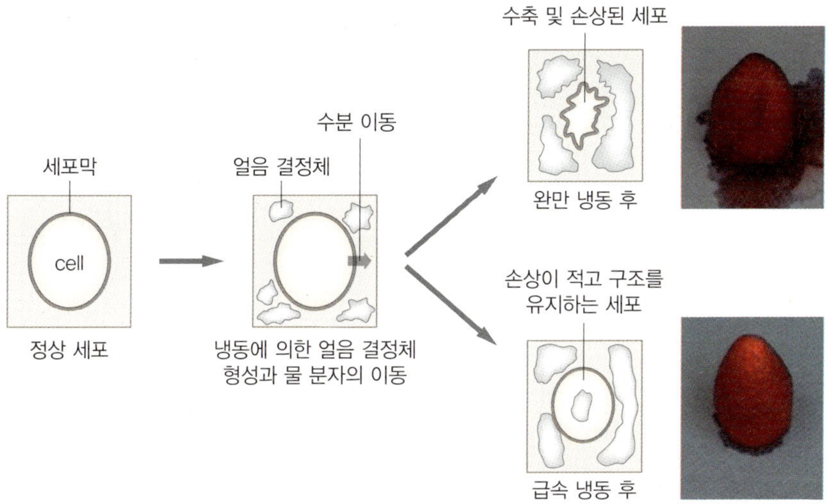

그림 4-4 냉동 속도에 따른 조직 손상도(왼쪽)와 해동 드립 방출(오른쪽)

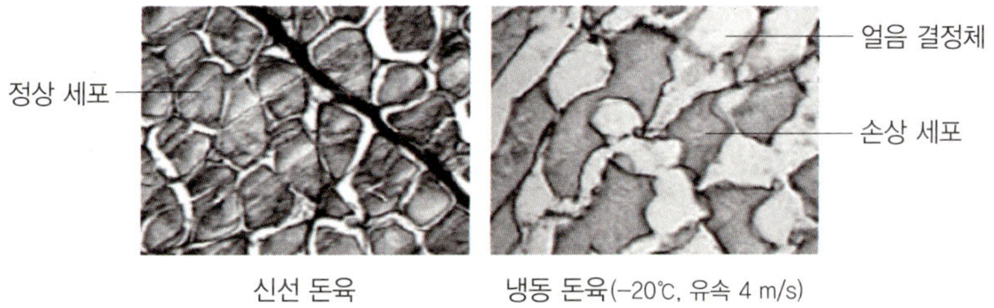

그림 4-5 세포 사이 공간에 형성된 얼음 결정에 의한 세포의 기계적 손상
자료 : https://onlinelibrary.wiley.com/doi/abs/10.1111/j.1365-2621.2004.tb06346.x

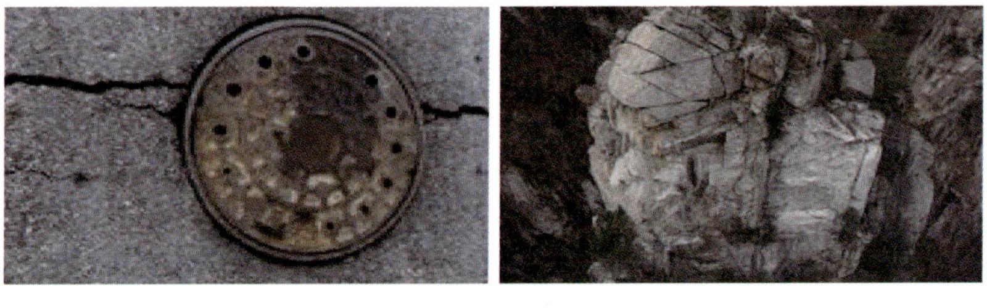

그림 4-6 일상생활에서 볼 수 있는 얼음 팽창의 결과

라 세포의 배열이 변형된다(그림 4-5). 얼음의 부피 팽창이 수반되고, 이에 따라 세포들은 외부에서 강한 압력을 받게 된다. 팽창률에 의해 증가하는 얼음은 물에 비하여 부피가 9% 정도 증가하지만, 이 과정에서 발생하는 압력은 매우 크다. 따라서 겨울철 도로의 아

스팔트가 갈라지는 현상이나 산에서 바위가 떨어져 내리는 현상은 얼음의 부피 팽창이 얼마나 강한 압력으로 작용하는지를 잘 보여 준다(그림 4-6). 또한 세포는 신축성이 높지만, 냉동으로 세포가 얼게 되면 신축성을 상실하므로 압력에 의해 쉽게 파괴된다. 따라서 기계적 손상은 식품 조직에 가해지는 얼음 팽창에 의한 압력 때문에 발생하는 냉동 장애의 한 예이다.

(2) 세포 파괴 이론

세포 파괴 이론에서도 기계적 손상과 유사하게 얼음 결정의 팽창에 의해 세포가 파괴되는 이유를 설명한다. 특히 세포 파괴는 동물성 세포에 비하여 식물성 세포에서 현저하게 발생하는데, 이러한 차이를 보이는 주원인은 세포벽의 유무이다(표 4-2). 즉, 식물성 세포는 유연성이 상대적으로 약한 세포벽을 보유할 뿐 아니라, 세포막의 구성 성분도 주로 섬유질이기 때문에 냉동에 의한 얼음 팽창을 견디지 못하고 쉽게 손상을 입게 된다(그림

표 4-2 동물성 세포와 식물성 세포의 비교

요소	동물성 세포	식물성 세포
세포벽	없음	있음
세포막의 주요 성분	단백질과 지질	셀룰로오스
수분 함량	낮음	높음
지질 함량	높음	낮음

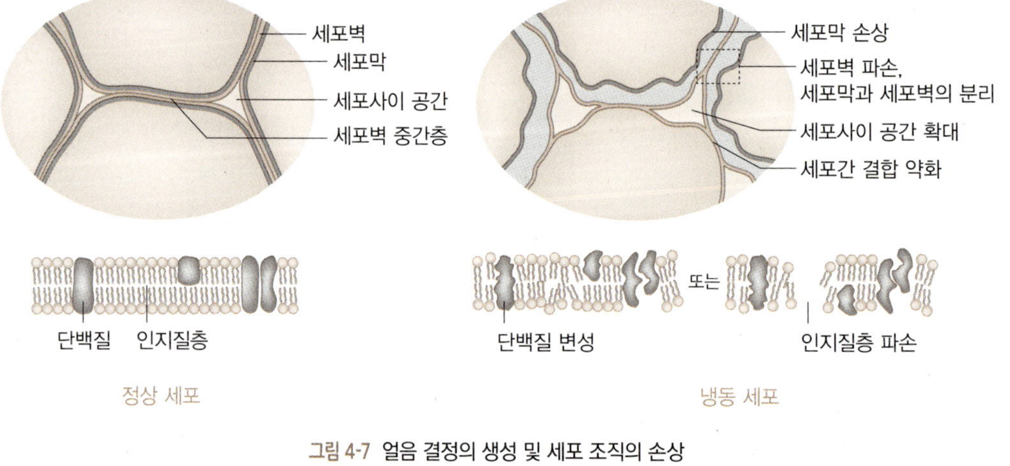

그림 4-7 얼음 결정의 생성 및 세포 조직의 손상

자료 : https://www.sciencedirect.com/science/article/pii/S0924224417307276#bib102

4-7). 이에 반하여 동물성 세포의 세포막은 주로 단백질과 지질로 이루어져 있기 때문에 상대적으로 유연성이 높으며, 조직 세포의 수분 함량이 낮아서 냉동에 의한 상해가 식물성 세포에 비하여 적다. 따라서 육류는 급속 냉동을 하면 해동 후에도 우수한 품질을 유지하는 반면, 과일이나 채소류는 급속 냉동을 하더라도 해동 후 품질 변화가 크다.

(3) 가스 팽창 이론

식품의 조직 내부에는 용존 기체들이 존재하므로 냉동 과정 중 얼음의 부피 팽창은 이들 기체에 의한 조직 세포 내부의 압력을 발생시킨다. 따라서 세포막에 손상을 입게 되고, 그 결과 식품의 조직이 스펀지처럼 변형된다는 이론이다. 세포의 표면이 얼지 않은 경우 세포막의 신축성 때문에 세포 손상이 일어나지 않는 반면, 냉동 과정 중 세포의 표면이 얼게 되면 팽창된 가스는 세포 내부의 액상 성분을 외부로 배출하기 위해 압력을 발생시키기 때문에 결국 세포막의 파괴가 일어난다(그림 4-8).

그림 4-8 가스 팽창 이론에 의한 조직 세포막의 파괴 메커니즘

이상의 물리적 손상 이론에 따르면 냉동 조직 손상에 관여하는 요인들은 다소 차이가 있지만, 결국 냉동 중 식품 조직의 손상으로 품질 변화가 발생한다고 설명하고 있다. 특히 조직 손상도에 영향을 미치는 가장 주요 요인은 냉동 속도이다. 결국 냉동 속도가 느리면 큰 얼음 결정의 형성과 이로 인해 발생하는 압력에 의하여 조직 세포는 구조를 유지하지 못하고 파괴되는 반면, 냉동 속도가 빠르면 이러한 조직 손상을 최소화할 수 있다.

2) 화학적 손상

(1) 탈수 손상 이론

냉동에 의해 초기에 형성되는 얼음 결정은 순수한 물 분자들로 이루어져 있다. 얼음 결정은 주로 세포 외부에서 먼저 형성되므로 세포 외부에 남아 있는 액상 성분들에는 다량의 전해질이 농축되게 된다. 이때 세포막을 통한 세포 내·외부 간의 전해질 농도 차이가 발생하는데, 이러한 농도 차이는 물질 이동의 주요 추진력으로 작용한다. 따라서 세포 내부의 수분들은 삼투압에 의하여 세포 외부로 이동하게 되므로 조직 세포의 수축이 일어난다. 이후 냉동 조직을 해동시켜 보면 세포 외부로 방출된 수분이 세포 내부로 가역적으로 이동하지 못하고 드립의 형태로 식품 외부로 배출된다. 그 결과 조직은 원 상태로 복원되지 않는다.

(2) 염석 이론과 pH 변화 이론

염석salting out 이론과 pH 변화 이론은 매우 유사한 형태의 이론이며, 그 결과는 탈수 손상 이론과 같다. 염석 이론은 냉동이 진행되어 얼음 결정이 형성되면 비동결수의 염농도가 증가함으로써 단백질의 염석이 발생하는데, 단백질은 수화력hydration이 매우 우수한 반면에 염석이 발생한 단백질은 원 상태에서 보유하고 있던 수화력을 잃게 되어 해동 과정에서 수분이 단백질과 다시 결합하지 못하고 드립으로 방출된다는 것이다. 유사하게 얼음 결정이 형성됨으로써 비동결수에는 다량의 무기물이 농축되고, 이는 비동결수의 pH에 영향을 미치게 되어 냉동식품의 품질 변화가 일어난다. 실제로 식품에서 발생하는 화학적 손상에서 염석에 의한 효과가 pH 변화에 의한 효과보다 큰 것으로 알려져 있다.

(3) 단백질 변성 이론

단백질의 변성은 주로 가열 과정에 수반되는 현상이지만, 이론적으로 단백질 변성은 저온에서도 발생한다(그림 4-9). 단백질의 변성은 냉동식품의 드립 손실에 의해 설명될 수 있다. 즉, 단백질은 수화력이 우수한 성분이지만, 변성 단백질은 수화력을 상실하게 되므로 얼음 결정은 단백질에 결합하지 못하고 드립으로 방출된다. 단백질의 저온 변성은 식품이 액화질소와 같은 극저온 냉동 처리되었을 때 발생할 수 있다. 반면에, 경험적으로 냉동 온도가 낮으면 낮을수록 냉동식품의 품질이 우수함을 감안할 때, 단백질의 저온 변성은 매우 특이한 현상의 하나로 볼 수 있다.

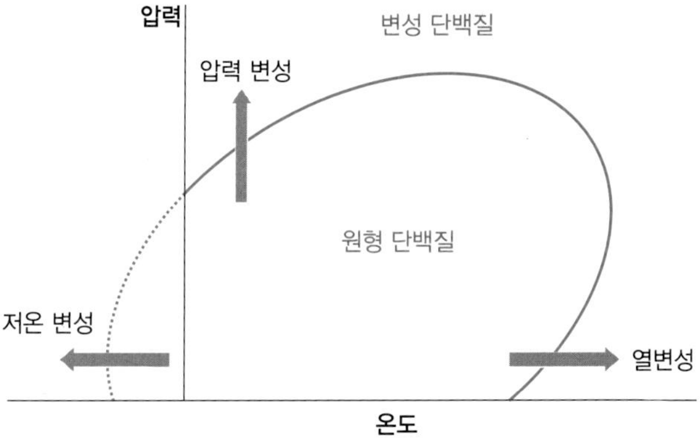

그림 4-9 단백질의 상 도해도

3. 냉동 저장과 식품의 변화

앞에서 살펴본 바와 같이 식품은 냉동 과정 중 조직 손상이 발생하기 때문에 품질 변화가 일어난다. 그럼에도 냉동은 식품을 장기간 보존하기 위한 가장 효과적인 수단이다. 일반적으로 식품은 냉장 상태에서 약 7일 정도 저장이 가능하나 저장 기간 중 품질 저하가 빠르게 발생한다. 반면에 냉동 저장은 6개월에서 1년 이상 저장이 가능하며, 저장 기간 중 발생하는 품질 변화 속도는 매우 느리다. 여기에서는 냉동 저장 과정에서 발생하는 식품의 변화를 상세히 살펴보기로 한다.

1) 미생물의 증식

저장 측면에 있어서 냉동의 주목적은 미생물의 증식을 억제하여 저장 기간을 연장시키는 데 있다. 미생물은 증식 최적 온도에 따라 고온균thermophiles, 중온균mesophiles 및 저온균psychrophiles으로 분류한다(그림 4-10). 저온균의 경우 최적 증식 온도는 10~20°C이지만 증식 가능 온도 범위는 5~30°C이며, *Micrococcus*나 *Pseudomonas* 등 일부 미생물들은 0°C 이하에서도 증식할 수 있다.

저온에서 증식할 수 있는 미생물은 일반적으로 고온에서는 증식이 불가능하지만 냉장 저장 중인 식품을 부패시킬 수 있기 때문에 주의해야 한다. 저온균들은 초기부터 원료에 존재할 수도 있지만, 포장 상태가 불량하거나 냉장고 문의 개폐 과정에서도 유입될 수 있다. 대표적인 저온성 병원균의 최대 증식 조건은 표 4-3에 나타내었다. 곰팡이류인 *Penicillium*과 *Cladosporium*은 −3°C에서도 증식이 가능하므로 냉장고 벽면에 존재하며

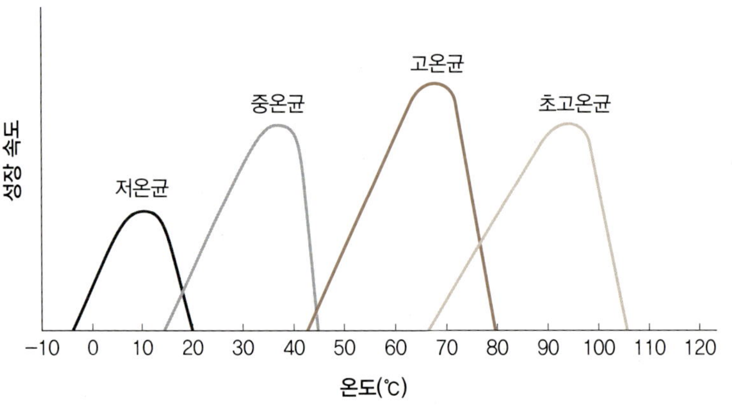

그림 4-10 증식 온도별 미생물의 분류

진균독소mycotoxin나 아플라톡신aflatoxin과 같은 독성 물질을 생성한다. 따라서 이들이 증식한 식품이 냉장고에 있으면 냉장고에 보관 중인 전체 식품으로 교차 오염될 가능성이 매우 높다.

이에 반하여 냉동식품에서는 미생물의 증식이 일어나지 않는다. 이는 영하의 저온 효과와 함께 수분이 얼음으로 전환되어 수분활성도가 낮기 때문이다. 반면에 냉동 전 식품에 존재하던 미생물들은 해동 과정에서 급격하게 증식할 수 있으며, 특히 해동 과정에서 발생하는 드립은 다량의 영양 성분을 포함하고 있기 때문에 미생물이 증식하기에 매우 우수한 배지 역할을 한다. 따라서 냉동식품은 오염도가 낮은 신선한 원료를 사용하는 것이 바람직하다. 냉동은 미생물의 사멸과는 무관하다. 일부 기생충 등은 냉동에 의해 사멸되기도 하지만 세균, 곰팡이, 효모 등의 미생물들은 저온에서 증식이 멈춘 상태일 뿐이므로 해동 과정에서 다시 증식을 개시하게 되므로 냉동에 의한 살균 효과는 기대하기 어렵다.

표 4-3 저온에서 증식하는 병원성 미생물

미생물	주요 식품원	증식 가능 온도(℃)	최적 성장 온도(℃)
Campylobacter jejuni	닭고기, 닭고기로부터 오염된 식품, 비살균 우유, 물	0~45	37~42
Listeria monocytogenes	RTE 식품, 우유 및 유제품, 발효소시지, 가금육, 생선	-1.5~45	-1.5~45
Yersinia enterocolitica	원유, 유제품, 물, 식육류	-1.5~44	-1.5~44
Aeromonas hydrophila	굴 등 해산물, 물	-2~45	5~25
Plesiomonas shigelloides	굴	8~44	37~38
Pseudomonas spp.	식육, 생선, 조개류, 유제품	4~43	37~38

2) 영양 성분과 냉동 저장

(1) 단백질

냉동 저장 과정 중 가장 영향을 많이 받는 성분은 단백질이다. 앞에서 살펴본 것과 같이 단백질은 가열뿐 아니라 저온에서도 변성을 일으킨다. 단백질 변성은 주로 냉동 과정 중에 발생하며, 냉동 저장 과정 중에는 현저하지 않다. 현재 가정용이나 산업적으로 사용하고 있는 냉동고의 작동 온도 범위에서 발생하는 단백질의 변성은 매우 미약한 것으로 보고되고 있다(그림 4-11). 따라서 고기나 생선 등 단백질 식품을 냉동 처리하였을 때 단백질의 기능적 특성을 장기간 유지할 수 있다.

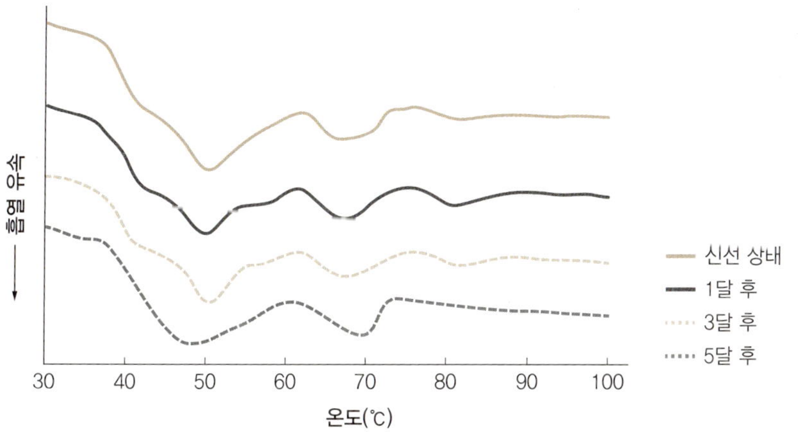

그림 4-11 -25℃에서 5개월 저장한 농어의 근육 단백질 변성도

단백질의 변성은 주로 냉동식품을 지나치게 오래 냉동 저장하거나 해동하는 과정에서 발생한다. 단백질의 변성은 얼음 결정의 형성, 재결정화, 탈수, 염농도 및 산화 등에 의해 발생할 수 있으며, 변성 단백질은 보수력, 점도, 젤 형성 능력, 유화력, 거품 형성 능력 등의 가공 적성이 떨어진다.

주요 단백질 식품인 식육이나 생선을 냉동 저장하면 식품 표면이 부분적으로 건조되거나, 고유 색도를 상실하고 갈색으로 변하는 냉동변색freezer burn 현상이 발생한다(그림 4-12). 이는 표면의 얼음 결정 승화에 의한 건조가 주원인이며, 냉동변색이 발생한 표면의 단백질은 비가역적으로 수화력을 상실하게 된다. 냉동변색은 부패와는 다르기 때문에 섭취에 따른 위생상의 문제는 없지만, 식품의 맛과 향에 영향을 미치고 외관상으로도 매우 부정

그림 4-12 냉동 저장 중 발생하는 냉동변색 현상

적이기 때문에 소비자들은 선도가 매우 낮은 식품으로 여기게 된다. 또한 냉동변색이 발생한 식품 표면이 산소와 접하게 되면 산화적 문제들이 발생하기 때문에 이를 방지하기 위해서는 산소 투과도가 낮은 포장지로 진공포장해야 한다.

(2) 지질

장기 저장 과정에서 식품의 품질을 저하시키는 주요 원인은 지질의 산화와 가수분해이다. 지질의 산화에 따른 2차 산물들은 산패취rancidity를 발생시키는 주원인이며, 지질 산화는 비타민의 파괴, 식품의 갈변 및 단백질 산화로 인한 조직감 변화를 수반하기 때문에 식품 저장 과정에서는 지질 산화를 억제할 수 있는 수단이 요구된다. 또한 지질분해효소들은 저급 지방산을 형성하게 되고, 이는 악취의 원인이 되므로 이를 억제해야 한다.

지질 산화는 산소, 온도, 금속 이온, 자외선 등이 촉매 역할을 하며 온도가 높을수록 가속된다. 냉동 저장은 영하의 저온에서 식품을 저장하기 때문에 지질 산화 속도를 늦출 수 있다. 실제로 불포화도가 높은 해바라기유의 산화 속도를 저장 온도별로 측정해 보면 5°C에서도 지질 산화가 빠르게 발생하는 반면, 영하의 온도에서는 산화 속도가 매우 느려졌다(그림 4-13). 특히 저장 온도가 -18°C 이하에서는 지질 산화가 거의 이루어지지 않기 때문에 냉동 저장은 지질을 다량 함유하는 식품의 장기 저장 방법으로 가장 우수하다고 할 수 있다.

반면에 지질 산화는 lipoxygenase와 같은 산화효소에 의해서도 발생할 수 있으며, 저온 저장 과정에서 발생하는 산화는 주로 효소적 산화에 기인한다. 이 경우 채소류는 냉동 전 데치기 처리를 실시하기 때문에 산화효소가 불활성화되므로 지방 함량이 높은 식육이나 생선의 지질 산화가 문제시된다. 지질의 산화는 냉동식품의 해동 과정에서도 발

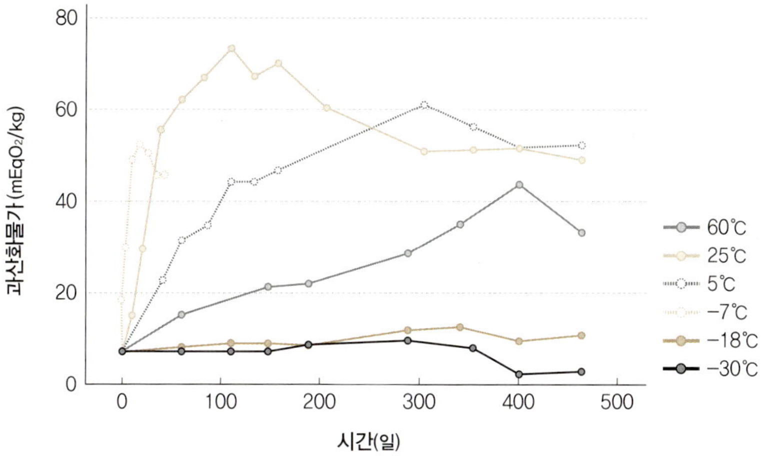

그림 4-13 해바라기유의 저장 온도별 과산화물가

자료 : Calligaris, S., Manzocco, L., Conte, L., & Nicoli, M. (2004). Application of a modified Arrhenius equation for the evaluation of oxidation rate of sunflower oil at subzero temperatures. *Journal of Food Science*, *69*(8).

생할 수 있다. 특히, 해동은 상온 이상에서 실시하는 경우가 많은데 이 과정에서 지질은 쉽게 산화되어 산패취를 발생할 수 있다. 따라서 지질 산화를 억제하기 위하여 냉동 전 식품의 제조 과정에서 항산화제를 사용하거나 진공 포장을 하여 공기와의 접촉을 차단하고, 해동은 가급적 낮은 온도(주로 냉장 온도)에서 수행하는 것이 바람직하다.

지질의 가수분해는 유리지방산을 생성하게 되는데 이들은 식품의 이취 발생의 주요 원인이 된다. 특히 일부 지질가수분해효소는 냉동 저장 온도에서도 활성을 유지한다. 따라서 지질 함량이 높은 식품을 느리게 냉동하거나 심한 온도 변동이 있는 저장고에 저장하면 조직 손상이 심하여 냉동 저장을 하여도 장기간 보존은 기대하기 어렵다.

(3) 탄수화물

일반적으로 탄수화물은 저장 온도에 의한 영향이 매우 미약한 것으로 알려져 있다. 반면 전분은 온도에 매우 민감하고, 특히 온도가 낮으면 노화 현상retrogradation이 발생하게 된다. 노화 현상이란 저온에서 전분을 구성하는 아밀로스와 아밀로펙틴이 자신들 간의 상호작용을 강화시킨 결과, 물 분자와의 결합력을 상실하고 결정형 구조를 형성하는 것이다(그림 4-14). 따라서 빵이나 떡과 같은 전분질 식품을 냉장 저장하면 전분의 노화로 식품이 딱딱해지는 현상이 발생한다. 냉동 저장은 냉장 저장보다 낮은 온도를 이용하지만, 냉동 과정 중에는 물 분자들이 호화 전분의 구조에서 이탈할 수 있는 시간적 여유 없이

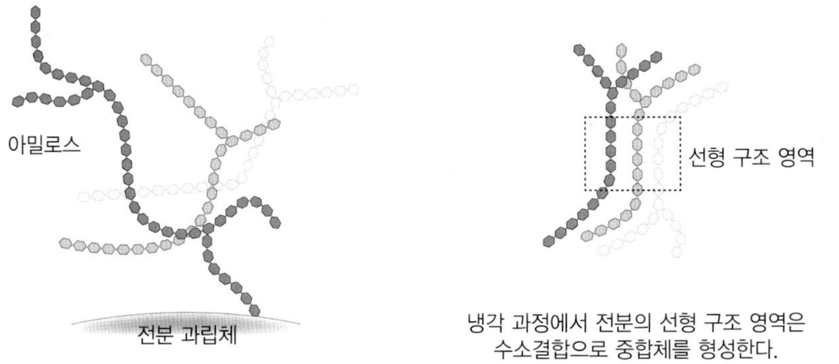

그림 4-14 **호화 전분의 노화**

형태가 고정되기 때문에 노화 현상을 억제할 수 있다.

(4) 비타민과 무기물

식품을 냉장 보관하는 경우 저장 기간이 늘어날수록 비타민과 무기물의 함량은 급격히 감소한다. 특히 수분 함량이 높은 과채류에서 이러한 현상이 뚜렷하게 발생하는데, 이는 저장 과정 중 산화와 드립 손실에 의해 일어난다. 냉동 저장 과정에서는 이러한 현상이 거의 관찰되지 않으므로, 비타민과 무기물은 냉동 저장 온도에서 매우 안정하다고 볼 수 있다. 일부 냉동 농산물에서는 수용성 비타민의 함량 저하가 관찰되는데, 이는 냉동 저장에 의한 현상이기보다는 주로 냉동 전 데치기 과정에서 일어난 현상이다. 냉동식품의 해동 과정은 비타민과 무기물의 함량에 영향을 미칠 수 있다. 특히 냉동 속도가 느린 경우, 해동 과정에서 다량의 드립을 방출하게 되는데 이때 수용성 비타민과 무기물이 함께 손실되어 식품 중 함량이 낮아질 수 있다. 이 경우 지용성 비타민은 상대적으로 농축되는 효과도 관찰된다. 따라서 냉동식품의 비타민과 무기물의 보존을 위해서는 식품의 냉동을 빠르게 처리해야 한다.

4. 냉동 저장 중 얼음 결정의 성장

1) 수분의 이동

물리적, 화학적 손상에서 살펴본 바와 같이 냉동 속도가 느리면 식품 중의 물 분자들은 삼투압에 의하여 식품 조직 세포 내부에서 외부로 이동하게 된다. 또한, 세포 사이 공간에 형성되는 얼음 결정에 의해 세포 손상도 발생한다. 이러한 현상은 냉동식품의 조직감에 영향을 미칠 뿐만 아니라, 해동이나 조리 과정에서 다량의 드립을 발생시키며 영양학적 손실을 초래한다. 드립의 발생은 급속 냉동을 통해 억제가 가능하지만, 이와 더불어 저장 과정 중 온도 유지가 매우 중요하다. 저장고 내부에 온도 변동이 심한 경우 이는 식품 내부의 온도 변동을 초래하며, 이로 인해 식품의 수증기압의 변화가 발생한다. 그 결과 수분의 이동과 재배열 현상이 나타난다.

냉동 저장고 내부에 온도 변동이 발생하면, 식품보다는 포장지에서 온도 변화가 빠르게 일어난다. 냉동고 온도가 낮아지면 식품 내부의 빈 공간에 형성된 얼음 결정은 승화하여 포장지로 확산되어 축적된다. 따라서 포장지 내부 면에 얼음 결정이 형성된다. 이후 저장고 온도가 올라가면 포장지 면에 존재하는 얼음 결정은 식품의 표면으로 다시 확산되지만 초기 식품에 존재하던 위치로 이동하지는 않는다. 크기가 작은 입자형 식품의 경우 표면에 얼음 결정이 축적되면 입자들이 서로 달라붙는 현상이 나타나고, 해동 과정에서는 그대로 녹아 포장지 내부에 다량의 드립을 형성하기 때문에 외관상으로도 보기 좋지 않다(그림 4-15). 식품의 냉동 보관 중에는 냉동고의 개폐 과정에서 온도 편차가 발생하거나 이로 인해 냉동고 주위에 심한 서리가 형성된다. 이는 냉동 효율을 저하시키는 주원인이 된다.

그림 4-15 냉동 온도 변동에 따른 식품의 품질 저하
사진 자료 : https://www.wikihow.com/Detect-Freezer-Burn(가운데)

식품의 내부 온도 변동이 반복되면 내부에 존재하던 수분은 비가역적으로 식품 외부로 이동하게 되며, 식품의 중량도 손실된다. 따라서 수분 이동은 냉동 저장 온도 변동을 최소화시킴으로써 억제할 수 있다(그림 4-16). 냉동 저장 과정 중에 발생하는 중량 손실은 제품의 금전적 가치의 손실과 연결되므로 냉동식품은 반드시 수분 투과성이 낮은 포장재

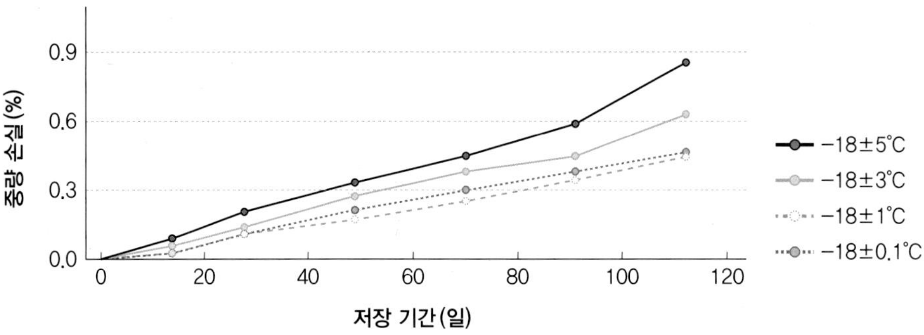

그림 4-16 저장 기간에 따른 냉동 빵 반죽의 중량 변화

로 포장해 보관해야 한다. 식육 제품에서 발생하는 중량 손실은 냉각 과정에서 1~2%, 냉동 과정에서 1%이며, 저장 및 운송 과정에서 매달 0.5~1%의 손실이 발생한다고 보고되고 있다. 일반적으로 냉동 저장은 6개월에서 1년간 진행됨을 고려할 때 저장 과정에서 발생하는 중량 손실은 매우 높다고 볼 수 있다. 또한 얼음의 승화 속도는 온도가 10℃ 증가할 때마다 2배로 가속화되기 때문에 냉동 온도 조절이 매우 중요하다.

2) 얼음 결정의 수증기압

식품이 초기 온도에서 최종 냉동 온도에 도달한 후 저장이 개시되면 냉동 과정 중 형성된 얼음 결정은 그 형태와 모양을 유지하지 못하고 변화한다. 이를 재결정화ice recrystallization라고 하며, 그 원인에 대해서는 뒤에서 상세히 설명하도록 한다. 여기에서는 얼음 결정이 변화하게 되는 원인을 살펴보기로 한다. 일반적으로 물과 얼음의 수증기압은 상이하며,

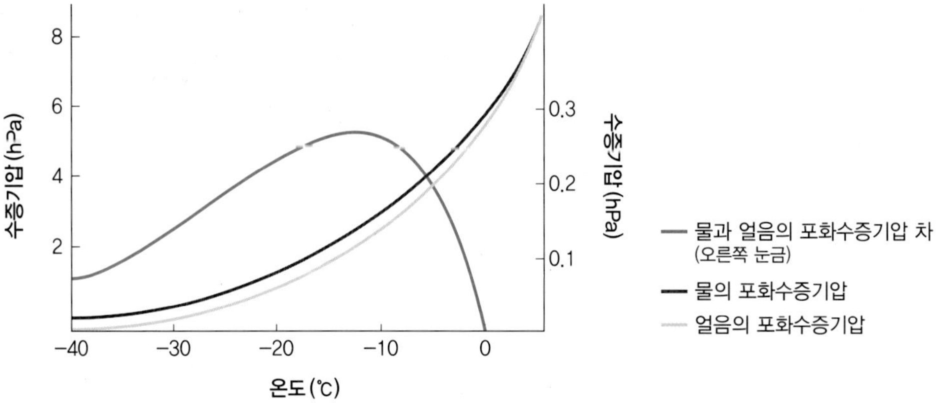

그림 4-17 물과 얼음에 대한 포화수증기압의 차이

냉동 온도에서도 물의 수증기압은 얼음보다 높다(그림 4-17). 냉동 과정이 종료되더라도 식품 중의 모든 물이 얼음으로 변하지 않기 때문에 남아 있는 수분은 높은 수증기압으로 인해 이동이 가능하다.

얼음의 수증기압은 얼음 결정의 크기에 따라 차이가 있으며, 얼음 결정의 크기가 작을수록 수증기압이 높으므로 작은 얼음 결정은 큰 얼음 결정에 비하여 쉽게 승화할 수 있다(그림 4-18). 따라서 비동결수는 냉동 저장 과정 중 얼음 결정으로 이동하여 결정 표면에 부착한 후 얼게 됨으로써 얼음 결정이 성장하게 된다. 또한 작은 얼음 결정은 승화하여 큰 얼음 결정으로 이동하기 때문에 얼음 결정은 냉동 저장 과정 중 계속해서 성장하게 된다. 반면에 수증기압은 온도가 낮을수록 낮아지므로 냉동 저장 온도가 충분히 낮으면 얼음 결정의 성장을 억제할 수 있다.

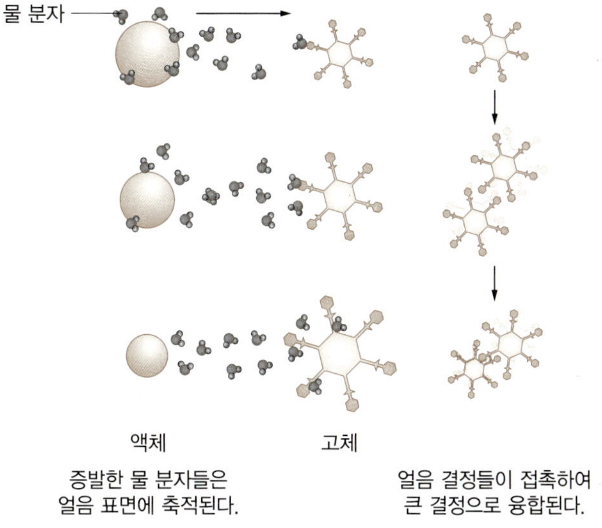

그림 4-18 물과 얼음의 수증기압 차이에 따른 얼음 결정의 응집

3) 얼음의 재결정화

앞에서 급속 냉동을 함으로써 식품에 형성되는 얼음 결정체의 수가 많고 크기가 작기 때문에 식품의 조직 손상을 최소화할 수 있음을 알아보았다. 반면 냉동 저장 과정에서는 얼음 결정에 상당한 변화가 발생한다. 재결정화 현상이란 시간이 지남에 따라 얼음 결정체의 크기가 증가하는 현상이다. 재결정화는 급속 냉동으로 얻을 수 있는 장점을 상쇄시

키며, 그 결과 얼음 결정체의 수, 크기, 모양을 변화시킨다. 작은 얼음 결정은 표면 대 부피 비율이 크기 때문에 과도한 표면 자유에너지를 갖게 되어 매우 불안정하다. 일정한 부피의 얼음 결정은 자유에너지를 낮추기 위하여 평균 지름을 크게 한다. 따라서 재결정화 과정에서 작은 얼음 결정은 사라지고 큰 얼음 결정 입자 간에 융합이 이루어짐으로써 더욱 성장하며, 저장 조건에 따라서는 식품의 냉동 저장 과정에서 오히려 심한 품질 손상을 얻을 수 있다(그림 4-19).

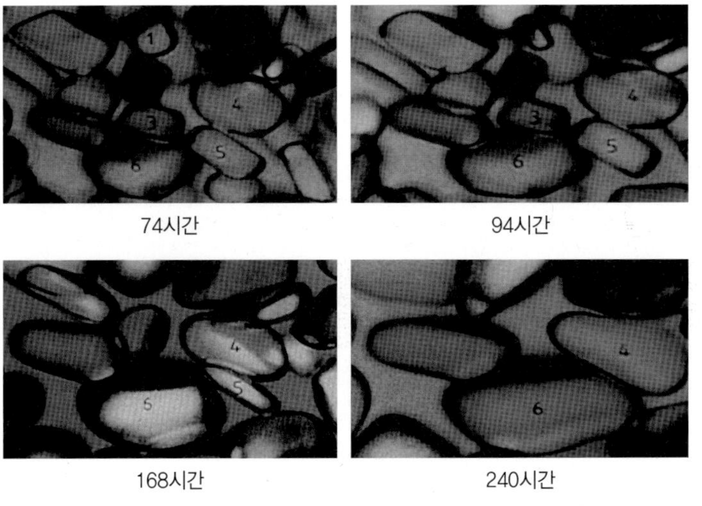

그림 4-19 재결정화에 따른 얼음 결정의 크기와 형태 변화

재결정화 속도는 온도가 상승함에 따라 더욱 가속화되며, 특히 저장 온도와 식품의 초기 어는점 사이의 온도 영역에서 매우 심하게 발생한다. 얼음의 재결정화 이론은 온도와 압력이 일정하지 않을 경우 빠르게 발생하지만, 온도와 압력이 일정한 상황에서도 자발적으로 발생한다. 주요 재결정화 이론을 살펴보면 다음과 같다.

(1) 표면장력 등가화에 의한 재결정화

식품 내부에 형성된 얼음 결정은 일정한 온도와 압력에서 저장하더라도 초기의 구조와 형태를 유지하지 못하고 시간이 지남에 따라 표면 대 부피 비율을 낮춰 자유에너지를 낮추게 된다. 그 결과 얼음 결정의 형태는 변하게 된다. 불규칙한 형태의 얼음 결정(주로 덴드라이트형 결정)은 표면적 대 부피 비율이 높기 때문에, 그 결과 더 작은 형태로 변화하고 결정에 존재하는 굴곡은 판판하게 변한다. 이에 따라 표면이 날카로운 결정은 매우 불안정하기 때문에 시간이 지남에 따라 좀 더 부드러운 형태로 변하게 된다. 따라서 저장 기간이 충분히 길면 얼음 결정은 표면적 대 부피 비율이 가장 낮은 공 모양으로 형태가 변한다(그림 4-20). 표면장력 등가화에 의한 재결정화surface iso-mass recrystallization 이론은 얼음 결정의 형태 변화를 설명하며, 특히 결정이 공 모양으로 변함에 따라 얼음 결정의 크기는 오히려 줄어드는데 시간에 따른 얼음 결정의 수는 변화가 없기 때문에 실제 냉동식품의 저장 중 재결정화 현상은 다른 이론들과 복합적으로 설명되어야 한다.

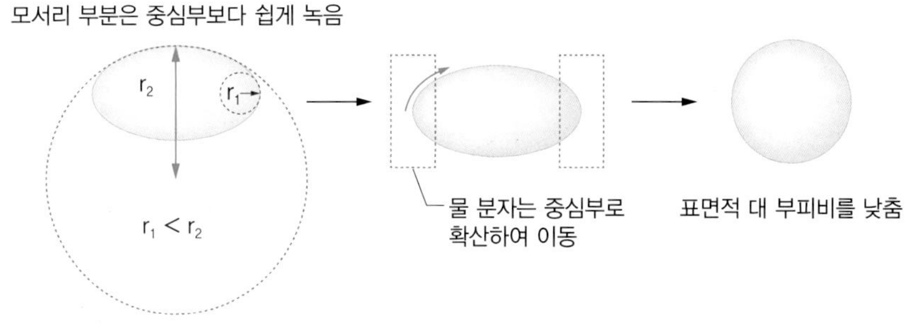

그림 4-20 표면장력 등가화에 의한 재결정화 이론에 따른 얼음 결정의 형태 변화

(2) 수증기압 차에 의한 재결정화

수증기압 차에 의한 재결정화migratory recrystallization는 얼음 결정의 크기가 균일하지 않은 다결정계에서 작은 결정을 소모하여 큰 얼음 결정을 형성한다는 이론이다. 오스트발트 숙성Ostwald ripening이라고도 불리는 이론으로, 여기에 따르면 일정한 온도와 압력 조건에서 입자들의 크기에 따른 표면에너지 차이에 의해 수분 이동이 발생한다. 지름이 작은 얼음 결정은 지름이 큰 얼음 입자에 비하여 표면 분자들이 단단하게 결합되지 못하며, 그 결과 작은 얼음 결정의 녹는점은 큰 결정에 비하여 더 낮아진다. 따라서 작은 얼음 결정은 쉽게 녹고, 이들은 큰 얼음 결정으로 확산하여 표면에 얼어붙는다. 이러한 과정이 반복됨으로써 얼음 결정의 수는 줄어들고 크기는 증가하게 된다(그림 4-21).

수분의 이동은 온도 변동이 있으면 더욱 가속화된다. 이는 해동-재냉동 재결정화melt-refreeze recrystallization 이론으로 분류하기도 하지만 원리는 동질량 재결정화와 동일하다. 즉, 온도가 높아지면 작은 얼음 결정은 녹아 더욱 작아지거나 사라지며, 녹은 물 분자들은 큰 얼음 결정 표면으로 확산된다. 이후 온도가 낮아지면 확산된 물 분자들은 큰 얼음 결정

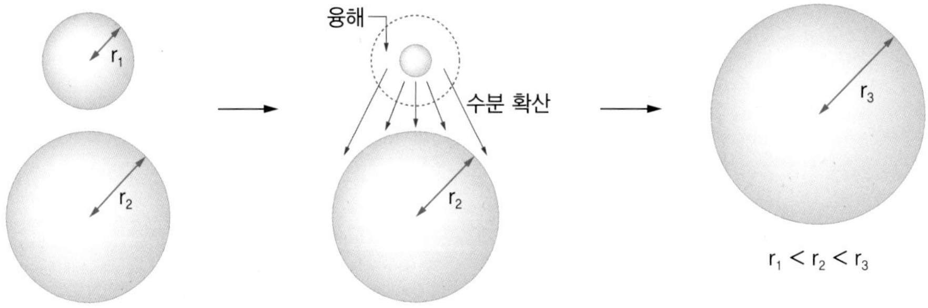

그림 4-21 수증기압 차에 의한 재결정화 이론에 따른 얼음 입자의 성장 과정

표면에 그대로 얼어붙어 얼음 결정이 크게 성장한다.

(3) 점착에 의한 재결정화

점착에 의한 재결정화accretive recrystallization는 두 얼음 결정체가 접촉하면 결정상의 표면에너지와 결정 수를 줄이기 위하여 두 결정이 응집(점착)된다는 이론이다. 이때 결정의 응집은 수분의 표면 확산에 의해 일어난다. 점착이란 매우 가까운 거리의 결정들이 서로 융합되는 경향성을 의미하며, 접촉 면적 주변과 접촉면 간의 농도 차이 때문에 물질은 결정들의 사이 공간으로 이동하게 됨으로써 목neck이 형성된다(그림 4-22). 이후에는 등량 이론과 같이 목 주변의 굴곡이 점차 판판해지며, 긴 얼음 결정은 공 모양으로 변화한다.

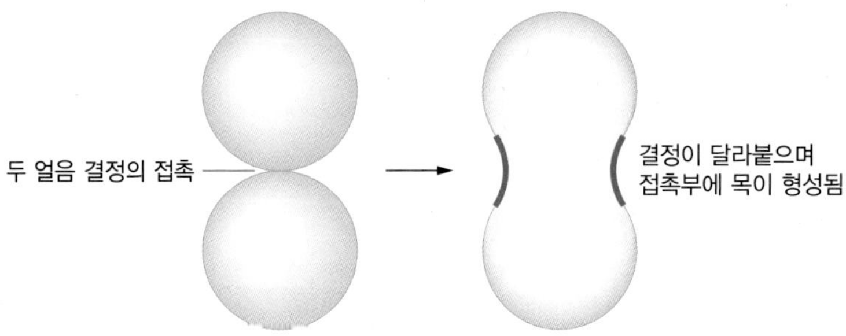

그림 4-22 점착에 의한 재결정화 이론에 따른 얼음 결정의 융합 과정

(4) 압력에 의한 재결정화

어떤 힘이 얼음 결정에 가해지면, 힘이 가해진 방향과 동일한 기저면상의 얼음 결정들은 융합하여 성장하게 된다는 이론이다. 그 결과 얼음 결정의 수가 감소하고 크기는 커

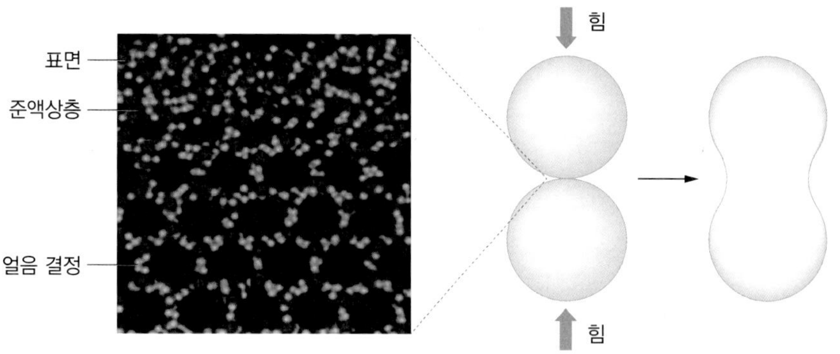

그림 4-23 압력에 의한 재결정화 과정(왼쪽) 및 접촉층에서 얼음의 변화(오른쪽)

진다(그림 4-23). 실제로 외부 힘에 의해 얼음 결정의 접촉면에는 압력이 발생하면 접촉면 표면의 얼음 결정은 준액상층quasi-liquid layer을 거쳐 수분층을 형성하게 된다. 수분층은 과냉각 상태로 존재하고, 물 분자들은 준액상층을 거쳐 얼음 결정의 표면으로 확산되므로 두 얼음 결정이 융합된다. 압력에 의한 재결정화pressure-induced recrystallization는 실제 식품 저장 과정에서 관찰되는 현상은 아니지만, 냉동 저장 과정 중 포장 제품들을 불균일하게 적재하여 압력 변화가 발생하는 경우 관찰되는 현상이다.

(5) 순간 재결정화

식품을 매우 빠르게 냉동하는 경우, 고형화된 일부분에서는 수분이 결정 구조 없이 무정형 상태로 존재하며 일부 수분은 얼지 않고 액체 상태로 유지된다. 이때 온도가 높아지면 얼음 결정이 순간적으로 형성되는데 이를 순간 재결정화irruptive recrystallization라고 하며, 이는 매우 예외적인 경우에 해당한다.

tip **영하의 얼음판 위에서 스케이트의 날이 잘 미끄러지는 이유는?**

얼음은 일정한 압력을 받으면 물로 변하는 특성을 가지고 있다. 사람이 얼음 위에 올라서면 체중이 발바닥을 통해 집중적으로 얼음에 압력을 가하게 된다. 압력을 받은 얼음의 표면은 순간적으로 녹게 되고 녹은 물은 발바닥과 얼음판 사이에 일종의 윤활유 역할을 하면서 표면의 마찰 계수를 떨어뜨린다. 스케이트화의 바닥은 날로 되어 있어 체중의 압력이 작용하는 면이 일반적인 신발보다 더 좁다. 따라서 더 높은 압력을 얼음판에 가할 수 있다.

5. 냉동식품의 품질 보존

지금까지 살펴본 바와 같이 식품의 품질 변화는 냉동과 저장 과정에서 발생하게 되므로 급속 냉동 후 온도 변동을 최소화하여 저장해야 한다. 하지만 냉동식품의 품질 보존은 이상의 두 방법을 포함하여 다양한 기술을 활용해 볼 수 있다. 여기에서는 냉동식품의 고품질 유지를 위한 기술을 소개하기로 한다.

1) 데치기

데치기blanching는 농산물의 냉동 전처리 공정에서 필수 과정이다. 농산물을 끓는 물에 살짝 가열하는 방법이며, 1928년 코오만Kohman이 채소를 끓여서 보관한 결과 오히려 품질이 좋아졌다는 사실을 발견한 이후 농산물의 냉동 전처리 과정으로 널리 사용되고 있다. 냉동 저장 과정에서도 활성을 유지하는 효소는 존재하는데, 특히 식품 품질에 영향을 미치는 효소는 산화효소와 지질가수분해효소이다. 이들 효소는 동물성 원료에도 함유되어 있지만, 동물성 원료는 가열에 따른 품질 변화가 냉동 및 저장에 의한 품질 변화보다 크기 때문에 냉동 전 데치기 처리를 하지 않는다. 최근에는 냉동 HMR 제품에 식육을 원료로 사용한 제품들이 많은데, 이들 제품의 특성상 식육 원료도 냉동 전 데치기 처리를 할 수밖에 없다. 데치기의 효과를 정리해 보면 다음과 같다.

- 산화효소의 불활성화 : 색소, 향미, 조직감, 영양소의 파괴 억제
- 조직 내 용존 기체와 산소의 제거 : 기체 팽창에 의한 조직 손상과 산화 억제
- 식물 조직의 연화 : 식물성 원료의 포장 용이 및 세포막의 유연성 부여
- 표면 오염 미생물의 살균
- 일부 원료에서는 탄닌tannin 제거

데치기는 살균 공정이라고 보기는 어렵다. 이는 데치기가 위의 목적을 달성하기 위한 최소한의 열처리 과정이기 때문이며, 실제로 데치기는 원료의 특성에 따라 70~100°C에서 단시간(수 초~수 분 단위) 실시된다. 또한, 탄닌의 제거는 예외적인 사례이며, 이 경우 끓는 물에서 원료를 40분 이상 가열하게 된다.

데치기는 끓는 물에 원료를 침지하는 방법(열수 침지법)이 가장 대표적이지만, 최근에는 고온의 스팀을 이용하여 단시간 처리하는 경우도 있다. 특히, 산화효소의 불활성화에는 고온의 스팀이 열수 침지법에 비하여 효과적이라는 보고가 있다. 데치기 과정에서 물에

소량의 소금이나 설탕을 가하는 경우 농산물의 색도를 보다 안정화할 수 있다. 반면에 농산물의 데치기는 매우 짧은 시간에 이루어지나, 이 과정에서도 원료의 품질 변화가 매우 크기 때문에 각 원료의 특성을 고려하여 데치기 온도와 시간을 최소화해야 한다.

2) 동해방지제

재결정화 현상을 방지하기 위해 냉동 전 동해방지제cryoprotectant를 첨가하기도 한다. 동해방지제는 세포나 생물의 활성을 그대로 보존하기 위해 초저온에 보관할 때 생물학적 조직을 얼음 결정으로부터 보호하기 위해 사용하는 물질이다. 일반적으로 글리세롤, 에틸렌글리콜, 설탕, 글루코오스 등이 있으며, 가장 효과적인 것 중의 하나는 곤충, 물고기, 양서류 등의 체내에 존재하는 단백질로, 작은 얼음 결정에 결합해서 성장과 재결정을 방지하여 결빙방지단백질antifreeze proteins, AFP 또는 얼음결합단백질ice binding proteins, IBP이라고 한다(그림 4-24).

작용 메커니즘은 다르지만 일반적인 식품 첨가물도 냉동식품의 품질 보존을 위해 사용되고 있다. 대표적으로 염류, 당류, 인산염과 항산화제 들이 있으며, 이들의 대표적인 효과를 표 4-4에 나타내었다

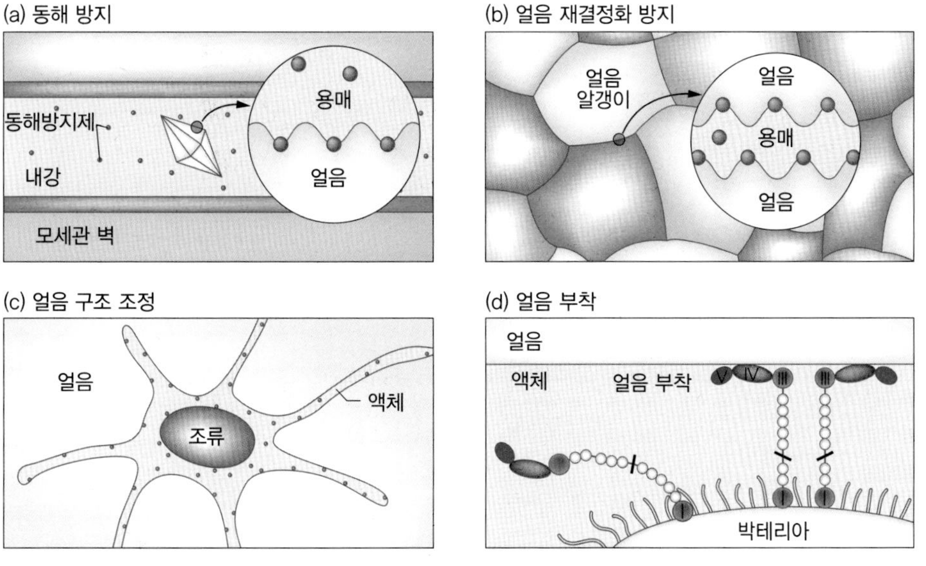

그림 4-24 생물학적 동해방지제의 얼음 성장 및 재결정 방지 기능

그림 자료 : Peter L. Davies, Ice-binding proteins: a remarkable diversity of structures for stopping and starting ice growth Trends in *Biochemical Sciences*, *39*(11): 548-555 (2014)

표 4-4 전처리 식품 첨가물에 의한 효과

첨가물	첨가 효과
염류	수화력과 보수력의 향상 및 보존으로 해동 시 드립 발생 억제 냉동 과일의 조직 연화 억제(유기염류)
당류	냉동에 의한 단백질의 기능적 특성 저하 억제(냉동 수리미) 산화 억제를 통한 변색이나 이취 발생 저하
인산염	금속 이온의 킬레이팅으로 산화 억제 냉동식품의 보수력 저하를 억제(주로 냉동 육제품)
항산화제	지질 함량이 높은 냉동식품에 활용하여 식품의 선도 유지

3) 빙의 처리

참치와 같이 부피가 큰 수산물의 경우 진공포장이 수월하지 않다. 이러한 식품은 표면이 공기에 노출되기 때문에 쉽게 건조하고 냉동변색 현상이 발생하기 쉽다. 이때 냉동식품의 표면을 얇은 얼음으로 코팅하면 공기와의 접촉을 차단하는 효과를 얻을 수 있으며, 이를 빙의冰衣라고 한다(그림 4-25). 수산물뿐만이 아니라 아이스크림에도 빙의 처리glazing를 하는데 최근에는 초콜릿 코팅을 활용하여 맛도 향상시키고 있다. 빙의 처리는 식품에서 발생하는 산화적 문제점들을 효과적으로 억제할 수 있고 표면 건조를 막기 때문에 제품의 중량 손실을 최소화할 수 있다. 일반적으로 빙의는 제품 중량의 3~5%, 빙의의 두께는 2~7 mm가 적당하다.

그림 4-25 빙의 처리한 참치와 수산물

빙의는 침지와 분무 방법으로 처리할 수 있다. 침지 방법은 냉동식품을 찬물에 살짝 침지했다 꺼내면 표면에 묻은 수분이 식품의 낮은 온도 때문에 그대로 얼면서 빙의를 형성하게 된다. 따라서 빙의의 두께는 식품의 온도와 침지 시간에 의해 결정된다. 분무 방법은 냉동식품의 표면에 냉각된 물을 분무하면 작은 수분 입자가 차가운 식품 표면에서 얼면서 빙의를 형성하게 된다. 표 4-5에는 빙의 처리의 효과를 플라스틱 포장과 비교하여 정리하였다.

표 4-5 **포장과 빙의 처리의 효과 비교**

처리 방법	방법	장점	단점
포장	플라스틱 포장지로 (진공)포장	간단하고 조절이 비교적 용이	진공포장 외에는 내부 산소 제거가 어려움 단기 저장용 포장지 가격 부담
침지식 빙의	냉동식품을 냉수 탱크에 침지했다 꺼냄	장비와 운용이 저렴하고 조작이 간단	빙의가 불균일하고 조절이 어려움 반복 처리의 필요
분무식 빙의	냉수를 냉동식품 표면에 분사함	표면에 균일한 빙의를 만듦	장비 및 운용 비용이 비쌈

단원 요약

- 얼음은 물보다 부피가 크기 때문에 압력이 증가하면 어는점이 낮아진다. 반면에 물 이외의 물질은 고체 상태가 액체 상태보다 부피가 작으므로 압력이 증가하면 어는점은 높아진다.
- 식품의 냉동 과정에서 얼음의 부피 팽창은 식품 내부에 팽압을 형성하여 식품의 조직을 손상시킨다.
- 냉동 과정에서 식품은 물리적, 화학적 요인에 의한 조직 손상이 발생한다.
- 물리적 조직 손상은 기계적 손상 이론, 세포 파괴 이론, 가스 팽창 이론이 있으며, 이에 따라 해동 후 품질 변화가 발생한다.
- 화학적 손상은 탈수 손상 이론, 염석 이론, pH 변화 이론, 단백질 변성 이론으로 설명되며, 그 결과 해동 후 원상태로의 복원이 이루어지지 않아 식품의 품질은 저하된다.
- 냉동 저장 과정에서는 미생물의 증식이 멈추기 때문에 장기 저장이 가능하다.
- 단백질과 지질은 냉동 과정에서 품질 저하가 발생할 수 있다. 그러나 탄수화물, 비타민, 무기물의 경우 저온에 의한 변화는 없지만, 해동 과정 중에 생성되는 드립에 의해 수용성 영양분의 손실이 발생한다.
- 냉동 저장 과정에서는 수분의 이동으로 식품 표면에 냉동변색이나 중량 손실이 발생한다.
- 얼음 결정은 크기가 작을수록 쉽게 승화하여 큰 얼음 결정으로 이동하기 때문에 얼음 결정이 성장하는 재결정화가 발생한다.
- 재결정화는 작은 얼음 결정이 큰 얼음 결정에 융합되는 것으로, 불규칙한 형태가 공 모양으로 전환되면서 발생한다. 또한 압력의 변화는 얼음 결정의 융합을 촉진시킨다.
- 농산물은 데치기 처리를 거쳐 효소를 불활성화하고 조직을 연화시킴으로써 냉동 저장 중 품질을 유지할 수 있다.
- 동해방지제는 얼음 결정의 성장을 억제하여 작은 얼음 결정을 형성하게 하고, 냉동 저장 과정에서 발생하는 화학적 변화를 억제할 수 있다.
- 식품 표면에 빙의 처리를 하면 식품 표면과 공기의 접촉을 차단하여 중량 손실과 산화적 변색을 억제시킬 수 있다.

연습문제

1 냉동 과정에서 수반되는 열역학적 변화로 틀린 것을 고르시오.

① 엔탈피가 감소한다. ② 엔트로피가 감소한다.

③ 부피가 증가한다. ④ 압력이 증가하면 어는점이 증가한다.

2 상태 변화 과정에서 자유에너지에 대한 설명으로 옳은 것을 고르시오.

① 잠열의 방출은 자유에너지의 변화를 수반한다.

② 등온 과정에서 압력이 증가하면 자유에너지는 감소한다.

③ 등압 과정에서 온도가 증가하면 자유에너지는 증가한다.

④ 기화 과정에서 온도 변화에 따른 압력 변화는 어는점에 해당한다.

3 얼음의 특성에 대한 설명으로 틀린 것을 고르시오.

① 210 MPa에서 가장 낮은 어는점을 갖는다.

② 모든 얼음은 육각형의 수소결합을 갖는다.

③ 압력하에서 형성되는 얼음은 물보다 부피가 작다.

④ 얼음도 압력이 변하면 상태가 변한다.

4 수분 함량 75%의 식품이 동결률 95%로 동결되었을 때 팽창률을 구하시오(단, 얼음의 팽창률은 9%로 간주).

① 4.5% ② 5.5% ③ 6.5% ④ 7.5%

5 냉동식품의 품질을 장기간 유지하기 위한 방법으로 올바른 것을 고르시오.

① 품온을 가능한 한 낮게 유지한다. ② 품온을 가능한 한 높게 유지한다.

③ 온도 변동을 크게 한다. ④ 냉동고의 습도를 높인다.

6 팽압에 대한 설명 중 틀린 것을 고르시오.

① 표면 동결에 의해 식품 내부에서 발생하는 압력이다.

② 식품의 중심부가 동결되었을 때 최댓값을 보인다.

③ 팽압은 최대치에 도달한 후 급격하게 하강한다.

④ 식품의 형태에 따라 내부 팽압은 차이가 있다.

7 식품 중 얼음 결정에 대한 설명으로 옳은 것을 고르시오.

① 냉동 속도가 빠르면 세포 외부에만 결정이 성장한다.

② -18°C에서는 온도 변동이 결정 크기에는 영향을 주지 않는다.

③ 냉동 속도가 느리면 세포 내부에만 결정이 성장한다.

④ 동결 속도가 빠르면 작은 얼음 결정이 형성된다.

8 냉동 과정에서 조직 세포 사이에 형성된 얼음이 세포 간의 작용을 파괴하여 조직을 손상한다는 내용의 이론을 고르시오.

① 기계적 손상설　　② 가스 팽창설

③ 세포 파괴설　　④ 탈수 손상설

9 식물성 조직이 동물성 조직보다 냉동에 의한 손상을 심하게 받는 이유가 아닌 것을 고르시오.

① 세포벽이 있다.

② 세포막이 셀룰로오스로 구성되어 유동성이 적다.

③ 수분 함량이 높아 얼음 결정에 의한 손상이 심하다.

④ 세포막이 단백질과 지질로 구성되어 유동성이 크다.

10 다음 중 단백질의 변성에 관여하는 요인이 아닌 것을 고르시오.

① 고압　　② 저온　　③ 당　　④ 염

11 다음 중 냉동 조직의 화학적 손상 이론이 아닌 것을 고르시오.

① 가스 팽창 이론
② 염석 이론
③ pH 변화 이론
④ 탈수 손상 이론

12 저온균에 대한 설명으로 옳은 것을 고르시오.

① 최적 증식 온도는 0~10°C이다.
② 최저 증식 온도는 -18°C이다.
③ 최적 증식 온도는 10~20°C이다.
④ 최대 증식 온도는 30°C이다.

13 냉동 저장 중 식품의 영양 성분 변화에 대한 설명으로 옳은 것을 고르시오.

① 단백질은 냉동 저장 중 변성이 발생한다.
② 전분은 냉동에 의해 노화 현상이 발생한다.
③ 지질은 냉동 저장 중 산화 현상이 발생한다.
④ 지용성 비타민은 냉동식품의 해동 과정 중 드립과 함께 유출된다.

14 다음 중 얼음의 재결정화 현상에 대한 설명으로 옳은 것을 고르시오.

① 큰 얼음 결정은 쉽게 승화하여 작은 얼음 결정에 융합된다.
② 비동결수는 냉동 온도에 의해 독립적인 얼음 결정을 형성한다.
③ 작은 얼음 결정은 쉽게 승화하여 큰 얼음 결정에 융합된다.
④ 큰 얼음 결정은 쉽게 녹아 작은 얼음 결정에 융합된다.

15 얼음의 재결정화를 가속화하는 요인이 아닌 것을 고르시오.

① 온도 변동
② 급속 냉동
③ 완만 해동
④ 높은 수증기압

16 얼음의 재결정화 메커니즘에 대한 설명으로 옳지 않은 것을 고르시오.

① 결정의 모서리 부분은 쉽게 녹아 중심부로 확산한다.

② 큰 얼음 결정은 표면이 융해되어 작은 얼음 결정으로 확산한다.

③ 얼음 결정이 접촉하면 접촉부에 목이 형성된다.

④ 얼음 결정에 힘이 가해지면 기저면상의 결정들이 융합한다.

17 냉동식품의 지질 산화 원인이 아닌 것을 고르시오.

① 산소와의 접촉 ② 산화효소의 작용

③ 단백질 변성 ④ 지나친 저온

18 데치기의 목적이 아닌 것을 고르시오.

① 산화효소의 불활성화 ② 조직 내 용존 기체와 산소의 제거

③ 식물 조직의 경화로 형태 고정 ④ 표면 부착 오염 미생물의 살균

19 화학적 첨가물에 의한 효과에 대한 설명으로 옳지 않은 것을 고르시오.

① 인산염은 산화를 억제하지만 보수력을 저하시킨다.

② 염류는 보수력을 향상시키지만 농도가 높으면 보수력을 저하시킨다.

③ 당류는 산화 억제를 통해 변색이나 이취 발생을 저하시킨다.

④ 항산화제는 지질 함량이 높은 식품의 선도 유지 목적으로 사용한다.

20 빙의 처리에 대한 설명으로 옳은 것을 고르시오.

① 균일한 빙의 형성에는 침지식 방법이 우수하다.

② 분무식 빙의 처리는 장비 및 운용 비용이 비싸다.

③ 냉수에 콜로이드를 첨가하면 균일한 빙의 형성이 가능하다.

④ 빙의 처리는 식품의 산화를 촉진할 수 있어 주의가 필요하다.

5

식품의 냉동 기술

학 / 습 / 목 / 표

1. 열역학 법칙을 활용하여 냉동고의 작동 원리를 이해한다.
2. 모리엘 선도를 통해 냉동 사이클 단계별 변화를 이해하고, 냉동고 효율을 향상시킬 수 있는 방법을 제시한다.
3. 식품 냉동 방법의 원리와 장단점을 이해하고 최신 냉동 기술을 소개한다.
4. 냉동을 활용한 식품 가공 방법을 이해한다.

냉동고를 포함한 모든 냉장 장비들은 냉매의 상태 변화에 따른 열전달을 이용하여 장비 내부에 저온의 환경을 만든다. 냉동고의 작동 원리는 제2장의 열역학 제1법칙을 활용하여 이해할 수 있다. 냉매는 연속적인 순환 과정을 거치면서 열을 방출하거나 또는 흡수하게 된다. 이 과정은 압축, 응축, 팽창, 증발의 4단계를 반복적으로 거치기 때문에 이를 냉동 사이클refrigeration cycle이라 한다. 냉동고 내부에 조성된 저온은 식품의 냉동에 직접적으로 이용되는데, 이때 저온을 이용하는 방법에 따라 다양한 냉동 방법들이 가능하다. 식품의 냉동 측면에서는 급속 냉동을 최종 목표로 하기 때문에 현재 활용되고 있는 냉동 방법들의 원리를 이해하면 전반적인 냉동 공정을 개선시킬 수 있다. 여기에서는 냉동고의 작동 원리와 기술별 장단점을 살펴보고, 미래형 냉동 기술을 위한 새로운 냉동 기술을 소개하기로 한다.

1. 냉동 사이클

일반적으로 냉동고와 같은 기계 장치를 이용하여 식품을 냉동하는 방법을 기계적 냉동이라고 한다. 기계적 냉동 장비는 작동 방법에 따라 다양하게 분류할 수 있는데, 현재 대부분의 냉동 장비는 증기 압축 방식을 사용하고 있다. 따라서 증기 압축식 냉동고의 작동 원리에 대해 상세히 살펴보기로 한다.

1) 냉동기의 작동 원리

냉동고는 유체 냉매를 사용하여 내부의 온도를 저온으로 만든다. 이때 사용하는 냉매로는 프레온freon이라는 상표명으로 유명한 R-12(CCl_2F_2)나 R-22($CHClF_2$)를 사용하였지만, 이들 성분 중 염소에 의한 오존층 파괴가 국제적으로 이슈화되자 1990년대 이후 신 냉매 R-134A(CH_2FCF_3)로 대체하고 있다. 증기 압축식 냉동고에서는 압축, 응축, 팽창, 증발의 4단계를 연속적으로 순환하는 과정에서 냉매가 액체와 기체 상태로 변화를 반복하면서 냉동고 내부의 열을 흡수한 후 이를 외부로 방출하는 역할을 한다(그림 5-1). 여기에서는 냉매의 상태 변화 과정을 각 단계별로 상세히 살펴보기로 한다.

(1) 압축기

압축기compressor는 냉동고에서 가장 중요한 장치이며, 냉매의 순환을 위한 압력을 제공하

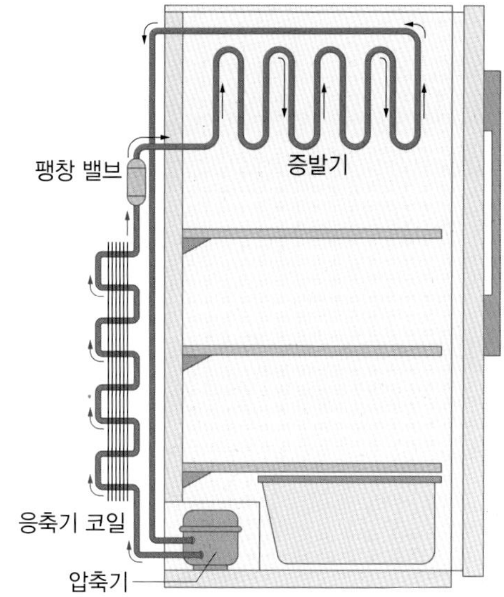

그림 5-1 냉장고의 기본 구조

고 기체 상태의 냉매가 쉽게 액화될 수 있도록 한다. 냉동고에서 발생하는 소음의 원인이기도 하며, 냉동고의 전력은 압축기를 가동하는 데 사용된다. 따라서 저온 저압의 기체 냉매는 압축기를 통과하면서 고온 고압 상태가 된다.

압축은 순간적으로 이루어지기 때문에 주위와 냉매 간의 열전달을 위한 충분한 시간이 주어지지 않으므로 이를 단열압축adiabatic compression($Q = 0$)이라 할 수 있다. 압축기에는 전기에너지가 공급되고 있으며, 그 결과 압축을 통해 냉매로 일을 하고 있다($W > 0$). 따라서 냉매로 공급된 일은 냉매의 내부에너지와 엔탈피를 증가시켜 냉매의 온도를 올린다.

$$dU = W + Q = W$$

열린계와 닫힌계의 경우 계의 내부에너지를 높이면 엔트로피(무질서도)가 증가하는 반면, 고립계와 같은 단열압축 과정에서는 엔트로피가 일정하게 유지된다. 따라서 압축 과정에서 엔트로피의 변화는 없다. 하지만 실제 증가한 냉매의 내부에너지 일부는 압축기를 통과하는 과정의 마찰력으로 손실되기 때문에 실제 압축기에 제공되어야 할 동력은 이론적 수치보다 다소 높다.

압축률compression ratio, CR은 압축기 출구head로 배출되는 냉매의 압력(P_{Head})과 압축기 입구로 유입되는 압력($P_{suction}$)의 비로 정의되며, 압축기의 효율을 평가하는 데 사용할 수 있다.

$$CR = \frac{P_{Head}}{P_{Suction}}$$

즉, 압축률이 높을수록 더 많은 동력이 요구되기 때문에 압축기 효율은 떨어진다. 하지만 배출 압력이 높으면 냉매의 온도가 더 높아지기 때문에 냉매의 응축이 잘 일어난다. 이를 고려하여 동력을 제공해야 한다.

(2) 응축기

압축기를 통과한 고온 고압의 기체 냉매는 응축기condenser를 통과하면서 고온 고압의 액체로 변화하고, 이 과정에서 냉매는 증발 잠열을 방출한다. 응축기는 냉동고의 외부에 위치하고 있으며, 응축기 내부의 열을 외부로 발산하는 역할을 담당한다. 따라서 압축기 가동이 지나치면 냉동고를 통하여 다량의 열을 방출하게 되므로 냉동 효율을 저감시키게 된다. 응축 과정은 냉매의 상태 변화 과정이기 때문에 온도와 압력의 변화는 일어나지 않는다. 반면에 열을 외부로 방출하기 때문에 냉매의 엔탈피는 감소한다. 따라서 응축기를 통해 시간당 방출된 총열량은 응축기를 통과하는 냉매의 질량 유속($\dot{m}$, kg/s)을 응축기 통과 전후 냉매의 엔탈피 차이(ΔH)와 곱하여 산출할 수 있다.

$$\dot{Q} = \dot{m}\Delta H$$

(3) 팽창 밸브

액체 냉매는 팽창 밸브expansion valve를 통과하면서 압력이 순간적으로 떨어진다. 팽창 밸브는 액체 냉매가 쉽게 증발할 수 있도록 한다. 이론적으로 이 과정에서는 상태 변화가 수반되지 않으므로 압축기의 반대 상황이라 생각할 수 있지만 압축기와는 다소 차이가 있다. 순간적인 팽창이 발생하기 때문에 냉매로의 열 출입은 없지만, 팽창 과정은 외부에서 일을 공급하지 않는 자유 팽창free expansion에 해당한다(압축기는 전기에너지를 일의 형태로 사용하였음을 기억할 것). 따라서 팽창 과정에서는 냉매로부터 일과 열의 출입이 없기 때문에 냉매는 엔탈피 변화가 없다.

반면 팽창 밸브에 의해 냉매의 압력이 순간적으로 낮아지면 일부 냉매는 증발하게 되며, 이때 증발 잠열을 액체 상태의 냉매로부터 공급받게 된다. 따라서 팽창 밸브를 통과한 냉매의 온도는 낮아진다.

(4) 증발기

냉동고 내부에 저온을 형성하는 단계로 저온 저압의 액체 냉매는 증발기evaporator를 거치면서 저온 저압의 기체로 변화한다. 상태 변화 과정이기 때문에 온도와 압력은 일정하게 유지된다. 증발 과정에서 냉매는 주위로부터 증발 잠열을 흡수하게 되므로 냉매의 엔탈피는 증가한다. 증발기를 통해 냉매가 흡수한 총열량은 응축 과정과 같이 냉매의 유속에 증발기 통과 전후 냉매의 엔탈피 차이를 곱하여 산출할 수 있다. 하지만 이들 열량의 측정 과정에서 주의해야 할 것은 압축 과정에서는 공급된 일에 의한 냉매의 엔탈피 증가가 존재하기 때문에 증발기에서 흡수한 열량은 응축기에서 배출한 열량과는 차이가 있다는 것이다. 증발기를 통과한 냉매는 다시 압축기로 이동하며, 이상의 순환 과정이 연속적으로 이루어지면서 냉동고 내부에 저온 상태를 유지하게 된다.

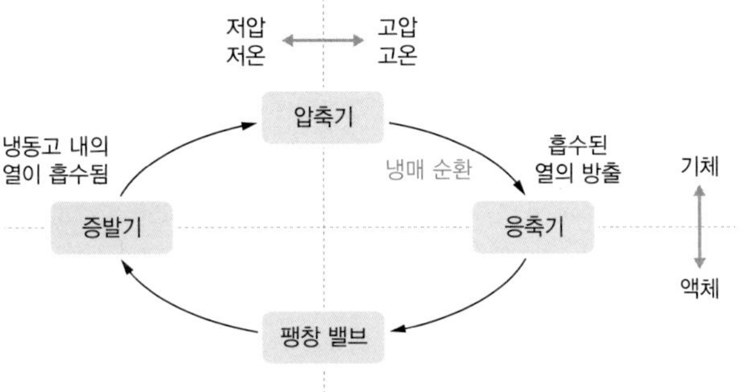

그림 5-2 냉동고 각 단계별 냉매의 상태

2) 모리엘 선도

냉동 장치의 능률을 평가하기 위해서는 냉동 사이클에서 각 단계별 냉매의 열역학적 특성을 알아야 한다. 모리엘 선도Mollier diagram를 이용하면 냉동 사이클 단계에 따른 냉매의 특성을 쉽게 파악할 수 있다. 모리엘 선도는 냉매의 상태를 압력과 엔탈피에 따라 나타내기 때문에 압력-엔탈피 선도라고도 한다. 그림 5-3에서 점 B는 냉매의 임계점critical point을 의미한다. 선 A-B는 포화액선saturated liquid line이라 하며, 이 선의 왼쪽에서 냉매는 과냉각액subcooled liquid으로 존재한다. 선 B-C를 포화증기선saturated vapor line이라 하며 그 오른쪽의 냉매는 과열 증기superheated steam 상태로 존재한다. 이 내부 영역에서 냉매는 액체와 기체 상태가 공존하며(습증기 구역), 왼쪽에서 오른쪽으로 갈수록 액체에서 기체의 비율이 상대적으로

tip

Subcooling과 supercooling의 차이

냉동공학에서 사용하는 'subcooling'과 'supercooling'은 우리말로 '과냉각'으로 동일하게 해석하고 있지만 실제 의미는 다르다. Supercooling은 물질의 어는점 이하에서 액체로 존재하는 상태를 의미하는 반면에, subcooling은 물질의 끓는점 이하에서 액체로 존재하는 상태를 의미한다. 따라서 상온의 물은 subcooling 상태에 있다. 일부 학문 분야에서는 subcooling을 '차냉각'으로 표현하며 과냉각과 구분한다.

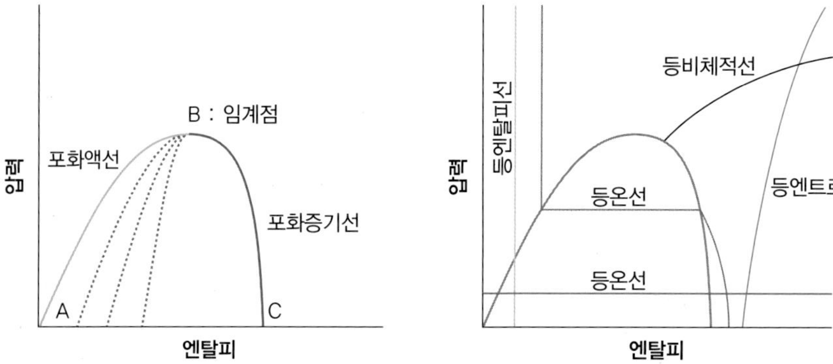

그림 5-3 모리엘 선도

증가한다.

동일한 열역학적 특성을 연결하여 선으로 표현하였으며 여기에는 엔탈피, 압력, 온도, 부피(비체적) 및 엔트로피가 포함되어 있다. 따라서 둘 이상의 특성을 아는 경우 다른 열역학적 특성도 쉽게 찾을 수 있다.

3) 냉동 사이클의 작성

앞에서 냉동 사이클의 변화에 따른 냉매의 열역학적 상태 변화에 관하여 살펴보았다. 냉동 사이클은 압축, 응축, 팽창, 증발 과정으로 이루어졌으며, 압축 과정에서 엔트로피 변화가 없었고, 응축과 증발 과정에서는 온도의 변화가 없으며 증발 과정에서 엔탈피의 변화가 없었다. 따라서 각 단계별 냉동 사이클은 등엔트로피, 등온, 등엔탈피, 등온의 순으로 이루어지며, 각 단계 통과 후와 다음 단계 통과 전 냉매는 동일한 상태라고 할 수 있다. 냉동 사이클은 냉매의 온도를 측정하여 모리엘 선도에 표시할 수 있다(그림 5-4). 일반적으로 냉동기의 성능을 비교하기 위하여 국가별로 법령 기준을 설정하고 있으며, 국

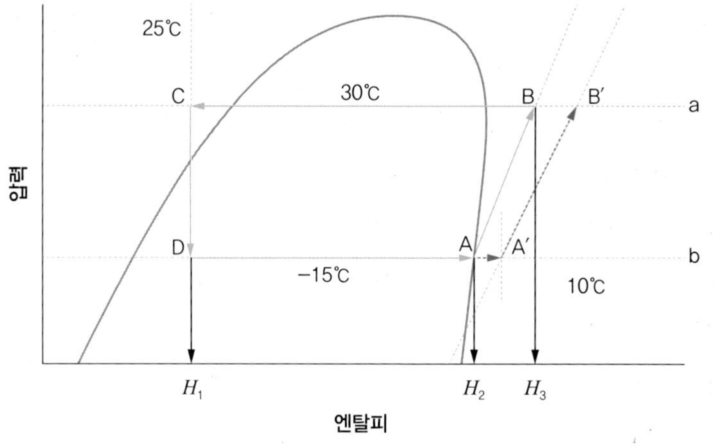

그림 5-4 국내 표준 냉동 사이클

내 표준 냉동 사이클의 조건은 다음과 같다.

- 응축 온도 : 30°C
- 증발 온도 : -15°C
- 압축기 흡입 가스 온도 : -15°C(과열도 0°C)
- 팽창 밸브 직전 온도 : 25°C(과냉각도 5°C)

이를 모리엘 선도에 표기해 보면 먼저 습증기 영역의 등온선에서 응축과 증발 온도를 찾아 평행하게 두 선을 긋는다. 증발 단계에서 냉매는 포화증기로 전환되므로 압축기로 흡입되는 냉매는 증발 온도선(선 b)과 포화증기선이 만나는 지점(A)에 해당한다. 경우에 따라 압축 소요 동력을 줄여 주고, 내부의 급격한 온도 변화로 일부 냉매가 액체 상태로 압축기에 유입되어 고장을 야기하는 수격 작용water hammering을 방지하기 위하여 압축기 흡입 가스에 과열도를 부여하는 경우가 있으며 주로 압축기에 들어가는 냉매의 온도를 약 5°C 정도 상승시킨다. 이 경우에는 선 b와 평행하게 압축 개시 시점을 A′에 설정한다. 압축 과정은 등엔트로피 과정이기 때문에 점 A에서 등엔트로피를 따라 선 a와 만나는 선을 그린다. 두 선의 교차점(B)은 압축기를 나와 응축기로 들어가는 냉매의 상태이다. 응축 과정은 선 a를 따라 오른쪽에서 왼쪽으로 진행된다. 이때 팽창 밸브로 이동하는 냉매는 배관과의 저항으로 인해 일부가 기체 상태로 전환되는데, 이는 팽창 밸브의 정상적인 작동을 방해하여 냉동 능력을 떨어뜨린다. 따라서 팽창 밸브 직전 냉매에는 추가로 냉각을 유도(과냉각)하여 온도를 다소 낮춘 후 팽창 단계로 들어간다. 선 b를 따라 포화액선과 만나는 지점에서 선 b를 따라 좀 더 왼쪽으로 이동하면 25°C 등온도선을 접하게 되는데, 이 지점(C)이 팽창 밸브 이동 직전의 냉매 상태이다. 이후 팽창 밸브를 통해 냉매의 엔탈피는 일정하게 유지되기 때문에 점 C에서 수직으로 선을 그어 선 b와 만나는 교차점 D가 팽창 밸브 통과 직후의 냉매 상태가 된다.

냉동 사이클의 각 지점별 수평축의 수치를 읽으면 각 단계에서 냉매의 엔탈피를 알 수 있다. 따라서 모리엘 선도는 다양한 냉동량을 평가하는 데 매우 효과적으로 사용된다. 대표적 냉매인 R-134a의 모리엘 선도는 부록 4에 첨부하였으며 이를 통해 산출할 수 있는 냉동량은 다음과 같다.

(1) 냉동 효과

냉동 효과refrigeration effect, r는 증발기에서 냉매 1 kg이 흡수하는 열량으로 정의할 수 있다. 따라서 냉동 효과는 증발기 유입 및 배출 시 엔탈피 차이로 다음과 같이 산출된다.

$$r = H_2 - H_1$$

(2) 압축일량

압축일량work of compression, A_w은 압축기가 1 kg의 냉매를 압축하는 데 소요되는 동력으로 정의할 수 있다. 단열압축 과정에서는 냉매에 열의 이동은 없고, 외부에서 공급된 전력이 압축기를 수축시켜 일을 가하므로 그만큼 엔탈피가 증가하게 된다. 따라서 압축일량은 압축기 흡입 직후와 직전의 엔탈피 차이로 산출된다.

$$A_w = H_3 - H_2$$

(3) 응축열량

응축열량(Q_c)은 냉매 1 kg이 응축기에서 발생하는 열량으로, 냉동 효과와 압축일량을 합하여 산출할 수 있다.

$$Q_c = r + A_w = H_3 - H_1$$

(4) 냉동 부하

냉동의 단위로 냉동톤ton of refrigerator, RT이란 단위를 사용한다. 즉, 1냉동톤은 0°C의 물

1톤을 24시간 내에 0°C 얼음으로 만드는 능력으로 정의된다. 얼음의 융해 잠열은 79.68 kcal/kg이므로 1냉동톤은 다음과 같다.

$$1\ \text{RT} = \frac{79.68\ \text{kcal/kg} \times 1{,}000\ \text{kg}}{24\ \text{h}} = 3{,}320\ \text{kcal/h}$$

냉동 부하refrigeration load, RL란 냉동의 대상이 되는 공간이나 물체로부터 원하는 온도에 도달할 때까지 제거해야 하는 모든 열량의 합으로 정의된다. 냉동 부하를 정확하게 산출하기는 어렵지만, 냉동 부하를 결정하는 데 고려해야 할 주요 요인들은 다음과 같다.

- 물체가 초기 보유한 열량
- 과채류의 경우 냉각 과정에서 발생하는 호흡열respiratory heat
- 작업자로부터의 발열
- 포장지의 현열
- 냉동고 개폐 과정에서 유입되는 공기의 열량
- 냉동고 벽면을 통해 외부 공기에서 유입되는 열량
- 강제 대류 냉동의 경우 팬의 순환에 따른 마찰열

(5) 냉매의 유속

냉동고는 냉동 효과와 냉동 부하에 따라 냉매의 유속refrigerant velocity, RV이 변한다. 냉매의 유속은 냉동 부하와 냉동 효과의 비율로, 냉동고 내부 공간이나 물체로부터 제거해야 하는 총열량을 통해 다음과 같이 산출한다. 냉매의 유속이 낮으면 냉동 효과는 향상된다.

$$\text{RV} = \frac{\text{RL}}{r} = \frac{\text{RL}}{H_2 - H_1}$$

예제 5.1

냉동기에서 증발기 입구와 출구의 엔탈피가 각각 242 kJ/kg 및 352 kJ/kg이다. 냉동 부하는 25냉동톤일 때 냉매의 유속을 계산하시오.

풀이 냉매의 유속은 냉동 부하를 냉동 효과로 나눈 값이다. 냉동 부하는 25 RT이다. 냉동 부하의 단위를 변환시키면 다음과 같다.

$$\text{RL} = 25\ \text{RT} \times \frac{3{,}320\ \text{kcal/h}}{1\ \text{RT}} \times \frac{4.2\ \text{kJ}}{1\ \text{kcal}} \times \frac{1\ \text{h}}{3{,}600\ \text{s}} = 96.8\ \text{kJ/s}$$

냉동 효과는 증발기 출입 전후 냉매의 엔탈피 차이로 다음과 같다.

$$r = 352\ \text{kJ/kg} - 242\ \text{kJ/kg} = 110\ \text{kJ/kg}$$

(계속)

따라서 냉매의 유속은 다음과 같이 계산할 수 있다.

$$RV = \frac{96.8\ \text{kJ/s}}{110\ \text{kJ/kg}} = 0.88\ \text{kg/s}$$

(6) 성적 계수

성적 계수coefficient of performance, COP는 냉매가 흡수한 열량(냉동 효과) 대비 압축기를 통해 공급되는 에너지(압축일량)의 비율로 정의된다. 성적 계수가 클수록 냉동고는 낮은 에너지로 높은 냉동 효과를 얻을 수 있다. 냉동고의 성적 계수는 다음과 같이 측정된다.

$$COP = \frac{r}{A_w} = \frac{H_2 - H_1}{H_3 - H_2}$$

예제 5.2

냉동 사이클에서 증발 온도는 일정하지만 응축 온도를 높이면 냉동 효율은 어떻게 변하는지 설명하시오.

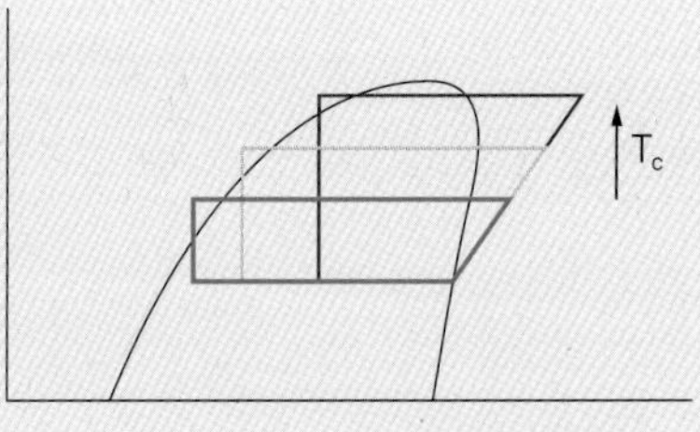

풀이 응축 온도가 올라가면 응축 압력이 높아져 압축률을 높인다. 이에 따라 압축기에서 배출되는 냉매의 온도가 높아지고, 압축일량은 커진다. 또한 냉동 효과는 감소하므로 성적 계수는 감소한다. 결국 냉동 효율은 떨어진다.

예제 5.3

냉동 사이클에서 응축 온도는 일정하지만 증발 온도를 낮추면 냉동 효율은 어떻게 변하는지 설명하시오.

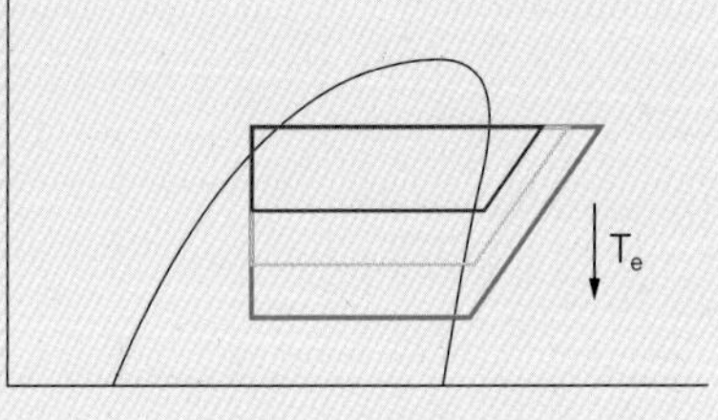

풀이 증발 온도를 낮추면 증발 압력도 낮아진다. 이에 따라 압축률이 증가하여 압축기에서 배출되는 냉매의 온도가 높아지고, 압축일량은 커진다. 또한 냉동 효과가 다소 감소하게 되고 성적 계수는 감소한다. 따라서 냉동 효율은 떨어진다.

예제 5.4

신냉매인 R134a를 이용한 냉동 장치가 국내 표준 냉동 사이클에 의해 작동하고 있다. 장치의 열손실이 없고, 단위 냉동 부하가 걸릴 때 냉동 효과, 압축비, 냉매의 속도 및 성적 계수를 구하시오(냉매 R134a의 모리엘 선도는 부록 4 참고).

풀이 냉동 사이클을 완성하면 다음 그림과 같다.

(계속)

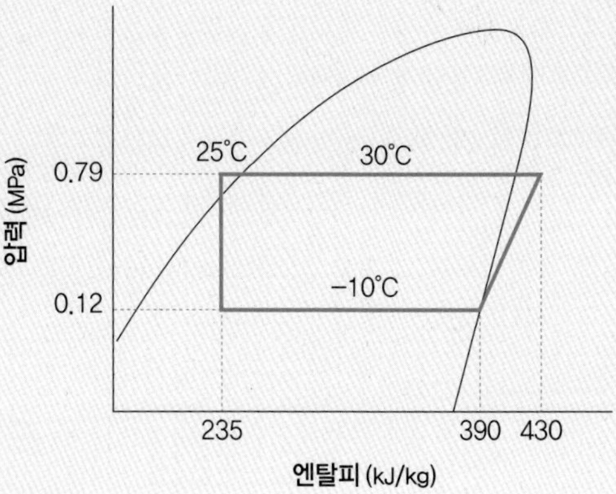

① 냉동 효과 $r = 390\ \text{kJ/kg} - 235\ \text{kJ/kg} = 155\ \text{kJ/kg}$

② 압축비 $\text{CR} = \dfrac{P_{\text{Head}}}{P_{\text{Suction}}} = \dfrac{0.79}{0.12} = 6.58$

③ 냉매의 속도

$$\text{RV} = \frac{\text{RL}}{r} = \frac{1\ \text{RT}}{155\ \text{kJ/kg}} \times \frac{3{,}320\ \text{kcal/h}}{1\ \text{RT}} \times \frac{4.2\ \text{kJ}}{1\ \text{kcal}} \times \frac{1\ \text{h}}{3{,}600\ \text{s}} = 0.025\ \text{kg/s}$$

④ 성적 계수

$$\text{COP} = \frac{H_2 - H_1}{H_3 - H_2} = \frac{390 - 235\ \text{kJ/kg}}{430 - 390\ \text{kJ/kg}} = 3.88$$

2. 냉동 방법의 분류

1) 냉매의 분류

냉동은 냉매를 이용하여 저온을 만드는 단위 공정이다. 냉매는 1차 냉매primary refrigerant와 2차 냉매secondary refrigerant로 분류할 수 있다.

- 1차 냉매 : 상변화를 통해 열을 흡수 또는 방출하는 냉매
- 2차 냉매 : 식품 등 감열 대상체로부터 1차 냉매로 열을 전달하는 매체(간접 냉매)

앞에서 살펴본 프레온은 1차 냉매에 해당하고, 이를 통해 저온 상태를 유지하는 냉동고 내부 공기는 2차 냉매에 해당한다. 기계적 냉동법은 1차 냉매를 저온으로 낮추기 위한 냉동 방법으로, 앞서 살펴본 증기 압축식 이외에도 다양한 방법들이 존재한다. 그러나 식품 냉동학에서는 2차 냉매를 활용하는 냉동 방법의 분류가 보다 더 실용적이기 때문에 여기에서는 이를 통한 냉동 방법을 분류해 보기로 한다.

2) 냉동 방법의 종류

저온을 형성하는 1차 냉매를 이용하여 2차 냉매를 냉각시킬 수 있으며, 2차 냉매는 식품으로부터 열을 제거하여 1차 냉매로 전달해 주는 역할을 한다. 대표적인 2차 냉매는 냉동고 내부의 온도가 낮은 공기이지만, 경우에 따라 금속판 또는 브라인brine을 사용할 수 있다. 이 중 최근 식품 산업에서 사용하고 있는 대표적인 냉동 방법을 소개하면 다음과 같다.

(1) 자연대류식 냉동법

저온(-18~-30°C)에서 공기의 밀도 차이에 의한 자연대류를 이용하는 냉동 방법으로 주로 가정에서 사용하는 냉동고가 여기에 속한다. 자연대류식 냉동법still air freezing은 냉동 비용이 저렴하고 유지 관리비가 적으며, 소규모 단위의 냉동에 적합하다. 반면에 공기의 흐름 속도가 느리고 이에 따른 총열전달량이 적어 기계적 냉동법 중 냉동 속도가 가장 느리다. 또한, 냉동고 내부의 제상 작업을 빈번하게 실시해야 하는 단점이 있다.

(2) 송풍식 냉동법

송풍식 냉동법air blast freezing은 고속으로 순환하는 공기에 의해 냉동하는 방법으로, 저온의 공기를 강제로 순환시키기 때문에 열전달 속도가 자연대류식 냉동에 비해 향상된다. 반면에 포장하지 않은 식품을 냉동시키면 표면 건조가 심하게 발생할 수 있으므로 공기의 습도 조절이 중요하다. 냉동 속도 측면에서는 매우 완만에서 완만 냉동의 범위에 들어가지만 최근에는 식품을 개별 급속 동결individual quick freezing, IQF하기 위해 다음과 같은 장비들을 사용하며, 작은 크기의 식품을 냉동하는 경우 냉동 속도가 10 cm/h 이상의 초급속 냉동이 가능해졌다.

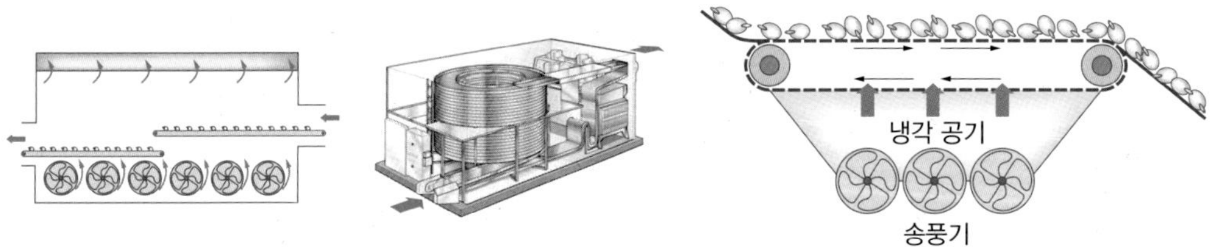

터널식 냉동기 나선형 냉동기 유동층 냉동기

그림 5-5 송풍식 냉동기의 형태

그림 5-6 개별 급속 동결 제품의 형태

- 터널식 냉동기tunnel freezer : 가장 보편적인 송풍식 냉동기로, 움직이는 망상 벨트가 냉동될 식품을 운반하여 터널을 통과하면서 공기와 접촉하여 냉동이 이루어진다. 따라서 식품의 냉동 속도는 벨트의 속도로 조절할 수 있다.
- 나선형 냉동기spiral freezer : 일정한 온도와 유속으로 송풍되는 공기로 나선형 벨트의 콘베이어가 식품을 운반하면서 냉동이 이루어진다.
- 유동층 냉동기fluidized bed freezer : 입자 크기가 비교적 균일한 식품이 일정한 두께의 망상 벨트를 타고 지나갈 때 하단 부분에서 강한 냉각 공기를 불어 주어 냉동 과정 중 식품이 부유하면서 유동층을 형성한다. 따라서 식품 표면의 열교환이 잘 이루어진다.

(3) 접촉식 냉동법

접촉식 냉동법contact plate freezing은 냉각된 금속판에 식품의 윗면과 아랫면을 접촉시켜 냉동하는 방법으로, 금속 내부에 1차 냉매가 흐르고 있다. 형태로는 수직형과 수평형으로 분류되며, 소형 포장된 식품의 냉동에 적합하다. 전도열 전달에 의해 냉동이 이루어지기 때문에 약 2 cm/h의 매우 빠른 냉동이 가능하고, 냉동식품의 형태가 균일한 장점이 있다. 다만, 냉동 효율은 식품과 금속판의 접촉 상태에 의존하기 때문에 다양한 형태의 식품에 적용하기 어려운 단점이 있다.

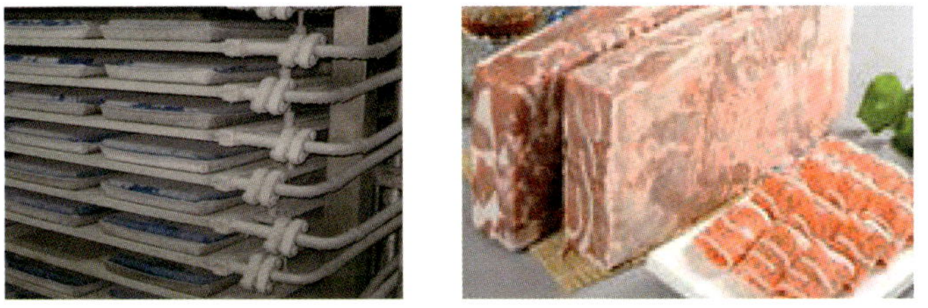

그림 5-7 접촉식 냉동고(왼쪽)와 냉동 제품(오른쪽)

(4) 침지식 냉동법

침지식 냉동법brine immersion freezing은 저온의 액체인 2차 냉매에 식품을 침지하여 냉동시키는 방법으로 열전달이 매우 양호하다. 주로 브라인을 2차 냉매로 사용하며 냉동 속도도 빨라서 급속 동결로 분류된다. 반면 사용횟수에 따라 냉매의 농도가 변하고, 2차 냉매 자체가 식품에 유입될 위험이 있다. 침지식 냉동은 포장한 식품에만 적용할 수 있으며, 주로 플라스틱 필름 포장한 가금류에 활용되고 있다.

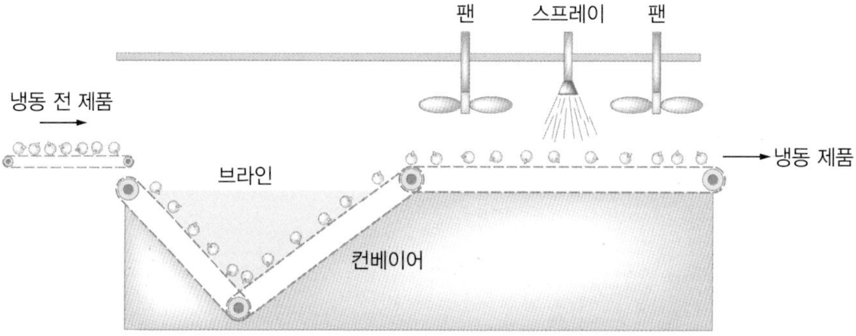

그림 5-8 침지식 냉동기의 작동 방법

(5) 극저온 냉동법

극저온 냉동법cryogenic freezing은 액화질소나 고체이산화탄소(드라이아이스) 등의 극저온 냉매를 사용하는 방법으로, 냉매의 상태 변화 과정에서 필요한 잠열을 식품으로부터 빼앗기 때문에 냉동 속도가 매우 빠르다. 따라서 식품의 크기가 작으면 순간적으로 냉동이 종료된다. 침지법과 분무법, 또는 두 방법을 조합한 형태가 있다.

극저온 냉동법은 식품의 품질을 높게 유지할 수 있고 냉동 장치가 간단하여 연속식 조작에 적합하며, 다양한 종류의 식품을 동시에 냉동할 수 있는 장점이 있다. 반면에 사용한 냉매를 회수하기가 어렵기 때문에 운전 유지비가 높고, 급속 냉동으로 식품 표면에 심한 균열이 발생하는 단점이 있다.

최근에는 이 기술을 다른 냉동 기술과 조합시킨 충돌 순간 냉동법impingement freezing이 사용되고 있다. 즉, 터널식 냉동고로 식품이 망상 벨트를 통해 주입되는 과정에서 액화질소와 고속의 질소 가스를 분무하여 식품 표면을 순간적으로 얼린 후에 벨트의 진행 과정에서 식품의 상하 방향으로부터 고속의 질소가스를 계속해서 불어넣어 식품을 빠르게 냉

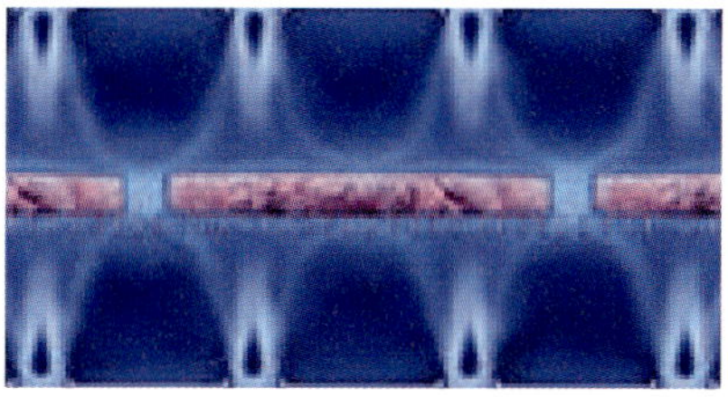

그림 5-9 충돌 순간 냉동법(왼쪽)과 냉동 후 제품 형태(오른쪽)

동시키는 방법이다.

(6) 탈수 냉동법

탈수 냉동법dehydro-freezing은 앞서 소개한 냉동 방법과는 다소 차이가 있지만 현재 일부 식품의 냉동에 탈수 냉동 기술이 활용되고 있어서 함께 소개하기로 한다. 탈수 냉동이란 냉동 전 식품에서 일부 수분을 제거한 후 기존 냉동 기술을 활용하여 식품을 냉동시키는 기술이다. 탈수 냉동에서는 효과적인 냉동을 위하여 과잉의 수분(자유수)을 제거한 후 냉동 처리한다. 그러나 수분을 완전히 제거하는 건조와는 구분되어야 한다. 탈수 냉동의 목적이 식품의 조직 손상을 최소화하여 재수화 과정에서 완벽하게 식품의 조직을 복원하는 데 있다. 따라서 식품을 완전히 건조시키는 경우 조직의 수축으로 재수화율이 다소 낮은 데 반하여, 탈수 냉동에서는 이러한 문제가 일어나지 않는다고 알려져 있다. 탈수 냉동은 탈수 공정과 냉동 공정의 2단계로 진행된다. 식품의 탈수는 주로 삼투압에 의한 탈수 조건이 활용되는데, 수산물과 농산물 원료에 적용하는 탈수 기술이 다소 다르다. 생선 등의 수산물에는 탈수 시트를 활용하여 수분 함량을 낮추는데, 탈수 시트는 내부가 고흡습성 수지, 외부는 셀로판 필름으로 구성되어 있으며 고흡습성 수지는 건조시켜서 재사용할 수 있다. 이에 비하여 과일 등 농산물의 탈수에는 주로 당 절임이 활용되는데, 이를 통하여 원료에 존재하는 수분의 약 70%까지 제거할 수 있다.

탈수 냉동은 원료를 바로 냉동하는 것에 비하여 몇 가지 장점이 있다. 원료의 수분 함량이 낮기 때문에 제거해야 할 잠열이 적어서 냉동 과정에 소요되는 시간을 단축할 수 있다. 당 절임의 경우, 당 자체가 동해방지제 역할을 할 뿐만 아니라 냉동 속도가 빠르기 때문에 조직 손상이 거의 없다. 또한 조직으로 침투한 당은 해동 과정에서 드립의 방출을 억제할 수 있다. 탈수 냉동 처리된 식품은 재수화 복원력이 우수한 반면에 대량으로 처리하지 못하는 단점이 있다.

3) 냉동고 형태에 따른 분류

냉동고는 다양한 형태로 분류할 수 있다. 가정용 냉동고는 냉동고 도어의 위치에 따라 체스트형chest과 수직형upright으로 분류할 수 있다(표 5-1). 또한 소매 업소용으로는 내부 제품을 직접 볼 수 있는 쇼케이스showcase가 있다(그림 5-10). 개방형 쇼케이스는 한쪽 면이 열려 있으며, 에어커튼air curtain으로 흐르는 냉기가 외부에서 내부로 열의 출입을 억제한다. 개방형 쇼케이스는 냉동 제품에는 적합하지 않다. 반개방형 쇼케이스는 체스트형 냉동고에 유리문을 장착한 형태로, 마트 등에서 냉동 육제품이나 아이스크림을 저장하는 데 주로 사용한다. 밀폐형 쇼케이스는 수직형 냉동고에 유리형 문을 장착한 형태로 주로 음료와 프리미엄 아이스크림의 보관을 위해 사용하고 있다.

표 5-1 **형태별 냉동고의 분류**

종류	형태	특성
체스트형(dive-in)		동일 용량에서는 수직형보다 가격이 낮음 운전비가 적게 들고 개폐에 따른 내부 온도 변화가 적음
수직형(reach-in)		공간 면적을 효과적으로 사용함 식품을 눈높이에서 볼 수 있어 선도를 쉽게 파악할 수 있으며, 식품 취급이 용이함

개방형

반개방형

밀폐형

그림 5-10 **쇼케이스의 형태에 따른 분류**

자료 : https://apexcool.en.made-in-china.com/product/dXqmMgCvAfpU/China-Frozen-Service-Counter-Frozen-Meet-Showcase-Cabinet-Supermarket-Island-Freezer.html(가운데)

3. 최신 냉동 기술

앞에서 소개한 냉동 방법은 현재 냉동식품 산업에서 사용하고 있는 방법으로, 공기의 유속, 식품의 크기 조절 및 냉동 온도의 조합을 통해 냉동 속도를 향상시키고 있다. 그러나 여전히 적용할 수 있는 대상 식품은 매우 제한적이다. 반면 최근 개발되고 있는 냉동 기술은 얼음의 빙핵 형성 과정을 제어하기 위한 요인의 평가를 통해 이루어지고 있다. 여기에서는 최근에 활발하게 연구되고 있는 냉동 신기술인 초고압 냉동과 전자기장 냉동을 소개하기로 한다.

1) 초고압 냉동

과냉각 현상은 매우 불안정한 현상이기 때문에 약간의 외부 충격 등 빙핵의 역할을 할 수 있는 요인이 존재하는 한 바로 동결이 발생하게 된다. 대기압 조건에서는 과냉각 현상을 인위적으로 제어하기 어렵지만 압력(정수압)을 사용하면 인위적으로 제어할 수 있다. 물은 압력이 증가할수록 어는점은 감소하여 210 MPa에서 −22°C까지 강하한다. 반면에 그 이상의 압력에서는 어는점이 다시 상승하는 특성이 있다(그림 5-11). 이러한 현상을 이용하는 초고압 냉동pressure-shift freezing은 식품의 순간적인 냉동을 구현할 수 있다. 실제로 각 압력별 어는점의 온도 이하에서도 과냉각 현상이 존재하기 때문에 210 MPa에서 식품의 품온을 −22°C까지 낮추더라도(A지점) 냉동이 발생하지 않는다. 이 경우 식품의 내·외부는 모두 균일한 온도 분포를 갖게 된다. 여기에서 압력을 풀면 압력이 0.1 MPa로 급격하게 떨어지게 되는데, 이 과정에서 식품의 온도는 식품의 어는점까지 상승하는 반면에 외부 유체의 온도는 단열 팽창 효과로 다소 떨어진다. 따라서 어는점과 외부 유체와의 온도 차가 매우

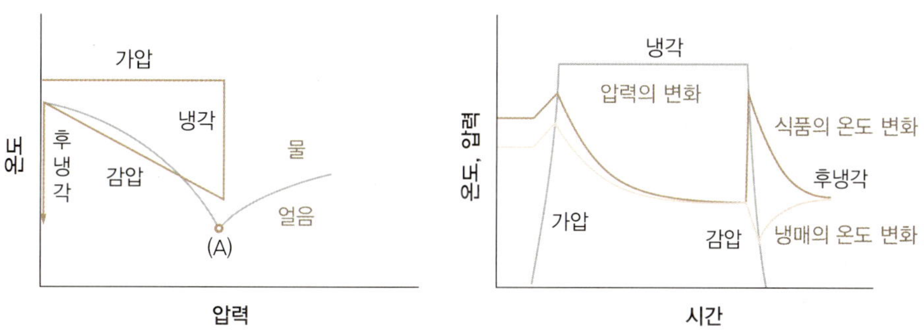

그림 5-11 초고압 냉동에 따른 식품의 온도 변화

커지기 때문에 식품은 상변화 시간이 매우 짧아져 수 분 내에 상변화가 완료된다.

따라서 초고압 냉동은 초급속 식품 냉동 기술로 평가받고 있지만 실용적으로 이 기술이 활용되기 위해서는 몇 가지 제한점을 극복해야 한다. 우선, 초고압 처리는 유체 압력을 이용하고 있으며 주로 사용하는 유체는 물인 데 비하여, 초고압 냉동에서는 어는점이 매우 낮은 유체를 사용해야 하며 이 경우 포장을 통해 식품으로 유체가 유입되지 않도록 포장 방법에 주의해야 한다. 또한, 초고압 장비 내부의 유체를 냉각시키는 데 막대한 동력이 소요된다. 최근 초고압 처리 장비는 150 L 이상으로 용적 부피가 증가하고 있기 때문에 그 내부를 채울 유체의 양도 늘어나야 하므로 유체의 냉각을 위해 매우 긴 시간과 많은 동력이 소요된다. 이 기술을 활용하여 급속 냉동을 하더라도 압력에 의한 식품의 품질 변화가 발생할 수 있기 때문에, 단백질 식품의 경우 기대한 품질과는 다소 다른 형태로 냉동될 가능성이 있다. 따라서 적정 압력 수준을 선정하여 초고압 냉동을 실시해야 한다.

그림 5-12는 일반 냉동(-18°C 자연대류)과 초고압 냉동(200 MPa, -18°C)에 의한 식육의 미세 구조를 비교하고 있다. 왼쪽의 일반 냉동에서는 육류 내 얼음 결정이 크고 불균일하게 형성되어 있으며, 근육의 조직 손상이 비교적 크게 발생한 것을 볼 수 있다. 반면에 초고압 냉동(200 MPa, -18°C)에서는 육류를 200 MPa에서 약 -20°C까지 압력 상태에서 물의 어는점 강하 현상을 이용하여 과냉각한 후, 순간적으로 압력을 해제하여 초급속 동결ultra rapid freezing을 구현하여 얼음 결정이 매우 작고 균일하며 조직 손상이 최소화된 것을 볼 수 있다. 따라서, 초고압 냉동을 식품에 적용하면 얼음 결정 형성에 의한 조직 손상이 최소화된 고품질 냉동식품의 생산이 가능하다.

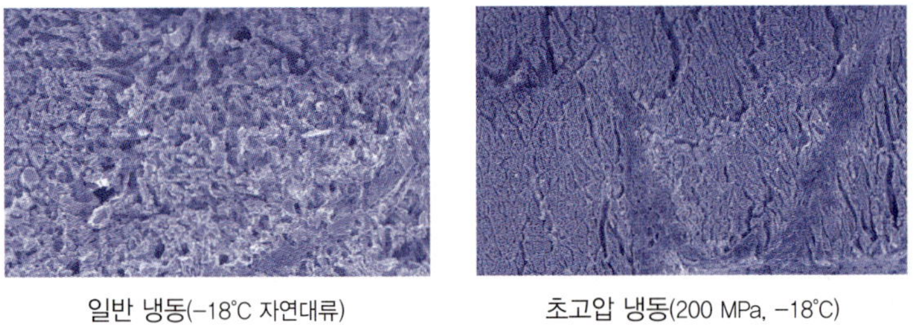

일반 냉동(−18°C 자연대류)　　초고압 냉동(200 MPa, −18°C)

그림 5-12 일반 냉동과 초고압 냉동에 의한 식육의 미세 구조 비교

2) 전자기장 냉동

자기장을 활용한 냉동은 2003년 Fikiin에 의해 빙핵의 형성을 억제할 수 있는 새로운 방법으로 제안되었다. 물 분자들은 연속적인 자기 공명으로 진동하기 때문에 어는점 이하에서도 빙핵을 형성하지 않으며, 이 과정에서 자기장을 해제하면 식품이 순간적으로 얼어붙는 원리를 이용한다. 이론적으로 전자기장 냉동electromagnetic field freezing은 순간적인 냉동을 통해 식품의 조직 손상을 최소화할 수 있다. 이에 따라 현재 전자기장 냉동의 효과를 규명하기 위하여 많은 연구가 실시되고 있지만, 그 결과는 처리 조건에 따라 매우 다르게 나타나고 있다. 전기장의 경우 직류와 교류 상황은 빙핵 형성에 상이한 효과를 부여한다. 즉, 직류 전기장은 극성 물 분자들의 규칙적으로 정렬된 구조를 촉진하고, 이에 따라 빙핵 형성을 촉진하는 것으로 보고되고 있다. 반면에 일부 연구자들은 교류 전기장의 경우 주파수 조절에 의하여 물 분자들의 구조 형성을 억제하기 때문에 빙핵 형성을 억제하여 오히려 냉동을 지연시키는 효과가 있다고 보고하고 있다. 자기장은 빙핵 형성을 억제한다고 보고되고 있지만, 자기력의 생성 방법 및 전극의 방향에 따라 효과가 상이하며, 동일한 조건에서도 빙핵 형성에 미치는 효과가 상이하게 보고되고 있다. 따라서 빙핵 형성의 인위적인 제어 측면에서 효과적인 전자기장의 활용 조건은 향후에도 연구가 필요한 분야이다.

4. 냉동을 활용한 식품 가공 공정

1) 동결 건조

건조 기술은 냉동 기술과 함께 대표적인 식품의 장기간 저장 방법으로 이용되고 있다. 동결 건조 기술은 제2차 세계대전 때 개발되었다. 부상병을 치료하기 위하여 미국에서 유럽으로 혈청을 운반해야 했는데, 당시의 냉장 기술이나 운송 기술이 미약하여 부패하기 쉬운 혈청을 안전하게 운반할 수 없었다. 이에 유럽까지 혈청을 전달할 수 있는 기술이 요구되었고, 이렇게 개발된 것이 동결 건조freeze drying 기술이다. 이후 동결 건조 기술은 다양한 생물학적 소재의 보존에 사용되었으며, 현재에는 다양한 식품의 보존 기술로 그 활용 범위가 확대되고 있다.

건조 공정은 식품 중의 수분을 수증기로 변화시켜 제거하는 단위 조작이며, 식품 중의 수분은 다양한 방법으로 제거할 수 있다(그림 5-13). 기본적으로 식품 중의 수분은 가열하면 수증기로 전환되며, 가열 공기를 이용한 건조 방법은 열풍 건조hot air drying라고 한다. 대부분의 건조식품은 열풍 건조에 의해 생산되는데 고온의 건조 공기를 사용함에 따라 식품이 받는 열적 변성도 크다. 그 결과 건조식품의 재수화도rehydration가 매우 낮으며 조직이 질겨지는 단점도 있다. 또한, 건조 과정에서 향미 성분의 소실도 매우 크다. 이와는 달리 온도 변화 없이 압력을 낮추어도 물이 기화되기 때문에 건조 효과를 얻을 수 있으며, 이를 진공 건조vacuum drying라고 한다. 동결 건조는 식품을 동결시킨 후 진공 상태로 얼음 입자를 승화시키는 방법이며, 동결 진공 건조라고도 한다. 진공 건조와 동결 건조 모두 식품을 감압 상태에서 건조하는 방법이지만, 최종 제품의 품질에는 큰 차이가 있다. 진공

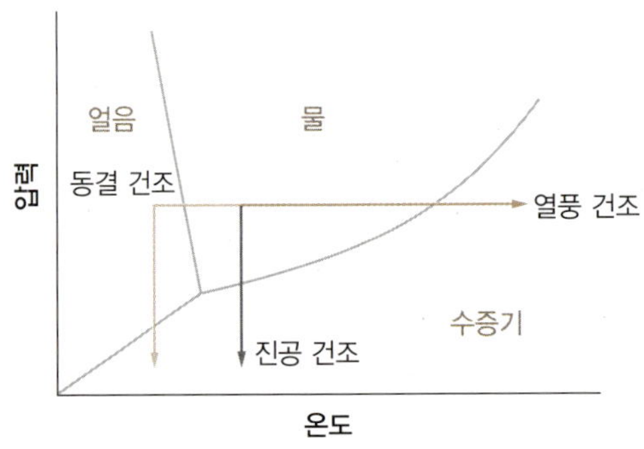

그림 5-13 건조 방법별 진행 과정

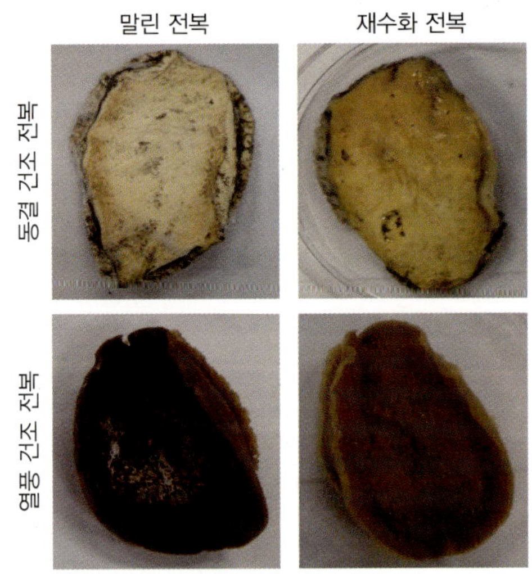

그림 5-14 동결 건조와 열풍 건조에 의한 전복의 외형 비교

건조는 초기에 수분이 급격하게 증발하기 때문에 식품의 수축이나 형태 변화가 심하고 향미 손실이 큰 단점이 있는 반면에, 동결 건조는 식품이 동결된 상태에서 얼음을 승화시키기 때문에 식품의 형태를 그대로 유지하고 열에 의한 손상이 없어서 재수화 복원이 매우 우수하며 향미 손실을 최소화할 수 있다(그림 5-14). 그러나 동결 건조는 운전 비용이 많이 들기 때문에 일반적으로 다른 방법으로 건조한 식품에 비해 동결 건조식품의 가격이 높은 것은 단점이다.

동결 건조 과정은 냉동과 진공 처리로 이루어지지만 실제 처리 공정에서는 전처리, 냉동, 1차 건조와 2차 건조 4단계로 분류된다.

(1) 전처리

전처리 과정에서는 원료의 특성이나 최종 제품의 형태에 따라 다양한 처리 과정이 수반된다. 원료의 수분 함량이 지나치게 높은 경우 원료를 농축하거나 부형제excipient를 첨가하며, 원료가 저온에서 안정성이 떨어지는 경우에는 동해방지제cryoprotectant를 첨가한다.

(2) 냉동 단계

건조식품의 동결은 건조기 내부의 냉각 장치를 사용한다. 동결 건조 목적으로 원료를 동결 처리하는 경우 온도에 주의해야 한다. 냉동 온도가 지나치게 높을 경우 건조 과정에서 식품 중의 얼음이 그대로 녹을 수 있으므로 물의 삼중점 온도보다 낮은 온도로 동결을 실시한다. 냉동 단계는 건조 속도에 영향을 미칠 수 있다. 일반적으로 얼음 결정체 크기가 클수록 건조 속도는 빠르게 진행된다고 보고되어 있다. 이는 승화된 결정이 식품 외부로 이동하는 데 얼음 결정이 존재하던 공간이 이동 통로로 작용하기 때문이며, 결정체 크기가 클수록 이동 통로의 면적도 커지기 때문에 이동이 용이해진다. 반면 생물학적 용도로 활용하는 소재를 동결 건조하는 경우에는 냉동 속도가 지나치게 느리면 냉동 과정에서 세포 손상이 발생할 수 있으며, 식품의 경우는 조직감에 영향을 미칠 수 있기 때문에 지나치게 느린 동결은 품질을 저하시킬 수 있다. 따라서 식품은 공정점 이하로 빠르게 동결시켜 얼음 결정의 형성을 억제하면 효과적으로 건조 공정을 실시할 수 있다.

(3) 1차 건조

동결이 종료되면 동결 건조기 내부의 압력을 낮추게 되고 이를 통해 얼음이 수증기로

그림 5-15 동결 건조기

승화된다. 따라서 식품 중의 수분 함량이 감소하는데, 이 과정에서 약 95%의 수분이 승화로 제거된다. 대부분의 동결 건조 과정은 1차 건조 과정에 소요되며, 길게는 수일의 시간이 요구된다. 승화된 수증기는 진공 펌프에 의해 응축 챔버로 이동한다. 응축 챔버는 −50°C 이하의 온도를 유지하고 있으므로 수증기는 챔버 벽면에 응축되고, 그 직후 동결되어 벽면에 축적된다. 챔버의 용량이 작아 과도한 얼음이 챔버 벽면에 축적되면 건조 효율이 저하되고 더 이상 건조가 일어나지 않는다. 이러한 경우 챔버의 온도를 올려 축적된 얼음을 녹인 후 챔버 외부로 배출시켜 주어야 한다.

(4) 2차 건조

동결 건조 과정에서 식품 중에 존재하는 모든 얼음은 승화되어 제거된다. 따라서 1차 건조 기간이 종료되면 식품 중에 잔존하는 소량의 수분 성분의 제거를 위한 2차 건조가 실시된다. 이 과정은 주로 건조식품의 등온 흡착 특성이 영향을 미치게 된다. 건조 속도를 높이기 위하여 2차 건조 과정에서는 건조기의 온도를 높이는데 경우에 따라서는 상온까지 높이기도 한다. 2차 건조 과정에서는 효과적으로 수분을 탈습시키기 위하여 압력은 감압 상태를 계속 유지시킨다. 2차 건조가 종료되면 건조기의 압력을 대기압으로 올리며 최종 건조 작업을 종료시킨다. 이를 통해 얻은 동결 건조물은 1~4% 수준의 매우 낮은 수분 함량을 갖는다.

2) 동결 농축

농축은 식품 중의 수분을 기화시켜 제거하는 공정으로, 건조와 매우 유사하지만 목표로 하는 최종 제품의 형태에서 차이가 있다. 농축은 주로 용액의 농도를 증가시키기 위해 사용되므로 최종 제품의 형태는 액체 상태를 유지한다. 따라서 일반적인 농축 기술에서도 기화 잠열의 공급을 통해 수분을 제거하지만, 동결 농축freeze concentration은 열의 공급 없이 이루어지는 농축 기술이다. 따라서 주스나 커피 등 향미가 중요한 품질 지표인 식품의 농축 기술로 매우 효과가 좋다. 동결 농축은 얼음 결정의 크기가 식품의 품질에 미치는 효과가 미약할 경우 얼음 결정 크기를 최대한 크게 만들수록 유리하다. 또한, 농축물의 최종 농도는 어는점 내림을 통하여 측정할 수 있다(그림 5-16).

동결 농축기는 액체 식품을 냉동시킬 수 있는 냉각 장비, 얼음 결정을 성장시키기 위한 회전형 혼합 장치, 얼음 결정을 농축액으로부터 분리하기 위한 분리기로 구성되어 있다(그림 5-17). 일반적으로 얼음 결정은 원심 분리, 체 분리, 압착 필터 분리 등을 통해 분리

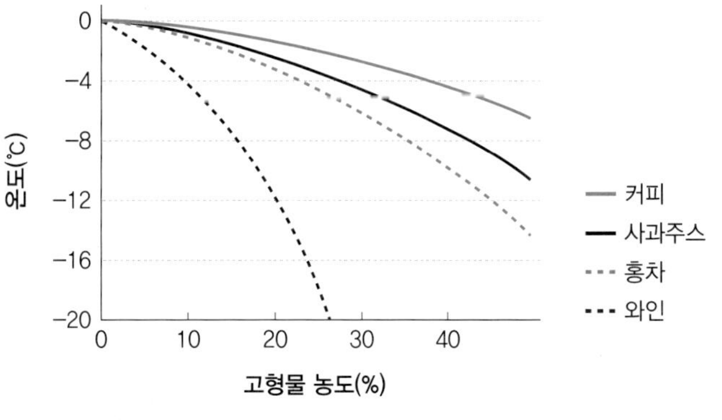

그림 5-16 농도에 따른 식품의 어는점 내림

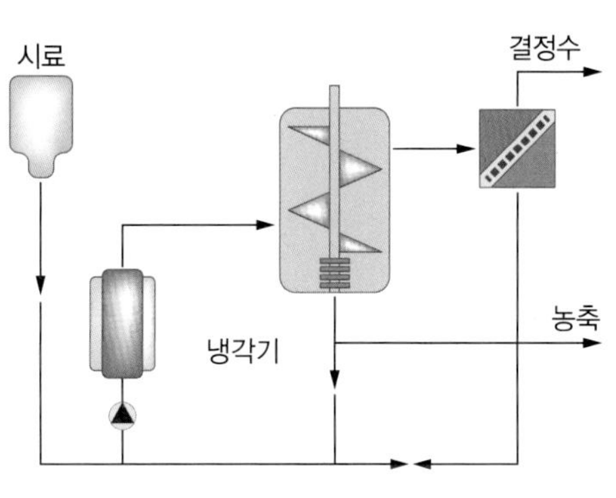

그림 5-17 동결 농축기

된다. 농축은 단일 공정 또는 다중 공정으로 이루어지며, 이 중 다중 공정은 생산 에너지를 절감하고 대량의 농축액을 얻을 수 있는 장점이 있다. 농축액의 수율은 얼음 결정의 크기와 분리된 얼음 결정 중 고형분의 함량에 의해 결정되며, 순수한 얼음 결정을 분리할 경우 최대 45% 이상의 고형분을 함유한 농축액의 생산이 가능하다.

단원 요약

- 냉동고는 압축기, 응축기, 팽창 밸브, 증발기의 기본 단위를 갖는다. 이 중 냉동고의 에너지는 압축기를 작동시키는 데 소모된다.
- 응축기와 증발기에서 냉매는 액체와 기체 간의 상태 변화가 일어나며, 그 결과 냉매는 열을 흡수 또는 방출한다.
- 냉동 과정에서 냉매의 열역학적 특성은 모리엘 선도를 이용하여 산출할 수 있다. 모리엘 선도는 임계점을 기준으로 포화수증기선과 포화증기선으로 나뉘며, 냉동 사이클에 따른 냉매의 엔트로피, 온도, 부피, 엔탈피 변화를 쉽게 산출할 수 있다.
- 국내 표준 냉동 사이클의 조건은 응축 온도 30℃, 증발 온도 -15℃, 압축기 흡입 가스 온도 -15℃, 팽창 밸브 직전 온도 25℃이다.
- 성적 계수는 냉매가 흡수한 열량 대비 압축기를 통해 공급되는 에너지 비율로 냉동 효과를 평가하는 기준이 된다.
- 냉동 방법은 1차 냉매를 저온으로 만드는 방법과 2차 냉매를 기준으로 분류할 수 있다. 2차 냉매는 공기, 염수, 금속판이 사용될 수 있으며, 이에 따라 자연대류식, 송풍식, 침지식, 접촉식 냉동 방법으로 분류한다.
- 탈수 냉동은 냉동 전 원료의 수분을 제거하는 방법이며, 탈수 시트 또는 당 절임 등 삼투압을 활용한 탈수가 이용된다.
- 초고압 냉동은 압력하에서 물의 어는점 강하를 이용하는 냉동 기술이며, 순간적인 상태 변화가 가능하다.
- 전자기장 냉동은 전기장 또는 자기장을 단독 또는 복합 응용하여 빙핵 형성을 억제하는 냉동 기술이다.
- 동결 건조와 동결 농축 과정에서는 식품을 느리게 얼려 얼음 결정체를 크게 만들수록 공정 시간을 단축할 수 있다.

연습문제

1 냉장고에서 냉매를 순환시키는 역할을 하는 것을 고르시오.

① 팽창 밸브 ② 응축기 ③ 증발기 ④ 압축기

2 다음 중 냉동고에서 냉매의 순환 과정으로 옳은 것을 고르시오.

① 응축기 → 팽창 밸브 → 증발기 → 압축기

② 증발기 → 팽창 밸브 → 압축기 → 응축기

③ 압축기 → 증발기 → 응축기 → 팽창 밸브

④ 증발기 → 팽창 밸브 → 응축기 → 압축기

3 다음 중 압축기의 역할을 바르게 설명한 것을 고르시오.

① 흡입 냉매를 고온 고압으로 만들어 응축하기 쉽게 한다.

② 흡입 냉매에서 열을 제거하여 응축을 쉽게 한다.

③ 냉매의 순환 과정에서 마찰을 줄여 준다.

④ 액체 상태의 냉매에 열을 가하여 온도를 높여 준다.

4 팽창 밸브를 통과하는 냉매 상태로 옳은 것을 고르시오.

① 고온 고압의 액체 상태 ② 저온 저압의 액체 상태

③ 고온 고압의 기체 상태 ④ 저온 저압의 기체 상태

5 다음 중 1차 냉매를 고르시오.

① 물 ② 프레온 ③ 브라인 ④ 에탄올

6 국내 표준 냉동 사이클의 조건으로 틀린 것을 고르시오.

① 응축 온도 30°C

② 증발 온도 -15°C

③ 압축기 흡입 가스 온도 -10°C(과열도 5°C)

④ 팽창 밸브 직전 온도 25°C(과냉각도 5°C)

7 모리엘 선도에서 건조도가 0이 되는 때의 상태를 고르시오.

① 포화증기 ② 과열증기 ③ 습증기 ④ 포화액

8 모리엘 선도의 왼쪽에서 오른쪽으로 이동할 때 냉매의 상태로 옳은 것을 고르시오.

① 액체 → 액체/증기 혼합 → 증기 ② 증기 → 액체/증기 혼합 → 액체

③ 증기 → 액체 ④ 액체 → 증기

9 다음 냉동 사이클에 대한 설명으로 옳은 것을 고르시오.

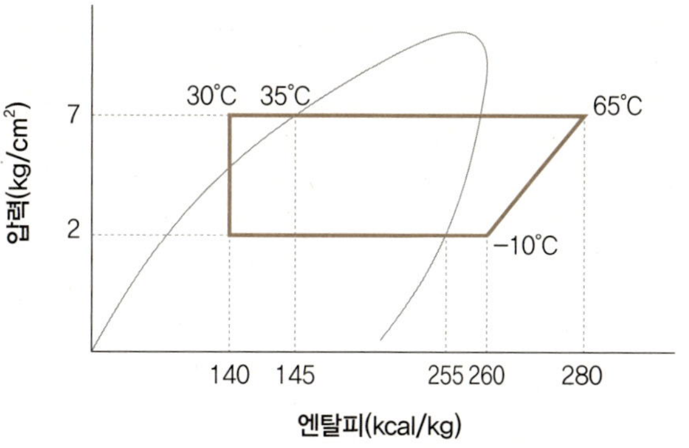

① 냉동 효과는 115 kcal/kg이다. ② 압축일량은 25 kcal/kg이다.

③ 응축열량은 140 kcal/kg이다. ④ 성적 계수는 5.75이다.

10 응축 온도는 일정하나 증발 온도가 낮아지는 경우에 대한 설명으로 틀린 것을 고르시오.

① 압축일량이 증가한다. ② 압력이 감소한다.

③ 성적 계수가 감소한다. ④ 냉동 효과가 증가한다.

11 냉동 능력이 5RT이고 냉동 효과가 200 kcal/kg인 냉동기의 냉매 순환량을 구하시오.

① 52 kg/h ② 78 kg/h ③ 83 kg/h ④ 97 kg/h

12 냉동 효과가 260 kcal/h인 냉동기에서 증발기 입구의 냉매 엔탈피가 135 kcal/kg이었을 때 출구의 엔탈피를 구하시오.

① 80 kcal/kg ② 125 kcal/kg ③ 395 kcal/kg ④ 540 kcal/kg

13 다음 중 성적 계수에 대한 설명으로 옳은 것을 고르시오.

① 증발기에서 냉매 1 kg이 흡수하는 열량

② 냉매 1 kg이 응축기에서 발생하는 열량

③ 1 RT의 효과를 얻기 위해 증발기에 공급되는 냉매량

④ 냉매가 흡수한 열량 대비 압축기 공급 에너지 비율

14 다음 중 접촉식 냉동에 대한 설명으로 옳은 것을 고르시오.

① 차가운 금속판 사이에서 식품을 냉동시킨다.

② 대류열 전달에 의해 동결이 이루어진다.

③ 식품의 형태에 영향을 받지 않는다.

④ 냉동 과정 중 금속판에 1~2 kg/cm^{2}의 압력을 가한다.

15 탈수 냉동에 대한 설명이 아닌 것을 고르시오.

① 수분 함량이 낮아 냉동 속도가 빠르다.

② 대량 생산이 용이하다.

③ 삼투압 또는 탈수 시트를 사용한다.

④ 제거해야 할 잠열의 양이 적다.

16 극저온 냉동의 단점을 고르시오.

① 냉동 속도가 느리다. ② 냉매의 회수가 어렵다.

③ 연속식 조작이 어렵다. ④ 냉동 장치가 매우 복잡하다.

17 다음 중 개별 급속 동결을 바르게 설명한 것을 고르시오.

① 데치기한 나물을 진공포장지에 넣어 냉동

② 크기가 작은 수산물을 나무 상자에 적재하여 냉동

③ 슬라이스한 식육 여러 장을 겹쳐서 냉동

④ 크기가 작은 과일을 개별로 냉동

18 다음 중 동결 농축에 대한 설명으로 틀린 것을 고르시오.

① 열의 공급 없이 농축이 이루어진다.

② 급속 냉동이 효과적이다.

③ 농축 과정에서 어는점 내림이 발생한다.

④ 냉동 장비와 얼음 결정 분리기가 필요하다.

19 동결 건조의 원리를 고르시오.

① 승화 ② 증발 ③ 기화 ④ 응고

20 다음 중 동결 건조의 단위 공정이 아닌 것을 고르시오.

① 전처리 ② 냉동 ③ 해동 ④ 건조

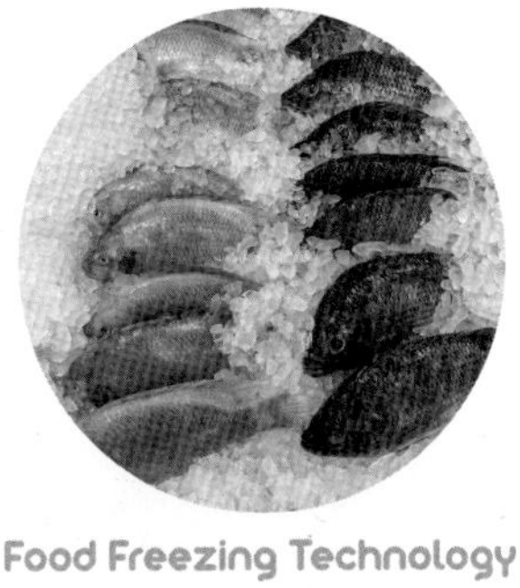

6

식품의 해동

학 / 습 / 목 / 표

1. 식품 해동의 원리를 이해하고 해동 과정에서 발생하는 식품의 변화를 살펴본다.
2. 식품의 해동 방법에 대하여 살펴보고 그 원리와 장단점을 이해한다.
3. 해동 방법과 식품의 품질 간의 관계를 이해하고, 해동 방법에 따른 해동 시간을 예측한다.

지금까지 식품의 냉동 과정에서 발생하는 변화에 대하여 살펴보고, 식품 원형의 품질 보존을 위하여 급속 냉동과 저장 중 온도 변동을 최소화해야 하는 것을 알아보았다. 이러한 냉동식품의 품질은 해동 과정에서도 큰 변화를 일으킬 수 있다. 해동이란 냉동식품에 열을 가하여 식품 내부에 존재하는 얼음 결정을 액체 상태로 전환시키는 과정이다. 따라서 해동 과정은 열의 주입이 필요하다. 경우에 따라 물의 어는점 이상의 온도가 사용될 수 있지만, 일반적인 해동 과정은 상온 이상의 온도에서 실시하는 경우가 많다. 아무리 냉동 처리가 잘 되었다고 하더라도 해동 과정이 바람직하지 못하면 식품의 품질은 크게 저하된다. 냉동 과정에서 물과 얼음의 물리적 차이를 이해하는 것이 중요하듯이 해동 역시 식품의 품질 보전 측면에서 중요하다. 따라서 여기에서는 냉동식품의 품질 보존 측면에서 해동의 원리와 방법들에 대하여 살펴보기로 한다.

1. 해동의 정의

1) 냉동식품의 복원

해동thawing이란 냉동식품을 녹이는 단위 조작이다. 엄밀히 말하면 식품의 해동은 냉동식품을 냉동 전 상태로 복원시키는 과정이다. 이를 위하여 열을 식품 내부로 전달하여 식품 내부의 얼음 결정을 물로 변화시켜야 한다. 이상적인 복원은 냉동 전 신선한 상태로 식품이 돌아감을 의미하지만, 실제로 이상적인 복원은 일어나지 않으므로 해동 식품은 신선한 상태와는 품질 차이를 보인다. 이러한 원인은 동결 과정 및 냉동 저장 과정에서 발생한 조직 손상과 관련이 있다. 예를 들어, 단백질 함량이 높은 식품의 경우 냉동 저장으로 단백질 변성이 일어나고, 그 결과 기능적 특성을 상실한다. 대표적인 기능적 특성인 수화력이 저하되는데, 이는 해동 과정 중 드립 발생의 주요 원인이 된다. 단백질 변성에 관해서는 제4장 냉동에 의한 화학적 손상에서 상세히 살펴보았으며, 저장 과정 중 재결정화는 단백질의 변성을 촉진시킨다. 손상된 조직으로부터 액상 성분이 세포 외로 유출되면 해동 과정에서도 원형으로 복원되지 않기 때문에 해동 드립의 발생은 피할 수 없는 현상이다.

따라서 냉동식품은 해동에 의해 이상적인 복원은 불가능하지만, 외형적인 복원은 가능하다. 외형적 복원이란 액상 조성을 잃은 조직 세포가 해동 과정에서 어느 정도의 수분을 재흡수하여 팽창하는 경우이다. 외형적 복원은 저장 기간이 짧은 냉동식품의 해동 과정에서 비교적 잘 이루어지는 반면에, 저장 기간이 지나치게 긴 냉동식품의 경우 다량의 드립을 방출하기 때문에 복원이 어렵다. 식품의 조성도 복원성에 영향을 미친다. 즉, 전분질 식품을 냉동하면 해동 과정에서 복원이 잘 이루어지는 반면, 단백질 식품은 복원이 잘 되지 않는다. 이는 조직 내 드립의 흡수에 단백질이 중요한 역할을 차지하고, 단백질의 기능적 특성이 원형 복원에 매우 중요한 요소임을 알 수 있다.

2) 해동 드립

드립이란 냉동식품을 해동하는 과정에서 식품으로부터 유출되는 액상 성분을 말한다. 드립은 해동 과정에서 자연스럽게 방출되는 유출 드립free drip과, 해동 종료 후 1~2 kg/cm^{2}의 압력을 가했을 때 나오는 압출 드립expressible drip으로 구별되며, 이 두 가지를 합하여 총 드립이라고 한다. 드립은 얼음 결정의 성장에 따른 조직 손상과 단백질의 변성으로 발생한다. 냉동식품의 주요 품질 지표로서 드립 함량을 측정하는데, 드립 함량이 많을수록 식품의 품질 저하가 크다. 드립 발생이 식품의 품질에 미치는 효과를 정리하면 다음과 같다.

- 중량 감소로 인한 경제적 손실
- 영양학적 가치 저하 : 수용성 영양소 손실
- 식품의 색도, 향과 맛의 저하 : 수용성 색소와 향미 성분의 손실
- 식품의 조직감 변화 : 수분 함량 저하 및 가수분해효소의 작용
- 식품의 외관 훼손 : 포장지 내부에 다량의 액체 형성
- 해동 후 고온에 방치되는 경우 미생물의 빠른 증식

드립의 발생량은 원료의 선도, 냉동 속도, 저장 온도와 변동 수준, 저장 기간, 해동 온도와 해동 시간, 식품의 성분 등에 영향을 받는다. 특히, 드립 발생의 주요 원인이 얼음 결정에 의한 조직 손상이므로 냉동과 해동 과정에서 조직 손상을 최소화할 수 있는 방법이 사용되어야 한다.

3) 해동의 분류

해동은 식품을 냉동 전 상태로 복원시키는 과정이기 때문에 해동의 종료는 식품 중 얼음 결정이 모두 수분으로 변화한 상태이다. 대부분의 식품은 초기 어는점이 -1~-2°C 범

위에 있기 때문에 해동은 이보다 다소 높은 온도에서 진행되며 식품의 품온에 도달하면 종료된다. 경우에 따라 식품을 완전 해동하기보다 반해동시킬 때 식품에 활용하기가 편리한 경우도 있다. 따라서, 해동은 최종 온도에 따라 다음과 같이 분류할 수 있다.

(1) 완전 해동

식품의 품온을 초기 어는점 이상으로 상승시키는 해동 방법으로, 대부분의 냉동식품은 완전 해동을 실시한다. 특히, 원료로 사용하는 식품의 경우 완전 해동을 하지 않으면 조미 배합이 잘 이루어지지 않으므로 완전 해동 후 조리하게 된다. 완전 해동은 식품의 품온이 어는점보다 다소 높은 온도에 도달하면 종료되었다고 판단할 수 있다.

(2) 반해동

반해동partial thawing은 식품을 초기 어는점보다 다소 낮은 온도까지만 온도를 상승시켜서 동결률을 낮추는 방법이다. 식육의 경우 반해동하면 완전 해동했을 때에 비하여 칼로 절단하기가 수월하며, 해동한 이후에도 식품을 저장해야 할 경우 반해동을 실시한다. 반해동은 식품의 드립을 억제할 수 있으며, 반해동 상태에서도 조리할 수 있기 때문에 편리하다. 반해동의 종료는 얼음이 물로 상변화하는 온도 영역으로 하지만, 반해동의 최종 온도를 명확하게 구분할 수 있는 규정은 없다.

(3) 해동이 필요 없는 식품

식품의 해동 속도는 크기에 의존하게 되는데, 최근에는 농산물을 작게 세절한 원료 상태로 개별 급속 냉동 처리하는 경우가 많기 때문에 이러한 식품은 조리를 위한 준비 과정에서 쉽게 해동할 수 있다. 따라서 부가적인 해동 과정은 필요하지 않다.

(4) 해동해서는 안 되는 식품

일부 재구성 식육 제품이나 수리미 제품은 특별히 결착제를 사용하는 경우가 아니면 동결 형태를 유지해야 한다. 이러한 식품을 해동하면 형태 유지가 곤란할 뿐 아니라 심한 경우 형태가 완전히 허물어져 상품성을 잃게 된다. 따라서 조리 전 해동해서는 안 된다.

2. 해동 속도

1) 해동 곡선

식품의 해동 과정은 냉동 과정의 역순으로 일어난다(그림 6-1). 해동 곡선은 크게 3단계로 나누어지는데 얼음 결정 상태의 온도 상승 구간(A↔B), 유효 해동 온도대 또는 효과 해동 온도대effective thawing temperature zone(B↔C), 해동 종료 후의 품온 상승 기간(C↔D)이다. 이 중 유효 해동 온도대의 경우, 해동 매체로부터 냉동식품에 전달된 열량이 상변화에 사용되어 잠열latent heat 형태로 나타나기 때문에 온도 상승이 매우 완만하여 평탄한 곡선대를 보여 준다.

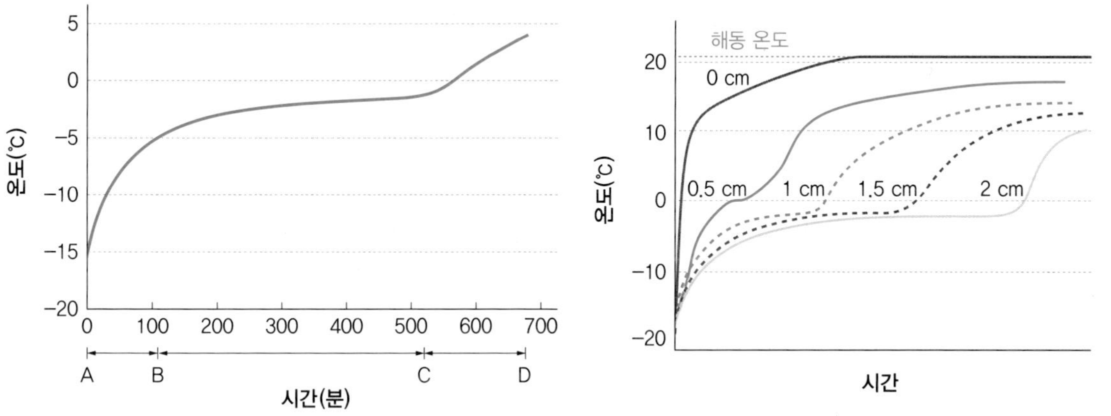

그림 6-1 소고기의 해동 곡선(왼쪽)과 식품의 위치별 해동 중 온도 변화(오른쪽)

냉동 과정에서 물의 상변화 기간 중 품질 변화가 크게 발생하듯이 해동 과정에서도 상변화 중에 상당한 품질 변화가 발생한다. 또한 식품의 해동은 얼음의 상변화 시간이 대부분을 차지한다. 상변화 시간이 길면 얼음 결정의 재결정화가 빠르게 일어나서 조직 손상이 심하게 발생하므로 식품의 품질 저하가 크다. 냉동 저장 과정에서 생육이 멈춘 저온성 미생물도 상변화 온도 영역에서 빠르게 활성을 회복하여 증식하기 때문에 상변화 시간이 길어지면 안정성 측면에서도 바람직하지 않다. 따라서, 이 온도 구간을 가급적 빠르게 통과할 수 있도록 식품을 해동하는 것이 품질 변화와 미생물 생육을 최소화할 수 있다. 해동 속도를 높이기 위하여 일반적으로 고온의 공기를 사용하는데, 식품의 표면은 중심부에 비하여 온도 상승이 매우 빠르므로 중심부는 저온을 유지하지만 표면은 이미 고온에 도달하여 열적 변성을 야기할 수 있다. 식품의 품질 측면에서 식품의 표면 온도가 10°C 이상으로 증가하지 않도록 해동 온도를 조정해야 한다.

2) 해동 속도와 식품의 품질

해동은 냉동의 반대 공정으로 식품에 열을 가하여 품온을 높이는 과정이다. 공정 과정이 반대로 일어나는 과정임에도 불구하고 해동 속도는 냉동 속도보다 느리다. 실제로 1973년 페네마Fennema가 동일한 조건에서 물의 냉동과 해동 시간을 측정해 본 결과 80°C의 물을 얼리는 데 30분이 채 걸리지 않은 반면, -80°C의 얼음을 녹이는 데는 50분 이상이 소요되었다(그림 6-2).

제2장 물의 특성에서 얼음의 열전도도가 물보다 4배 정도 높다는 것을 살펴보았다. 그

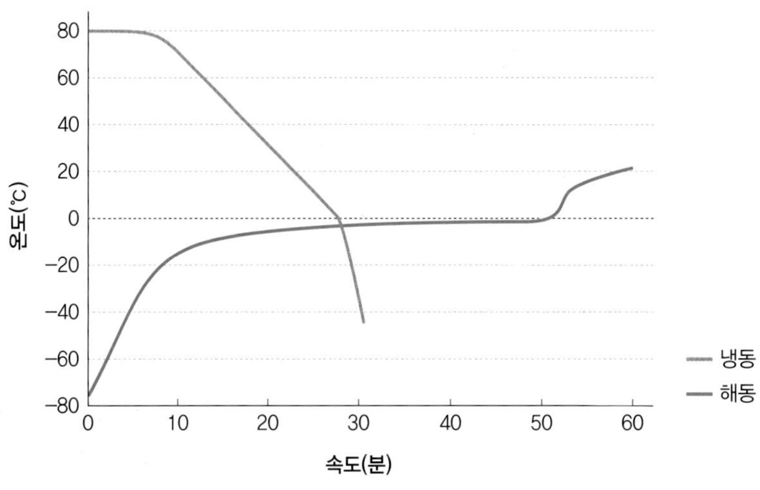

그림 6-2 물의 냉동과 해동 속도 비교

자료 : Fennema OR, Powrie WO, Marth EH. *Low-temperature preservation of foods and living matter.* Marcel Dekker, Inc. (1973)

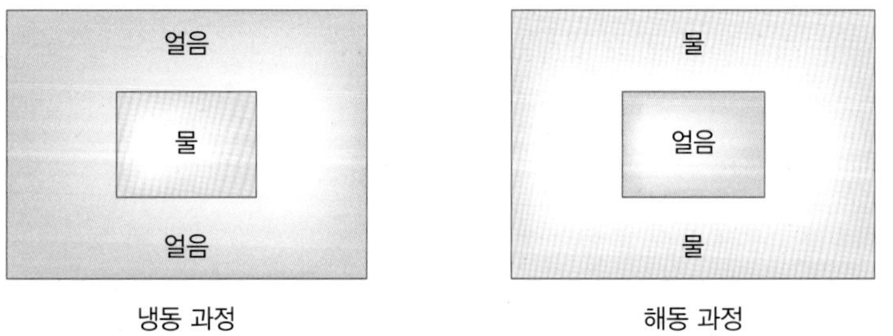

그림 6-3 냉동 과정과 해동 과정 중 열전달 매질의 변화

림 6-3과 같이 식품의 냉동 과정과 해동 과정에서 열전달 매질이 다를 때, 냉동 과정에서는 표면부터 얼음이 형성되고 식품의 열은 얼음을 통하여 외부로 방출되는 반면에, 해동 과정에서는 표면부터 물이 형성되고 외부의 열이 물을 통하여 식품으로 전달된다. 따라서, 해동 과정에서는 열전도도가 낮은 물이 열전달의 매질로 작용하기 때문에 냉동에 비하여 시간이 길게 소요되며, 이에 따라 식품의 품질 변화가 해동 과정에서 심하게 발생할 수 있다.

해동 속도는 냉동식품의 최종 품질에 중요한 영향을 미치는 요소이며, 해동 속도를 가급적 빠르게 진행해야 품질적 변화와 미생물의 증식을 막을 수 있다. 과거에는 식육과 같은 단백질 식품의 경우 해동 속도가 느릴 경우 드립이 장기간에 걸쳐 근육으로 재흡수되어 품질이 좋아진다는 이론이 제기되었다. 하지만 이후 다수의 연구를 통하여 방출된 드립이 근육으로 재흡수되는 시간은 장기간이 아닌 매우 빠른 수 초 이내에 일어난다는 연구가 있다. 또한 한번 손상된 조직은 드립을 재흡수하지 못하며, 얼음의 재결정화에 의한 조직 손상이 심하게 발생하기 때문에 해동 속도가 느리면 오히려 식품의 품질 변화가 심한 것으로 알려졌다. 또한, 미생물학적 위험성과 바람직하지 않은 화학 변화 등을 초래하

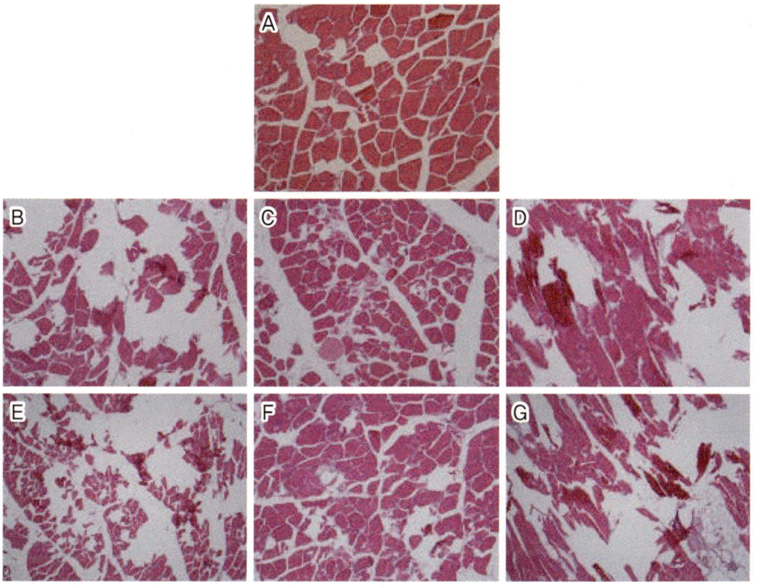

A : 동결 전 신선육
B/E : 자연대류 냉동
C/F : 개별 급속 냉동
D/G : 액화질소 냉동
B–D : 자연대류 해동
E–G : 유수 해동

그림 6-4 냉동과 해동 방법에 따른 돼지고기의 조직 손상도

자료 : Jo, Y.-J., Jang, M.-Y., Jung, Y.-K., Kim, J.-H., Sim, J.-B., Chun, J.-Y., Yoo, S.-M., Han, G.-J., & Min, S.-G. (2014). Effect of novel quick freezing techniques combined with different thawing processes on beef quality. *Korean Journal for Food science of Animal Resources*, *34*(6), 777.

기 때문에 해동은 최대한 낮은 온도에서 빠르게 진행하는 것이 바람직하다고 할 수 있다(그림 6-4).

일반적으로 해동은 공기 중 또는 유수 해동으로 이루어지며, 이 과정에서의 열전달은 대류에 의하여 이루어진다. 따라서 해동 속도에 영향을 미치는 인자를 정리해 보면 다음과 같다.

- 해동 온도 : 해동 온도가 높을수록 해동 속도는 빠르다. 다만, 지나치게 높은 온도는 식품의 품질을 저하시킨다.
- 식품의 표면적 : 덩어리 형태의 식품보다는 잘게 세절된 식품의 표면적이 넓어 빠르게 해동된다.
- 열전달 계수 : 자연대류보다는 강제대류 조건에서 해동 속도가 빠르게 이루어진다.

3) 해동 시간의 예측

해동 시간의 예측은 새로운 냉동식품과 냉동 시스템의 개발에 필수적이며, 특히 해동 과정 중 드립 발생, 효소 활성에 의한 변화와 조직의 손상을 최소화하고, 에너지 효율을 증대시키기 위해 정확하게 계산되어야 한다. 식품은 다양한 형태의 외형을 지니고 있기 때문에 해동 시간의 산출은 식품의 부피와 표면적을 모두 고려하여야 한다. 따라서, 해동 시간의 산출에는 형태 계수shape factor란 개념이 사용되므로 평판, 원통, 구형 등 형태에 따라 그 값이 달라진다.

해동 시간은 플랑크Plank의 동결 속도 산출 공식을 응용하여 예측할 수 있으며, 이 공식은 팜Pham의 해동 공식으로 알려져 있다. 팜의 해동 공식은 해동 조건에서 대류에 의한 열전달의 저항은 무시할 수 있고, 식품은 열전도도에 의해서 열전달 효율이 결정된다는 것을 전제 조건으로 한다. 해동 시간은 다음과 같이 산출한다. 식품을 해동할 때 시간(t)에 따른 온도 기울기를 열전도의 x, y, z 방향으로 푸리에의 열전도 법칙을 활용하여 식을 유도하면 다음과 같다.

$$t = \frac{1}{E}\frac{\rho \cdot L \cdot d^2}{k(T_{air} - T_f)}$$

여기서 ρ는 냉동식품의 밀도(kg/m³), L은 융해 잠열(J/kg), d는 식품의 두께(실린더 및 구형일 경우 직경, m), E는 형태 계수(판형 1, 실린더형 2, 구형 3), k는 냉동식품의 열전도도(W/m·K), T_{air}와 T_f는 해동 온도와 냉동식품의 초기 어는점(°C)을 의미한다.

해동 조건에서 주변 공기의 대류에 의해서 열전달 효율이 결정된다면, 해동 시간은 열전달 계수 h를 적용하여 다음과 같이 다르게 나타낼 수 있다.

$$t=\frac{1}{E}\frac{\rho\cdot L\cdot d}{h(T_{\mathrm{air}}-T_{\mathrm{f}})}$$

이 공식을 이용한 실제 해동 시간 산출은 예제 6.1과 6.2를 통하여 풀어볼 수 있다.

예제 6.1

수입 냉동 육우를 해동시키고자 한다. 정형된 냉동 육우는 직경 5 cm의 실린더형이고, 길이는 50 cm이다. 해동실은 자연대류 상태이나 자연대류에 의한 열전도보다는 외부 온도와 냉동 육우의 온도 차에 의한 열전도에 의해 열전달이 이루어지는 조건이다. 해동 과정 중 육류의 열전도도(k)는 0.55 W/m·K, 융해잠열(L)은 3.8×10^5 J/kg, 냉동육의 밀도는 800 kg/m^3, 냉동육의 어는점은 -1.5℃, 해동실의 온도는 4℃일 때 해동시간을 산출하시오.

풀이 자연대류 상태는 대류열 전달 계수가 매우 낮아서 주로 냉동 육우와 외부 공기의 온도 차에 기인한 열전도에 의하여 열이 전달되기 때문에, 해동 시간은 팜(Pham)의 해동 시간 계산식에 의하여 예측이 가능하다.

$$\begin{aligned}t&=\frac{1}{E}\cdot\frac{\rho\cdot L\cdot d^2}{k\cdot(T_{air}-T_f)}\\&=\frac{1}{2}\cdot\frac{(800\ \mathrm{kg/m^3})(3.8\times10^5\ \mathrm{J/kg})(0.05\ \mathrm{m})^2}{(0.55\ \mathrm{W/K})(277-271.5\ \mathrm{K})}\\&=125{,}620(\mathrm{J/W})\end{aligned}$$

1 W=1 J/s를 이용하여 W에 J/s를 대입하면,

$$125{,}620\frac{\mathrm{J}}{\mathrm{J/S}}=125{,}620\ \mathrm{s}$$

$$125{,}620\ \mathrm{s}\cdot\frac{1\ \mathrm{hr}}{3{,}600\ \mathrm{s}}=35\ \mathrm{hr}$$

약 35시간이 소요된다.

예제 6.2

예제 6.1에서 제시된 동일한 냉동 육우를 해동시키고자 한다. 이때 해동실은 예제 6.1과 동일한 해동실을 사용하기로 한다. 동일한 해동실에서 환풍 팬을 가동시킬 경우, 해동 속도의 변화를 관찰하기로 하였다. 해동 팬을 가동하면 대류 전열 계수(h)가 급격히 상승하여, 20 W/m^2·K까지 증가한다. 이때 열전도도에 의한 열전달은 대류에 의한 열전달에 비하여 무시할 수 있다고 감안할 경우, 해동 시간을 산출하시오.

풀이 대부분의 열이 대류에 의하여 전달될 경우에는, 열전달 계수 h를 적용한 팜(Pham)의 해동 시간 계산식에 의해 예측이 가능하다.

(계속)

$$
\begin{aligned}
t &= \frac{1}{E} \cdot \frac{\rho \cdot L \cdot d}{h \cdot (T_a - T_f)} \\
&= \frac{1}{2} \cdot \frac{(800\ \text{kg/m}^3)(3.8 \times 10^5\ \text{J/kg})(0.05\ \text{m})}{(20\ \text{W/m}^2 \cdot \text{K})(277 - 271.5\ \text{K})} \\
&= 69{,}091\ \text{J/W}
\end{aligned}
$$

1 W=1 J/s를 이용하여 W에 J/s를 대입하면,

$$69{,}091\ \frac{\text{J}}{\text{J/S}} = 69{,}091\ \text{s}$$

$$69{,}091\ \text{s} \cdot \frac{1\ \text{hr}}{3{,}600\ \text{s}} = 19\ \text{hr}$$

약 19시간이 걸린다. 팬에 의한 강제 대류로 대류 전열 계수를 증대시키면 해동 시간을 단축할 수 있음을 알 수 있다.

3. 식품의 해동 기술

식품의 해동 과정은 열원을 이용하여 식품의 표면에서부터 중심부로 해동이 진행된다. 현재 사용하고 있는 모든 해동 기술은 열원을 사용하고 있으며, 여기에는 고온의 공기, 물, 증기, 고온의 금속 매질 등이 사용된다. 최근에는 복사열을 이용한 해동 기술이 개발되어 상용화되고 있으며, 대표적으로 고주파 해동과 전자레인지 해동 등이 있다. 이와는 달리 물의 물리적 상태 변화를 활용하는 초고압 해동도 사용이 가능하다. 여기에서는 식품의 해동 기술의 원리와 그 장단점을 상세히 살펴보기로 한다.

1) 공기 해동

공기 해동air convection thawing은 냉장 온도 또는 상온 이상의 공기를 이용한 식품의 해동 방법으로, 가장 보편적으로 사용하는 방법이다. 공기로 외부 순환 시스템을 사용하지 않는 자연대류 해동natural convection thawing은 가장 간단한 해동 방법으로 냉장고 내부, 또는 외부에서 자연스럽게 자연대류에 의해 해동이 이루어지며, 고온의 항온기에서도 해동할 수 있기 때문에 모든 냉동식품에 적용이 가능하다. 하지만 해동 속도가 매우 느려서 해동 시간을 예측하기가 어려우며, 해동 과정 중 표면 변색이나 오염 등의 문제가 발생할 수도 있다. 자연대류 방법에서 해동 속도를 향상시키기 위하여 송풍기를 사용하여 유속 2~6 m/s로 강제 대류하는 송풍식 해동air blast thawing을 실시하면 열전달 계수가 최대 8배 이상 증가하여 해동 속도는 단축된다. 해동 속도는 유속에 비례하여 증가하지만, 특정 임계 유속 이후에는 유속의 증가에 따른 해동 속도 증가가 현저하게 나타나지 않는다. 송풍식 해동은 자연대류 해동에 비하여 상대적으로 해동 속도가 향상되지만, 해동 과정 중 표면 건조가 발생하고 송풍기 조작에 따른 에너지 소모가 크다. 또한, 외부 공기를 해동 장비 내부로 송풍시키는 경우 식품에 미생물 오염 발생 위험이 있다는 것은 큰 단점이다.

2) 침지 해동

물은 공기에 비하여 열전달 계수를 120배 이상 높이기 때문에 해동 속도는 공기 해동에 비하여 매우 빨라지는 특성이 있다. 따라서 침지 해동immersion thawing은 급속 해동의 효과를 얻을 수 있다(그림 6-5). 침지 해동 과정에서는 냉동식품을 직접 침지하거나 포장 상태로 침지할 수 있지만, 포장 없이 침지하는 경우 해동 과정에서 다량의 드립이 발생할 수 있다는 문제가 있다. 포장 상태가 진공이 아닌 공기를 함유하는 경우에는 빠른 해동 효과가 반감될 수 있다. 일반적으로 침지 해동은 B2B용 가공식품 생산 과정에서 냉동 원료의 해동 목적으로 사용되는 경우가 많다. 해동 속도가 빠르기 때문에 공기 해동에 비하여 식품의 표면 변질을 억제할 수 있지만, 해동수가 오염된 경우 침지하는 모든 원료로 교차 오염이 일어날 수 있는 문제가 있다. 또한, 충분한 양의 물을 사용하지 않으면 해동 효과가 떨어지며, 해동수 처리에 비용이 들어가는 단점이 있다.

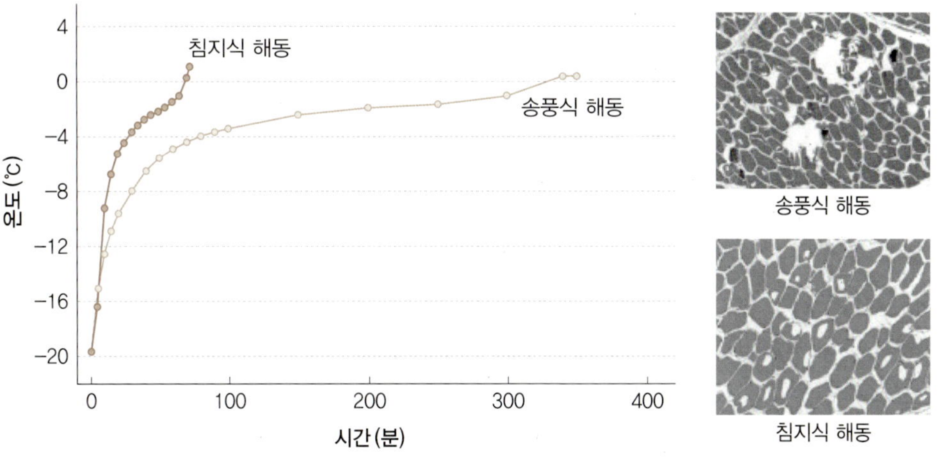

그림 6-5 송풍식 해동과 침지식 해동에 따른 한우육의 해동 속도(왼쪽)와 미세 구조(오른쪽)
자료 : 천호연, 최은지, 한애리, 정영배, 김진세, 박석호. 한우육의 냉동 및 해동 조건에 따른 품질 변화. 한국식품영양과학회지, 45, 230-238. (2016)

3) 접촉식 해동

접촉식 해동contact thawing은 접촉식 냉동과 유사한 형태로 해동이 이루어진다. 즉, 온수에 의해 온도가 상승한 금속판 사이에 식품을 접촉시켜 해동하는 방법으로, 공기 해동이나 침지 해동이 대류열 전달에 기반한 해동 방법인 데 비하여 접촉식 해동은 전도열 전달에 의해 해동이 이루어진다. 해동 속도가 빠르고 냉동식품이 균일하게 해동되는 장점이 있는 반면에 해동을 위해 특수하게 설계된 해동 장비가 사용되어야 하는 단점이 있다. 또한, 충분한 접촉 면적을 얻기 위해서는 냉동식품의 형태가 균일해야 한다.

4) 오믹 해동

오믹 해동Ohmic thawing은 전기 저항열electric ohmic heat 발생을 활용하는 오믹 가열의 원리를 이용하여 냉동식품의 급속 해동을 구현하는 기술이다. 오믹 가열은 식품을 두 개의 전극 사이에 삽입한 후 10~100 V/cm 교류 전압을 가하면 식품이 저항체로 작용하여 내부로부터 발열이 발생되므로 이를 식품의 살균, 멸균, 조리 및 해동에 이용하는 기술이다. 오믹 가열은 온도 상승이 빠르고, 식품 표면과 중심부의 온도 차이 없이 균일한 가열이 가능하다(그림 6-6). 실제 식품 산업에서 오믹 가열은 해동보다는 살균 공정에서 주로 활용하고 있는 추세이다.

오믹 가열은 식품에 가한 모든 에너지가 열로 변환되고 식품 두께에 따른 제약이 없어서 에너지 효율이 매우 높은 가열 기술이다. 오믹 가열을 해동에 사용하는 경우, 냉동 저장 온도 범위에서는 대부분의 물이 얼음으로 존재하기 때문에 저항열의 발생이 제한적이다. 반면 동결률이 감소하기 시작하면 오믹 해동에 의한 발열 효과가 매우 높아져 얼음의 상변화 시간을 크게 단축시킬 수 있다. 실제 해동 시간의 대부분이 얼음의 상태 변화에 소요되는 사실을 감안하면 오믹 해동 기술은 매우 획기적으로 해동 속도를 단축시킬 수 있는 기술이다. 최근 연구에서 냉동 돈육에 오믹 해동을 실시한 결과 해동 속도가 획기적으로 빨라졌으며, 저전압 오믹 해동을 실시하는 경우에는 해동육의 보수력도 우수한 것으로 판명되었다.

오믹 해동은 유수 해동할 때 해동 매체인 물의 온도를 급격히 증대시키는 경우에도 사용할 수 있는 것으로 보고되었다(그림 6-7). 오믹 해동 시 유의할 사항으로는 전기화학 반응에 의하여 금속 전극의 금속 이온 성분이 식품으로 전이되는 것인데, 이는 교류 주파수를 1 kHz 이상으로 높이거나 전극을 백금으로 코팅하면 방지할 수 있다. 오믹 해동은

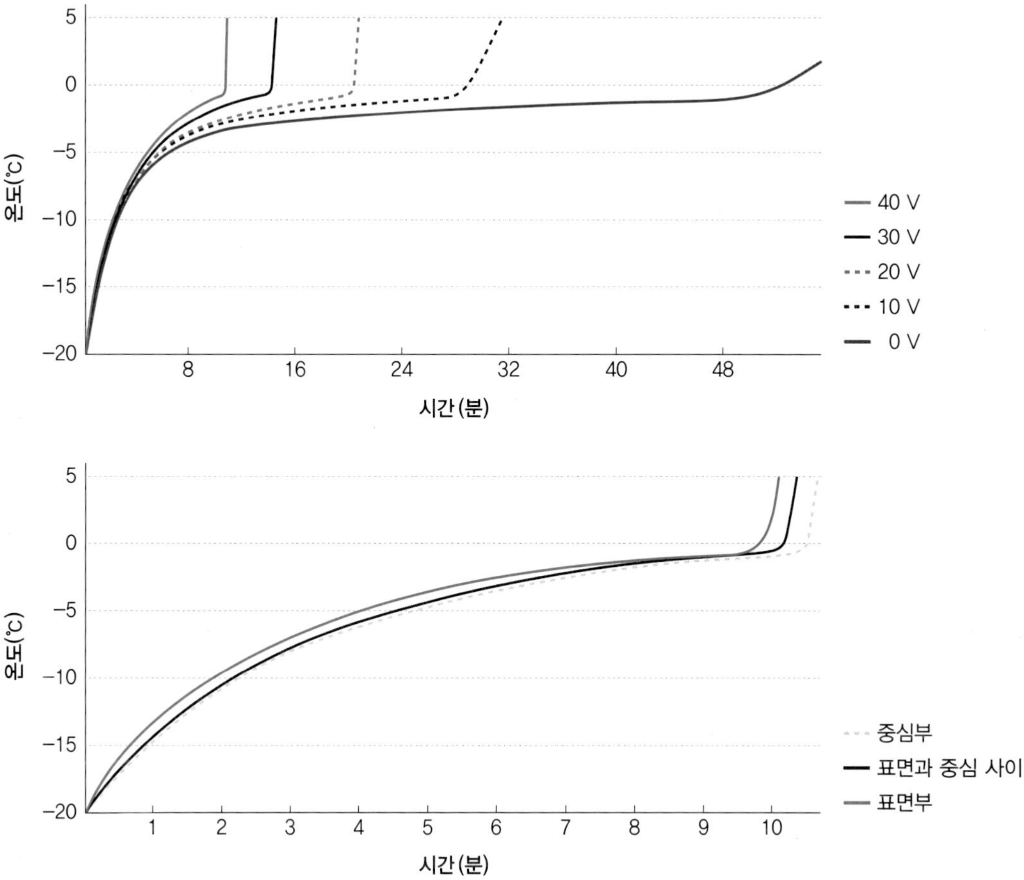

그림 6-6 전압별 햄버거 패티의 해동 속도(위)와 40 V에서 위치별 온도 변화(아래)

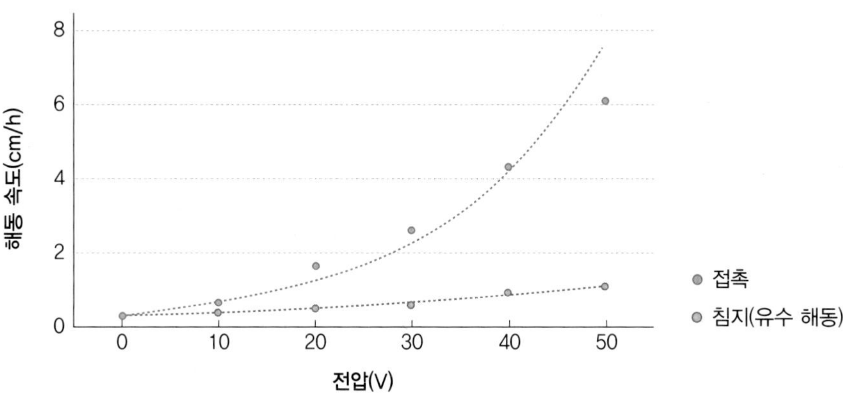

그림 6-7 오믹 해동의 적용 방법에 따른 해동 속도의 비교

에너지 효율 측면에서도 80% 이상의 전기에너지가 열에너지로 변환되기 때문에 산업적으로 활용 가치가 높은 기술이다.

5) 전자기파를 이용한 해동

앞에서 살펴본 해동 방법은 열원으로부터 식품으로 전도 또는 대류의 형태로 열을 전달하는 방법으로, 식품은 표면부터 온도가 상승하기 시작하고 해동 면이 식품 내부로 진행되면서 해동이 이루어진다. 최근에 이보다 빠르고 효과적인 식품 해동 기술로는 전자기파electromagnetic wave에 의한 복사열 전달을 활용하는 기술들이 개발되고 있다. 전자기파는 주기적으로 세기가 변하는 전자기장이 공간 속으로 전파해 나가는 현상이다. 이러한 주기성으로 특정 전자기장은 고유의 파장(λ)과 진동수(ν) 영역을 갖는다. 여기에서 파장이란 전자기파의 연속적인 봉우리나 골 간의 거리로 수 nm에서 mm의 단위를 갖는다. 진동수는 주어진 시간에 일정한 점을 지나는 파동 주기의 수로 주파수라고도 하며 단위로는 헤르츠(Hz)를 사용한다(그림 6-8).

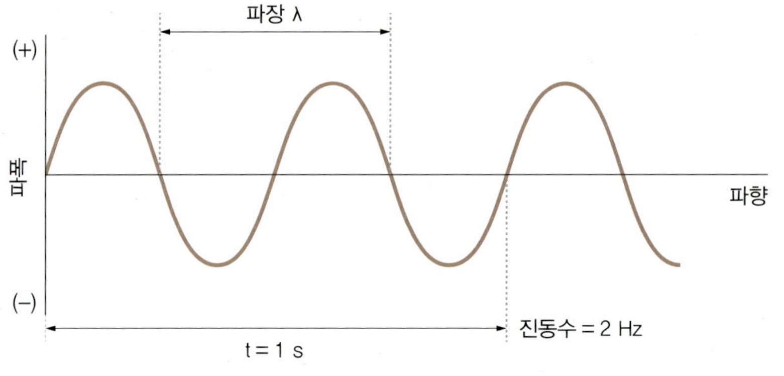

그림 6-8 전자기파의 파장과 진동수

사람이 눈으로 볼 수 있는 가시광선을 포함하여 전자기파는 모두 빛의 형태이다. 따라서 어떤 파동 형태의 전자기파가 공간에서 움직이는 속도는 파장에 진동수를 곱하여 구할 수 있으며, 그 속도는 빛의 속도($c = 3.0 \times 10^8$ m/s)에 해당한다.

$$\lambda \cdot \nu = c$$

전자기파의 파장과 진동수는 서로 역비례 관계에 있으며, 이를 통해 전자기파를 그림

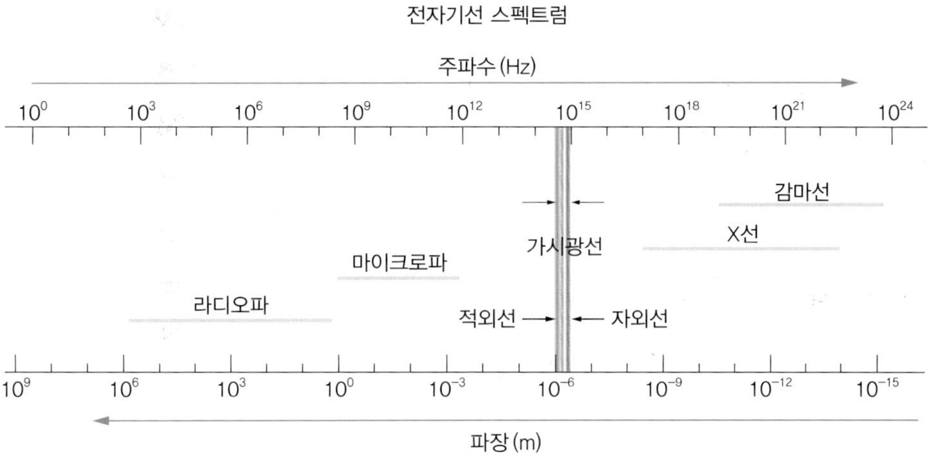

그림 6-9 주파수와 파장에 따른 전자기장의 분류

6-9와 같이 분류할 수 있다. 실제로 가시광선은 파장이 400~700 nm이기 때문에 사람이 눈으로 감지할 수 있는 빛은 전체 스펙트럼에서 아주 일부분에 해당한다.

전자기파는 종류에 따라 상이한 에너지를 보유하는데, 실제로 전자기파의 에너지는 진동수에 비례하고 파장에 반비례하는 특성이 있다. 플랑크 상수($h=6.626\times10^{-34}$ J·s)를 적용하였을 때, 전자기파의 에너지 수준은 다음과 같이 표현된다.

$$E=h\cdot\nu=\frac{h\cdot c}{\lambda}$$

파동은 반사, 굴절 및 투과하는 특성이 있다. 특히 용액을 쉽게 투과할 수 있으므로 식품의 내부에 열을 직접적으로 전달해 줄 수 있다. 이는 가열 시간을 단축시키는 데 매우 중요하다. 기존의 전도나 대류 방식의 열전달에서는 반드시 식품의 표면을 통해 열이 이동되어야 하기 때문에 중심부가 원하는 온도에 도달하기까지 시간이 걸리는 반면, 식품의 내부에서 발열이 개시되면 그만큼 가열 시간을 단축시키므로(그림 6-10) 식품의 영양학적, 이화학적 품질 저하를 크게 개선할 수 있다.

현재 전자기파는 식품의 가열 목적으로 사용되고 있으며, 식품에 사용되는 대표적인 전자기파는 마이크로파와 적외선이다. 최근에는 이를 해동에 활용하기 위한 연구가 시도되고 있으며, 마이크로파를 사용하는 전자레인지는 가정에서도 냉동식품을 해동하는 데 널리 사용하고 있다.

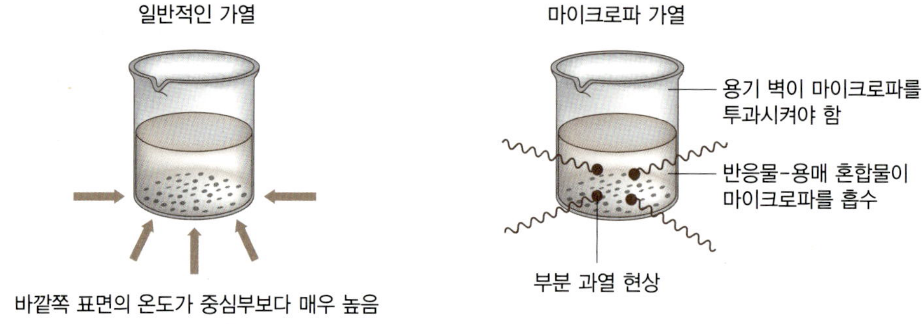

그림 6-10 전도와 복사 열전달 과정에서 열의 이동 경로

(1) 라디오파 해동

최근 들어 라디오파를 이용하여 장기 보관된 원료 농·축·수산물을 해동하는 연구가 활발하게 진행되고 있으며, 일부 라디오파 해동기는 실용화되어 사용하고 있다. 라디오파는 주파수 10 kHz에서 300 kHz에 이르는 교류이고, 라디오파보다 주파수가 커지면 마이크로파 또는 초고주파, 극초단파 등으로 부른다. 마이크로파를 이용한 전자레인지의 경우 조리에는 효과적이지만, 해동에서는 불균일 해동이나 부분가열로 식재료의 품질 저하를 가져오는 경우가 많다. 따라서 침투 깊이가 깊고 상대적으로 안전한 13.56 MHz, 27.12 MHz 및 40.68 MHz의 라디오파가 냉동식품의 해동에 이용된다. 마이크로파보다 상대적으로 주파수가 낮은 라디오파에서는 이온 변위ionic displacement가 활발하게 진행되어 침투 깊이를 깊게 하고, 특정 부분이 과열run away heating되는 현상을 방지할 수 있다. 라디오파 해동radio frequency thawing의 특성상, 가정용보다는 식품의 크기가 큰 산업용으로 많이 이용되고 있다. 라디오파의 발열량 Q는 다음 공식에 의하여 계산할 수 있다.

$$Q = k\frac{W}{\rho}\ Z \cdot v \cdot V_F{}^2 \frac{t}{d^2}$$

여기에서 k는 상수, W는 식품의 중량(kg), ρ는 식품의 밀도(kg/m³), Z는 식품의 발열계수($\varepsilon \cdot \tan\delta$), v는 전극 간의 주파수, V_F는 식품에 가해지는 전기장(V/m), t는 시간(s), d는 전극 간의 거리(m)를 의미한다.

라디오파의 발열량 공식에 의하면, 주파수가 높아질수록 발열량은 많아져서 빠른 해동이 가능하지만 침투 깊이는 상대적으로 낮아지므로 식품의 크기와 중량을 고려하여 적정 주파수를 선택해야 한다. 식품에 가해지는 전기장은 해동기의 출력(50~400 W)을 조절하여 해동 속도를 조절할 수 있다. 해동기의 출력과 주파수를 적절하게 제어하면 냉동 육류의 경우 라디오파 해동이 일반 해동보다 85배나 빠르게 해동할 수 있다는 보고가 있다.

라디오파 해동 시스템은 라디오파 발생기, 라디오파를 식품에 전달하기 위한 상하 전극, 컨베이어 벨트로 구성되어 있다(그림 6-11). 상하 전극 간의 간격은 라디오파 에너지를 식품에 전파하는 데 중요한 역할을 하는데, 전극 간의 간격이 좁으면 빠른 해동은 가능하지만 표면과 중심부의 해동이 불균일할 수 있으므로 냉동식품의 높이에 따라 적절하게 조절되어야 한다. 컨베이어 벨트는 연속식 라디오파 해동 시 생산 효율을 증대시킬 수 있으며, 컨베이어 벨트의 진행 방향을 전후로 조절하여 반복적인 해동이 가능하다. 매년 많은 양의 농·축·수산물이 장기 저장 및 수급 조절을 위하여 냉동 보관되고 있는 현실을 고려하면 최적의 라디오파 해동 기술 개발을 위하여 많은 연구가 요구된다.

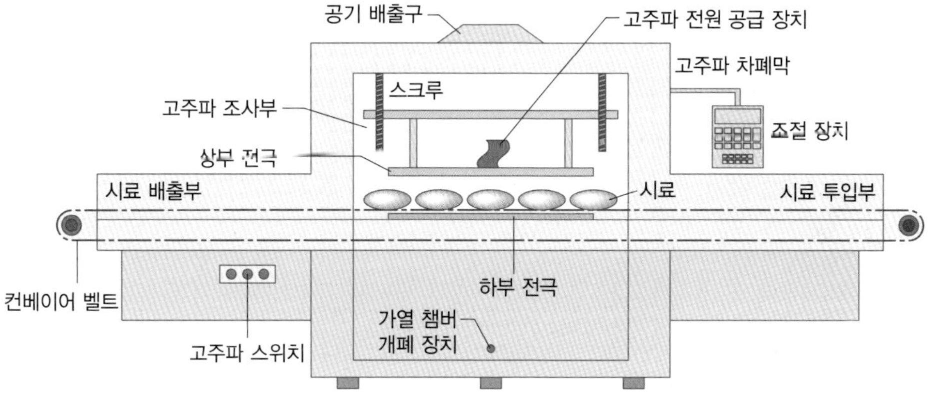

그림 6-11 라디오파 식품 해동 시스템

자료 : Huang, Z., Marra, F. Subbiah, J., Wang, S. Computer simulation for improving radio frequency (RF) heating uniformity of food products: a review. *Critical Reviews in Food Science and Nutrition*, *58*, 1033-1057. (2017)

(2) 마이크로파 해동

전자레인지를 이용한 식품 가공은 마이크로파를 이용하여 식품의 가열, 조리, 살균, 건조 및 해동 등 다양한 분야에 활용한 것이다. 전자레인지를 이용한 식품 가열의 장점은 표면과 내부의 온도가 동시에 올라가고 급속히 가열된다는 점이다. 식품 가공에 쓰이는 전자레인지의 주파수는 2,450 MHz와 915 MHz가 표준으로 사용되는데, 2,450 MHz는 교류 전류의 방향이 초당 24억 5,000만 번 바뀐다는 의미이다. 마이크로파가 식품에 가

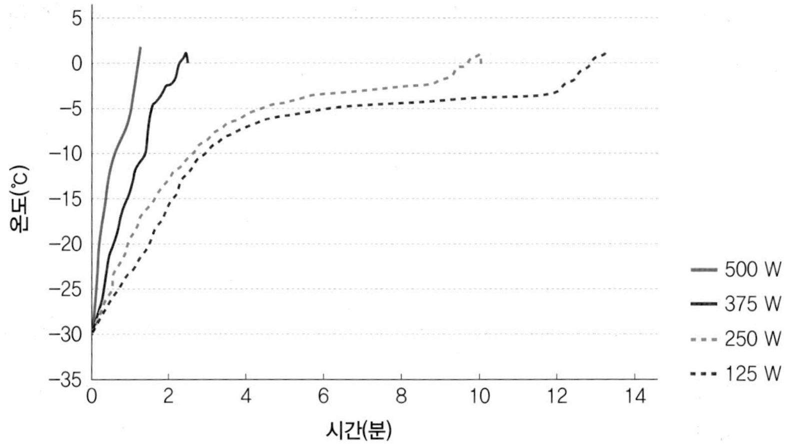

그림 6-12 마이크로파 출력 강도에 따른 냉동 돈육의 해동 속도

해지면 식품 내의 수많은 물 분자들이 매우 빠르게 진동하며 마찰열을 발생시켜서 온도가 급격하게 상승되게 된다(그림 6-12).

마이크로파 가열에서 2,450 MHz는 일반 가정용 전자레인지에 널리 사용되며, 915 MHz는 산업용 전자레인지에 주로 사용된다. 이는 주파수에 따라 마이크로파의 침투 깊이가 다르기 때문인데, 2,450 MHz의 높은 주파수는 빠른 가열이 가능하지만 침투 깊이가 3~6 cm로 제한되어 크기가 작은 식품의 해동에만 적용할 수 있다. 반면에, 산업용 해동기와 같이 부피가 큰 냉동식품을 해동시키는 경우에는 상대적으로 낮은 915 MHz 주파수를 사용하는 것이 침투 깊이를 증대시켜 중심부까지 균일하게 해동시킬 수 있다.

마이크로파는 가장 빠른 식품의 가열 기술로 여겨진다. 따라서 식품의 해동 기술 중에서도 가장 빠른 해동 기술이며, 드립 발생을 억제하고 해동 과정에서 발생하는 식품 품질 변화를 최소화시킬 수 있는 장점이 있다. 또한, 포장된 상태로 해동 및 조리가 가능하기 때문에 가장 간편한 해동 방법이다. 그러나 지나치게 빠른 해동은 오히려 불균일한 해동을 초래할 수 있다. 즉, 식품의 일부는 여전히 얼어 있는데 일부는 과열overheating되는 열폭주 현상thermal runaway이 발생하는 단점이 있다. 이러한 경우 식품은 다량의 수분 손실이 발생하며 열화학적 품질 손상도 생긴다. 물 분자의 진동에 의한 발열은 얼음 상태에서는 효과가 미약하기 때문에 냉동식품의 내부로부터 열이 발생하지 않고 표면부터 가열이 개시된다. 따라서 마이크로파를 효과적인 해동 기술로 사용하기 위하여 냉동식품의 온도를 균일하게 해동할 수 있는 방법이 함께 고려되어야 하며, 최근에는 해동 과정 중 내부

그림 6-13 마이크로파용 냉동식품(왼쪽)과 전용 포장 용기(오른쪽)
자료 : https://www.frozenfoodeurope.com/frozen-meals-business-helps-nestle-growth/(왼쪽); http://www.donovanbros.com/microwave-container-lid-650cc-250-p-1026.html(오른쪽)

온도를 제어할 수 있는 새로운 포장 기술과 재질에 대한 개발이 활발하게 진행되고 있다.

(3) 적외선 해동

적외선은 이미 식품의 효과적인 가열 기술로 산업적 측면에서 활용되고 있다. 적외선은 가시광선보다 긴 0.75 μm에서 1 mm 파장 범위에 속하는 전자기파이며, 3 μm 이하를 근적외선으로, 25 μm 이상을 원적외선으로 분류한다. 식품 가공에서 사용되는 적외선은 주로 근적외선에 해당한다. 적외선은 강한 열작용을 가지고 있으므로 열선이라고도 하며, 태양 등의 발열체로부터 전달되는 복사열의 대부분을 차지하고 있다. 따라서 적외선은 다량의 열을 식품 표면으로 전달하며, 표면적에 골고루 균일하게 가열할 수 있는 장점이 있다. 적외선은 마이크로파나 라디오파에 비하여 식품의 투과도가 매우 낮으며, 근

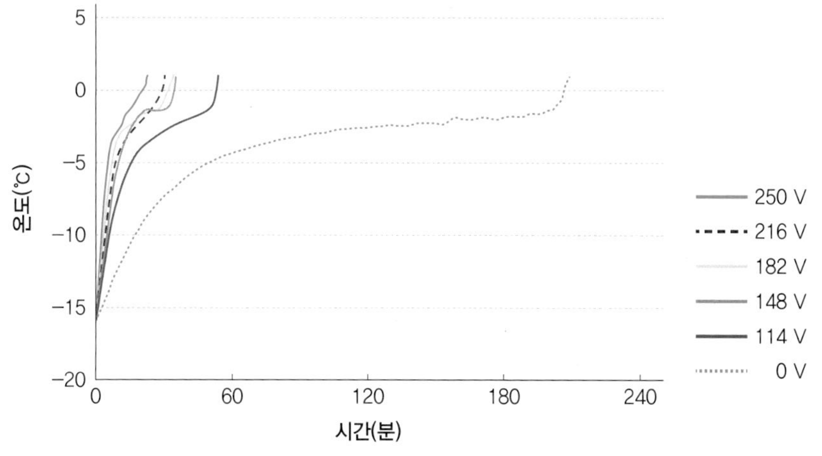

그림 6-14 적외선 조사 강도에 따른 냉동 돈육의 해동 속도

적외선의 경우는 1 μm의 투과도를 갖는다. 따라서 적외선 조사는 식품의 내부 발열 방식이 아닌 표면 발열 방식으로 활용된다. 적외선을 해동에 사용하는 경우에는 적외선 조사 강도에 따라 해동 속도를 조절할 수 있다(그림 6-14). 그러나 적외선 강도를 높이면 식품의 표면 과열을 초래하며, 특히 마이크로파와 비교해 볼 때 과열되는 표면적이 매우 넓기 때문에 오히려 해동 과정에서 드립의 발생을 증가시키고 식품의 품질을 떨어뜨릴 수 있다. 이는 시간에 따라 적외선의 복사열이 급격하게 증가하기 때문에 발생한다.

6) 초음파 해동

음파가 갖는 에너지를 식품의 해동에 활용하고자 하는 시도는 이미 1950년대부터 있어 왔지만, 현재까지는 음파의 낮은 식품 투과율, 부분 가열, 매우 높은 출력의 요구 등으로 인해 해동 기술로서의 활용에는 부정적인 평가를 받고 있다. 최근에 초음파를 이용하여 식품의 해동 시간을 단축할 수 있다는 연구 결과를 일부 연구 문헌에서 소개하고 있다. 초음파란 주파수가 20 kHz 이상인 음파를 의미한다. 파장이 10 cm에서 수 μm 범위이기 때문에 수중에서는 멀리 전파하며 지향성(한 방향으로만 전파하려는 특성)이 뛰어나다. 반면에 공기 중에서는 쉽게 감쇠하기 때문에 초음파 해동ultrasound thawing은 반드시 침지 해동과 병행하여 사용한다.

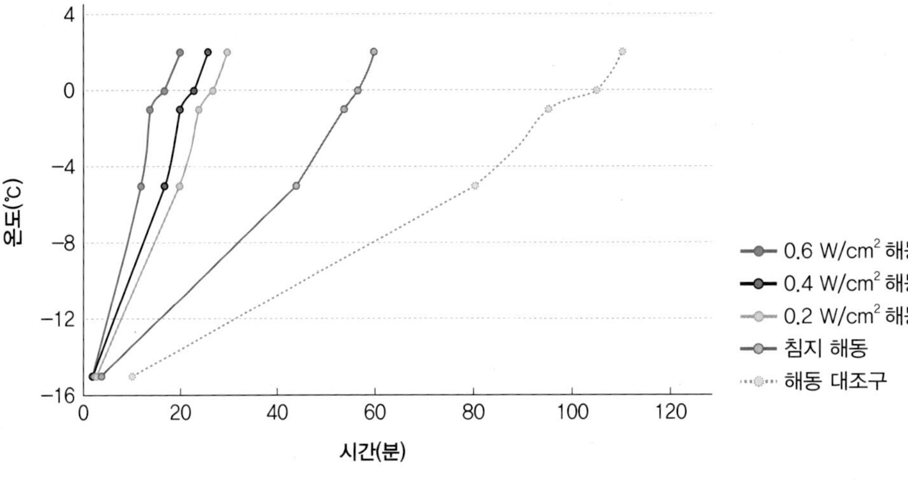

그림 6-15 초음파(25 kHz) 출력별 냉동 돈육의 해동 속도 변화

자료 : Gambuteanu, C., & Alexe, P. (2015). Comparison of thawing assisted by low-intensity ultrasound on technological properties of pork *Longissimus dorsi* muscle. *Journal of Food Science and Technology*, 52(4), 2130–2138.

초음파가 물속에 전파되는 과정에서는 초음파에 의한 물의 감압과 가압 과정이 1초에 2만 번(20 kHz의 경우) 발생하며, 이 과정에서 미세한 기포가 형성되었다가 사라지는 공동 현상cavitation이 나타난다. 이러한 공동 현상에 의하여 큰 압력과 고온이 순간적으로 발생했다가 사라짐을 반복하므로 초음파 해동은 침지 해동보다 해동 속도가 빠르기 때문에 드립 발생을 현저하게 줄일 수 있다고 보고되고 있다. 그러나 공동 현상은 식품 표면을 과열시킬 수 있고, 이는 식품의 품질 저하를 초래하기 때문에 초음파 해동을 사용하기 위해서는 해당 식품에 적합한 주파수와 출력의 사용이 요구된다.

7) 초고압 해동

식품 가공에서 초고압 처리는 200~600 MPa의 압력을 사용하는데, 미생물의 살균 및 멸균, 단백질 변성, 효소 활성의 변화 및 물성 변화 등을 통하여 식품의 저장 및 기능성 증진에 다양하게 적용하고 있다. 제5장에서 살펴본 바와 같이 초고압 처리는 온도와 압력에 따른 물의 어는점 내림에 의하여 냉동 기술 및 해동 기술로 적용할 수 있다. 특히, 냉동 기술로서 초고압 처리는 산업적 응용 측면에서 제한적인 반면에, 해동에서는 압력 유체의 냉각이 필요하지 않기 때문에 쉽게 적용할 수 있다. 압력이 증가하면 식품의 열전도도가 증가하는 반면, 식품의 비열은 감소하기 때문에 대기압과 비교하여 빠른 열전달이 가능하다. 그림 6-16과 같이 초고압 해동high pressure thawing 과정은 냉동식품을 초고압 장비에 넣은 후 200 MPa까지 가압(A→B)하면, 고압 상태에서 식품의 온도가 상변화 곡선을 빠르게 통과한 후 해동(B→C)되는 과정을 거쳐 해동이 종료되면 대기압 상태로 압력을 해제한다(C→D).

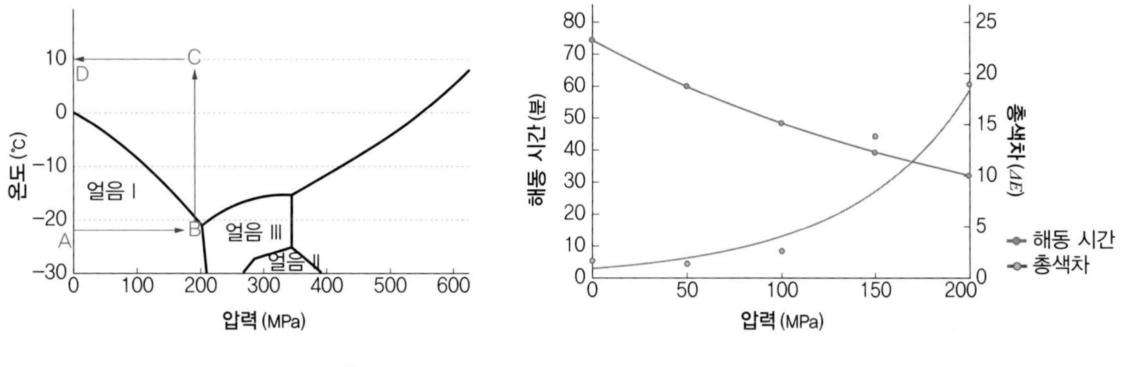

그림 6-16 초고압 해동 과정(왼쪽)과 압력별 해동 속도(오른쪽)

초고압에 의한 해동은 해동 시간을 일반적인 공기 해동보다 최대 1/3까지 단축시킬 수 있지만, 압력 때문에 식품에 이화학적 특성의 변화가 발생할 수 있다. 대표적으로 단백질 식품에서 조직감 변화가 발생할 수 있는데, 경우에 따라서는 긍정적인 변화로 여겨질 수도 있다. 식육이나 생선에서 변형된 조직감이 관능적 특성을 향상시킨다는 보고가 있으며, 보수력이 향상되어 드립 발생을 억제한다는 연구 결과도 보고되고 있다. 또한, 압력은 식품의 기하학적 위치에 상관없이 일정하게 가해지므로 해동 속도는 식품의 크기나 초기 온도에 영향을 받지 않고 압력의 크기와 가압 시간에만 영향을 받기 때문에 산업적으로 대량의 식품을 해동하는 데 매우 우수한 기술이다.

8) 포화수증기 해동

물의 증발 잠열은 540 kcal/kg로, 상당히 높은 에너지 수준을 보인다. 이러한 잠열을 활용할 수 있으면 그에 따른 에너지 절감 효과가 매우 클 것으로 예상된다. 이를 실현하는 방법으로 최근 포화수증기를 활용한 해동 기술이 소개되었다. 이 기술은 해동 장치 내부에 포화수증기를 주입하면 고온의 수증기가 쉽게 찬 냉동식품 표면에 응축하게 되고, 이 과정에서 응축 잠열을 식품 표면으로 방출하게 된다. 경우에 따라서는 포화수증기 대신 미세 분사atomization를 통해 수분을 직접 분사하기도 한다. 실제로 포화수증기에 의한 해동 효과에 대하여 상세한 연구가 실시되지는 않았지만, 포화수증기 해동saturated vapor thawing 기술에서 식품의 품질은 온도와 습도의 정밀 제어에 의하여 결정된다고 볼 수 있다.

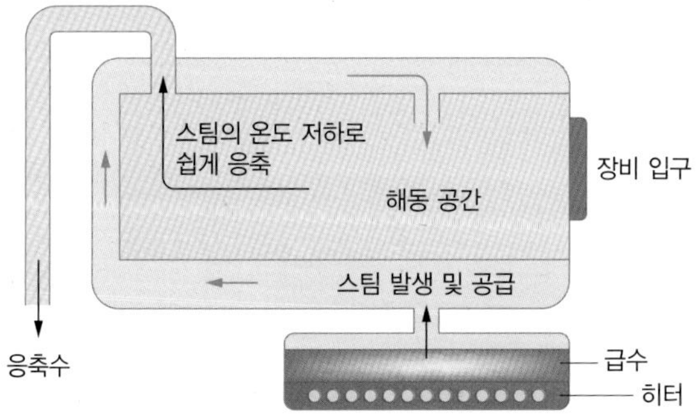

그림 6-17 포화수증기 해동 장비

단원 요약

- 이상적인 해동이란 식품의 품질이 냉동 이전 상태로 복원되는 것이지만, 실제로는 이상적인 해동은 이루어지지 않는다.
- 조직이 손상된 식품에서 발생한 드립은 해동 과정 중 다시 조직으로 재흡수되지 않기 때문에 외형적 복원을 실현하기 어렵다.
- 드립이란 해동 과정에서 식품으로부터 유출되는 액상 성분으로, 유출액 드립과 압출액 드립으로 구별된다.
- 해동은 최종 식품의 품온에 따라 완전 해동과 반해동으로 나뉜다. 크기가 작은 식품은 해동이 필요없으며, 재구성 제품은 해동해서는 안 된다.
- 해동 과정의 대부분은 얼음이 물로 상태가 전환되는 단계가 차지하며, 이 기간이 길어질수록 재결정화에 의한 조직 손상이 커진다.
- 해동은 외부 열이 식품의 표면을 통해 전달되어야 하며, 이 과정에서 열전도도가 낮은 해동층을 통과해야 하기 때문에 냉동 시간보다 길어진다.
- 식품의 해동은 최대한 저온에서 빠르게 이루어져야 식품의 품질 저하를 최소화할 수 있다.
- 공기 해동은 간편하지만 가장 느린 해동 방법이다. 침지 해동은 열전달 계수를 증가시켜 급속 해동을 할 수 있다.
- 접촉식 해동은 전도열 전달에 의한 해동 방법으로 해동이 빠르고 균일하다. 반면에 오믹 해동은 냉동식품에서 전기 저항열을 발생시켜 빠르게 해동하는 방법이다.
- 전자기파 해동에는 라디오파, 마이크로파, 적외선 등이 주로 사용되며, 식품의 내부를 가열시켜 빠르게 온도를 상승시키지만 해동 과정에서는 이러한 내부 발열 효과가 떨어진다.
- 초음파 해동은 매질로 물이 필요하여 침지 해동과 병행하여 사용된다.
- 초고압 해동은 압력과 온도에 따른 물의 상변화를 활용하는 방법으로, 압력하에서 융해 잠열을 낮춰 해동 시간을 단축시킨다.
- 포화수증기 해동은 포화수증기로부터 응축 잠열을 식품에 전달하여 해동 속도를 높인다.

연습문제

1 냉동식품의 해동 복원에 대한 설명으로 옳지 않은 것을 고르시오.

① 해동은 냉동식품을 냉동 전 상태로 복원시키는 과정이다.

② 이상적인 해동이란 냉동 전 신선한 상태로 복원하는 것이다.

③ 이상적인 해동은 단백질 변성에 의해 이루어진다.

④ 냉동 저장 기간이 길수록 복원은 잘 이루어지지 않는다.

2 드립에 대한 설명으로 옳은 것을 고르시오.

① 해동 과정 중 식품에서 유출되는 액상 성분을 말한다.

② 저장 과정 중 식품 표면에서 승화된 수분 함량을 말한다.

③ 냉동 과정 중 변성된 단백질의 정도를 말한다.

④ 냉동 과정에서 효소가 유지하는 안정성의 정도를 말한다.

3 압출 드립의 측정 시 압력의 정도를 고르시오.

① 0.1~0.2 kg/cm^2　　② 1~2 kg/cm^2

③ 5~10 kg/cm^2　　④ 10~20 kg/cm^2

4 드립에 의한 냉동식품의 변화 중 옳지 않은 것을 고르시오.

① 식품의 색도 강화　　② 외관이 나빠짐

③ 금전적 손실　　④ 영양학적 손실

5 다음 중 드립에 의해 손실되는 성분이 아닌 것을 고르시오.

① 맛과 향미　　② 무기물　　③ 단백질　　④ 지질

6 다음 중 드립 발생량이 가장 많은 것을 고르시오.

① 급속 냉동 ② 저온 저장
③ 큰 온도 변동 ④ 짧은 저장 기간

7 육제품의 경우 드립 발생을 억제하기 위한 방법으로 틀린 것을 고르시오.

① 냉동 저장 온도를 낮게 한다.
② 육제품의 경우 소금이나 인산염을 첨가한다.
③ 냉동 저장 온도의 변동을 작게 한다.
④ 해동을 느리게 한다.

8 다음 중 해동에 대한 설명으로 틀린 것을 고르시오.

① 완전 해동의 종료 온도는 식품의 초기 어는점 이상이다.
② 반해동은 해동 후 저장이 필요한 경우에 한다.
③ 작게 세절한 식품은 조리 전 해동하지 않아도 된다.
④ 모든 냉동식품은 해동해야 한다.

9 다음 중 해동해서는 안 되는 식품을 고르시오.

① 냉동 수리미 ② 개별 급속 동결한 딸기
③ 냉동 떡 ④ 냉동 고기

10 반해동의 종료 온도로 옳은 것을 고르시오.

① 어는점 이상 ② 0°C 이상 ③ -3°C 내외 ④ -10°C 내외

11 **다음 중 해동에 대한 설명으로 옳은 것을 고르시오.**

① 해동은 냉동 과정보다 빠르게 이루어진다.

② 얼음은 물보다 열전도도가 높아 해동이 느리게 이루어진다.

③ 해동은 식품의 중심부에서 시작하기 때문에 냉동보다 빠르다.

④ 얼음과 물의 열적 특성 때문에 해동은 냉동보다 느리다.

12 **해동 과정에서 발생하는 식품의 변화로 옳은 것을 고르시오.**

① 해동 시간이 길면 드립이 재흡수되어 조직이 복원된다.

② 단백질 변성이 적으면 드립 발생량이 적다.

③ 해동은 고온에서 이루어지기 때문에 재결정화가 일어나지 않는다.

④ 드립은 미생물의 생육을 억제한다.

13 **해동 속도를 높이기 위한 방법으로 옳은 것을 고르시오.**

① 식품의 크기를 크게 함

② 해동 온도를 높임

③ 물보다는 공기에서 해동시킴

④ 식품을 덩어리 형태로 함

14 **다음 중 해동 속도가 빠른 순서대로 옳게 나열된 것을 고르시오.**

① 마이크로파 해동 > 초음파 해동 > 침지식 해동 > 공기 해동

② 침지식 해동 > 마이크로파 해동 > 초음파 해동 > 공기 해동

③ 공기 해동 > 침지식 해동 > 마이크로파 해동 > 초음파 해동

④ 초음파 해동 > 침지식 해동 > 공기 해동 > 마이크로파 해동

15 **공기 해동에서 가장 적당한 공기의 온도를 고르시오.**

① 10~20°C ② 40~60°C ③ 70~80°C ④ 90 ~100°C

16 다음 중 해동에 사용하는 전자기파가 아닌 것을 고르시오.

① 마이크로파　② 라디오파　③ 자외선　④ 적외선

17 전자기파 해동에서 주요 열전달 형태를 고르시오.

① 전도　② 대류　③ 복사　④ 기화

18 전자기파 해동에서 발생하는 주요 문제점이 아닌 것을 고르시오.

① 지나치게 빠른 해동 속도로 인한 불균일한 해동

② 표면 과열 현상

③ 해동 후반부에 온도 제어가 어려움

④ 느린 해동 속도

19 초고압 해동의 특성으로 틀린 설명을 고르시오.

① 압력이 증가하면 잠열이 감소하여 해동 속도가 빠르다.

② 압력의 해제에 의하여 해동이 순간적으로 발생한다.

③ 압력이 증가하면 어는점이 강하하여 해동이 빠르게 이루어진다.

④ 단백질 식품은 해동 과정 중 물성이 변할 수 있다.

20 다음 중 잠열을 이용한 해동 방법을 고르시오.

① 공기 해동　② 포화수증기 해동

③ 초고압 해동　④ 라디오파 해동

7

주요 냉동식품

학/습/목/표

1. 냉동 과정에서 식육에 발생하는 문제점들을 살펴보고, 냉동 식육의 품질에 영향을 미치는 인자에 대해 이해한다.
2. 냉동 수산물의 제조 과정을 살펴보고, 냉동 수산물의 품질 변화 원인과 그 해결 방법을 이해한다.
3. 아이스크림의 제조 과정을 살펴보고, 원료들의 가공 특성에 대해 알아본다.
4. 냉동 HMR 제품의 제조 과정과 품질에 미치는 공정의 개선 방안을 이해한다.

지금까지 냉동의 원리에 대하여 살펴보았다. 냉동식품의 품질은 냉동 방법과 속도, 냉동 저장 기간 및 해동 방법 등에 영향을 받는다. 이러한 요인들은 식품의 종류에 따라 영향을 받는 정도가 각기 다르게 나타난다. 이는 식품의 종류별로 식품의 조성, 온도에 따른 이화학적 특성 변화, 제조 방법이 달라서 고유한 특성을 지니기 때문이다. 따라서 지금부터는 주요 냉동식품들의 품질에 영향을 미치는 요인들을 각론으로 알아보고, 이들 식품의 품질 저하를 억제할 수 있는 방법에 대하여 살펴보기로 한다.

1. 냉동육

1) 냉동 속도와 식육의 품질

지금까지 살펴본 냉동식품의 품질은 냉동 속도, 저장 온도 및 저장 기간 등에 의해 결정된다. 이러한 현상은 냉동 식육에서도 유사하게 관찰할 수 있다. 소고기 등심의 냉동 속도와 드립 발생량과의 관련성을 살펴보면 냉동 속도가 빠를수록 냉동, 해동 및 조리 과정에서 발생하는 드립의 함량이 감소하는 것을 알 수 있다. 이러한 드립의 감소는 식육의 연도tenderness에도 영향을 미치게 되는데, 관능검사를 통해 이들 식육의 연도를 비교해 본 결과 냉동 속도가 빠를수록 식육의 연도가 증가하는 경향을 보인다.

표 7-1 소고기 등심의 냉동 속도별 드립 발생량 및 연도의 변화

냉동 속도(cm/h)	% 중량 손실			조직감	연도	다즙성
	냉동	해동	가열			
대조구	-	-	36.32	7.0	6.8	7.0
0.22	2.83	0.78	38.41	7.0	6.0	6.7
0.39	2.58	0.72	38.00	7.0	6.5	7.0
3.33	1.15	1.21	37.47	7.0	7.5	7.5
3.95	1.05	0.18	37.24	7.0	8.0	8.0
4.92	0.87	0.10	37.15	7.0	8.5	8.5
5.66	0.63	0.03	37.14	6.0	7.0	7.3

* 조직감(1 : 매우 거칠음, 7 : 매우 좋음)
연도(1 : 매우 단단함, 9 : 매우 부드러움)
다즙성(1 : 매우 건조, 9 : 매우 촉촉함)

자 료 : Petrovic, L., Grujic, R. and Petrovic, M., Definition of the optimal freezing rate-2. Investigations of the physico-chemical properties of beef *M. longissimus* dorsi frozen at different freezing rates. *Meat Science 33*: 319-331 (1993)

냉동 식육의 품질은 냉동 저장 기간에 의해서도 영향을 받을 수 있다. 표 7-2와 같이 다양한 냉동 조건에서 동결시킨 양고기 등심을 각각 2일과 2.5개월 냉동 저장해 본 결과, 저장 기간이 길어지면 드립 손실이 크게 증가함을 관찰할 수 있다. 반면에 극저온 냉동으로 식육을 빠르게 냉동시키면 2.5개월 이후에도 일반 공랭식 냉동 처리한 식육보다 드립 발생량이 2% 이상 낮은 결과를 보여 준다.

표 7-2 양고기 등심 77.6 g의 냉동 조건 및 저장 기간별 드립 발생량

동결 방법	-2.2°C가 되는 데 걸리는 시간	냉동 속도(cm/h)	-20°C에서 저장 시	
			2일 후 중량 감소 (%)	2.5개월 후 중량 감소 (%)
극저온 냉동(-90°C)	15분	6.4	3.34	9.49
극저온 냉동(-65°C)	22분	4.4	4.70	9.72
송풍식 냉동(-21°C)	1.83시간	0.55	5.53	12.74
공랭식 냉동(-21°C)	1.88시간	0.53	4.71	13.18

반면 일부 연구 문헌에서는 냉동 속도에 따른 식육의 품질에 차이가 없다고 보고하고 있다. 이는 실제 냉동 식육의 품질에 미치는 인자가 매우 복잡하기 때문이다. 냉동 전 장기간 냉장 숙성한 식육을 냉동하거나 냉동 저장 기간이 매우 짧은 경우(1주일 이내) 냉동 속도에 의한 식육의 품질 저하가 잘 관찰되지 않는 경향을 보인다(그림 7-1). 냉동 속도는 지육 및 정육 상태에서의 크기에 의해서도 많이 좌우되기 때문에, 냉동고의 온도, 식육의 크기, 강직 정도 등 냉동육 품질에 미치는 영향을 종합적으로 고려하여야 한다.

냉동 저장은 일반적으로 1년 이상의 장기 저장을 목표로 한다. 그러나 식육은 축종 및

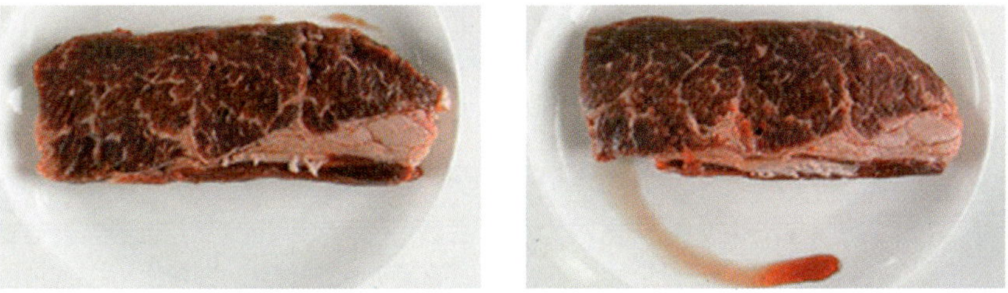

급속 냉동 후 해동　　　완만 냉동 후 해동

그림 7-1 급속 냉동과 완만 냉동으로 냉동 속도를 달리한 소고기의 해동 후 형태

자료 : https://www.hitachiconsumer.com/sg/products/refrigerators/made-in-japan/r-s42ems.html

부위에 따라 저장 기간이 상이하며, 동일한 축종이라도 저장 온도, 세절 및 초기 오염 정도에 따라 최대 저장 기간에는 큰 차이를 보인다(표 7-3).

표 7-3 **저장 온도에 따른 축종별 최대 저장 기간**

축종	저장 온도			
	−12℃	−18℃	−23℃	−29℃
소고기	3~5개월	5~7개월	12개월	12개월 이상
소고기(분쇄)	2~4개월	3~5개월	7~9개월	12개월 이상
양고기	2~4개월	5~7개월	12개월	12개월 이상
돼지고기	1~3개월	3~5개월	7~9개월	9~11개월
소간(liver)	2개월 미만	2개월 미만	-	-

2) 냉동 저장 중 식육의 품질 변화

(1) 미생물과 기생충

냉동 저장 과정에서는 미생물의 증식이 억제되기 때문에 미생물에 의한 품질 저하는 크게 문제되지 않는다. 반면에 일부 곰팡이의 성장은 발생할 수 있다. 일반적으로 저온에서 증식이 가능한 미생물로는 *Thamnidium*, *Mucor*, *Rhizopus* 등이 있지만 이들도 냉동 저장 중에는 증식이 어렵다. 반면 냉동 식육에서는 *Cladosporium*, *Penicillium*, *Monillia*, *Aspergillus*가 성장할 수 있으므로 곰팡이의 증식을 억제하기 위해서는 냉동 저장 중 온도와 상대 습도의 조절이 매우 중요하다.

식육에 존재하는 기생충은 냉동 과정에서 사멸할 수 있는데, 사멸 정도는 식육의 냉동 저장 온도, 저장 기간 및 식육의 크기에 따라 다르다(표 7-4).

표 7-4 **저장 온도와 식육 두께에 따른 기생충 사멸 시간**

저장 온도(℃)	두께(15 cm)	두께(68 cm)
-15	20일	30일
-23.3	10일	20일
-29	6일	16일

(2) 표면 건조

식육은 냉동 저장 과정에서 승화에 의해 수분 손실이 발생한다. 수분 손실 정도는 저장 온도, 습도 및 냉동고 내부 공기의 유속 등에 영향을 받을 수 있고, 식육의 종류와 부위에 따라 수분과 지질 함량이 차이 나기 때문에 건조 속도는 다르게 나타난다. 또한, 식육의 크기에 따른 건조가 발생할 수 있다. 이러한 표면 건조는 식육의 중량 손실을 초래하기 때문에 경제적 손실로 이어지며, 앞에서 설명한 바와 같이 냉동변색freezer burn 현상 등의 변색이나 흑색 반점의 형성 등 표면의 변색을 초래하여 상품 가치를 떨어뜨린다. 건조면의 식육 단백질은 심한 변성을 일으키기 때문에 보수력을 상실하게 되고 다량의 드립 손실도 발생한다. 식육을 수분 투과성이 낮은 포장재로 진공 포장하고, 냉동고 내부의 습도를 조절하고 온도 변동을 최소화하면 식육의 표면 건조를 억제할 수 있다.

(3) 지질 산화

일반적으로 저장 온도가 낮으면 지질의 산화 속도가 느리기 때문에 일반적으로 냉동 저장 과정에서의 지질 산화는 무시할 수 있다. 반면 건조된 표면에서는 식육 성분이 공기와 직접 접촉하기 때문에 산화가 발생할 수 있다. 냉동 저장 중 식육의 지질 산화에 영향을 미치는 주요 요인들은 다음과 같다.

- 축종 : 지질 함량이 높은 돼지고기는 소고기보다 지질 산화의 발생 가능성이 높다.
- 근육 부위 : 적색 근육은 백색 근육에 비해 지질 산화의 발생 가능성이 높다.
- 지질의 조성 : 불포화도가 높은 돼지고기나 가금육은 소고기나 양고기보다 쉽게 산화가 발생한다.
- 근육의 크기 : 세절한 식육은 덩어리 형태보다 쉽게 지질 산화가 발생한다.
- 저장 온도 : 저장 온도가 높을수록 지질 산화의 발생 가능성이 높다.
- 가공 정도 : 육가공 제품에 첨가하는 소금은 지질 산화를 촉진시킨다.

(4) 식육의 변색

식육의 대표적인 색소 단백질인 미오글로빈myoglobin은 산화에 의하여 갈변한다. 또한, 미생물에 의해 부패한 식육은 표면이 녹색으로 변색discoloration한다(그림 7-2). 식육의 냉동 저장 과정에서는 미생물에 의한 변색이 일어나지 않지만 산화에 의한 갈변은 뚜렷하게 발생한다. 이러한 갈변은 미오글로빈에 존재하는 철의 화학적 상태가 산화하면서 발생하는데, 산화형 색소 함량이 전체 색소의 46% 이상이 되면 육안으로도 갈변을 쉽게 구별할 수 있다. 식육의 색소는 소비자가 식육의 선도를 직접적으로 평가하는 가장 중요한

그림 7-2 식육의 색소 산화에 의한 갈변(왼쪽)과 미생물에 의한 변색(오른쪽)

척도이기 때문에 갈변의 억제가 필요하다. 식육의 갈변은 표면에서 시작하여 점차 갈변층이 식육 내부로 이동하게 된다. 특히, 저장 온도가 높을수록 갈변층의 두께는 증가하게 된다. 소고기를 1년간 저장한 경우 소고기 표면의 산화형 육색소 비율은 -12°C에서 80~90%에 이르지만 -34°C에서는 40~50%로 감소하며, 특히 -50°C 이하에서는 거의 환원형으로 존재하기 때문에 식육의 냉동 저장은 가급적 낮은 온도를 선택하는 것이 바람직하다.

(5) 드립 발생

냉동 식육의 품질 척도로 드립의 발생량이 사용된다. 드립은 냉동 식육의 해동 과정에서 발생하는데, 드립 중에는 다량의 수용성 단백질, 비타민과 무기물이 함유되어 있기 때문에 식육의 영양학적 손실과 더불어 품질도 저하된다. 식육의 드립 발생량에 영향을 미치는 요인은 다음과 같다.

- 식육의 형태 : 크기, 세절 방향, 부피 대 중량 비율
- 식육의 보수력 : 냉동 속도, 얼음 결정의 크기
- 냉동 전 숙성 기간

일반적으로 냉동식품의 원료는 신선할수록 품질이 우수하다고 평가되지만, 식육의 경우 숙성 과정을 거치면 냉·해동에 의한 품질 변화를 억제할 수 있다.

(6) 연도와 다즙성

식육의 연도는 숙성 과정 중 단백질가수분해효소의 작용으로 향상된다. 냉동 식육은 식육의 냉동 개시 시점의 식육 상태가 연도에 영향을 미친다. 일반적으로 도축 직후의 식육을 냉동시키면 해동 후 매우 질겨지는 해동 강직thaw rigor 현상이 일어나며, 다량의 드

립을 방출하여 다즙성juiciness이 떨어지게 된다. 해동 강직은 도축 직후 근육에 글리코겐glycogen과 아데노신삼인산adenosine triphosphate, ATP이 존재하는 상황에서 냉동을 하였다가 해동하는 과정에서 근육 중 이들의 소비가 급격하게 이루어지면서 최대 강직 상태에 도달하는 현상이다. 해동 강직으로 식육은 60% 이상 수축하는데, 심한 경우 80%까지 수축된 사례도 보고되어 있다(그림 7-3). 이를 피하기 위하여 식육의 냉동은 도축 직후의 신선 상태보다는 일정 시간 경과 후 최대 강직이 발생한 이후에 시행해야 한다.

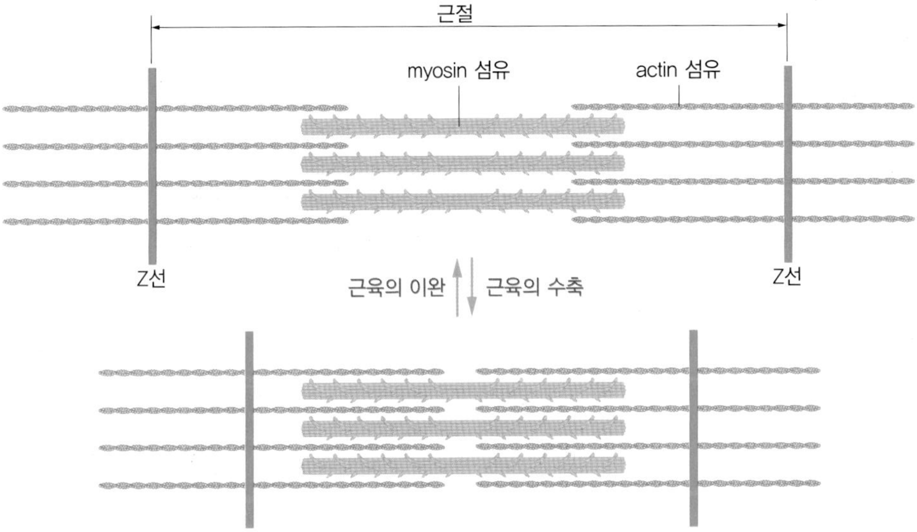

그림 7-3 근육 미세 구조의 수축 현상

3) 냉동 식육의 품질에 영향을 미치는 요인

(1) 식육의 상태

식육은 사후 근육 중 글리코겐 함량이나 유전적 요인으로 인하여 정상적인 식육과는 다른 형태의 성상을 보이는 경우가 있다. 대표적인 현상으로는 PSE(pale, soft, exudative)와 DFD(dark, firm, dry)의 상반된 경우가 있다. PSE는 사후 근육의 비정상적인 해당 과정으로 인하여 급격하게 pH가 저하되어 근육 단백질이 손상을 입은 결과로 보수력을 크게 잃어버린 식육인 반면에, DFD는 사후 pH가 높게 유지되어 보수력은 매우 높지만 그 결과 식육이 검붉은색을 띤다(그림 7-4).

PSE는 주로 돼지고기에서 발생하고 DFD는 소고기에서 주로 발생하는 현상으로 알려

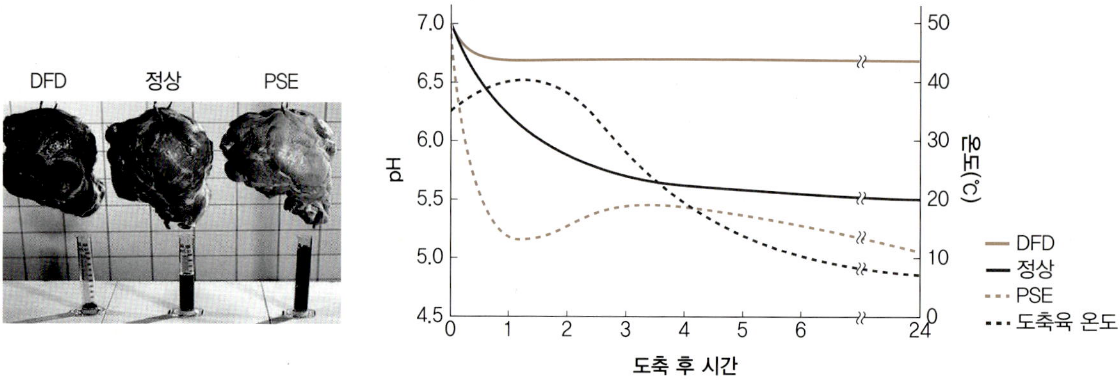

그림 7-4 이상육의 외형(왼쪽)과 도축 후 생화학적 변화(오른쪽)

져 있지만, 동일한 가금육에서 두 가지 현상이 동시에 발생하는 경우도 있다. DFD는 보수력이 우수하기 때문에 냉동에 의한 드립 발생이 정상 식육보다 적은 반면, PSE 식육은 그 자체가 보수력이 떨어지기 때문에 냉동 과정에서 큰 조직 손상을 입을 수 있다(표 7-5).

표 7-5 식육의 상태에 따른 드립 발생량

상태	냉동 전			해동 후		
	샘플 수	평균(%)	표준오차	샘플 수	평균(%)	표준오차
PSE	23	4.55	0.65	25	14.81	0.62
정상	20	1.89	0.70	21	10.26	0.68
DFD	22	1.48	0.67	33	3.74	0.54

(2) 사후 숙성 정도

도축 직후 근육 내부에서는 도축 전과 동일한 생화학적 반응이 일어나고 있지만, ATP가 소모되면 근원섬유를 이루고 있는 액틴actin과 미오신myosin이 단단한 복합체를 형성하면서 최대 강직 상태rigor mortis에 도달하게 된다. 반면 해당 과정으로 근육 내에 젖산lactic acid이 축적되면서 근육의 pH가 떨어지게 되므로 가수분해효소들의 작용이 개시된다. 이로 인해 근원섬유 구조가 파괴되고 식육의 연도는 향상된다. 앞서 해동 강직 현상에서 살펴보았듯이 근육을 강직 전pre-rigor 냉동 처리하면 해동 과정에서 급격한 강직이 이루어지면서 식육은 매우 질긴 상태가 된다. 반면에 강직 후post-rigor 냉동 처리하면 숙성 기간이 증가할수록 냉동에 의한 식육의 드립 발생이나 연도 변화가 억제되는 효과를 얻을 수 있다. 숙성 과정에서 근육이 미생물에 오염될 수도 있는데, 이러한 식육을 냉동하면 해동 과정에서 미생물이 급격하게 증식할 수 있으므로 식육의 숙성은 미생물의 오염을 최소화할 수 있는 상태에서 진행해야 한다.

(3) 축종과 부위

식육은 축종에 따라 이화학적 특성과 조성에 큰 차이가 있다. 동일한 축종에서도 부위에 따른 차이가 클 뿐만 아니라 심지어 동일 부위에서도 위치에 따라 차이를 보인다. 식육의 냉동에 따른 품질에서 근육의 육색소 함량은 저장 중 지질 산화에 직접적으로 영향을 끼친다. 흔히 육색소인 미오글로빈 함량이 상대적으로 많은 근육을 적색육, 함량이 적은 근육을 백색육이라고 한다. 다만, 이러한 표현은 상대적인 것으로 이들 근육은 정상적인 근육이기 때문에 앞에서 살펴본 PSE나 DFD 같은 이상육abnormal meat과는 구별된다. 미오글로빈은 철을 함유하고 있으며, 철은 산화에 의하여 지질 산화를 가속화하게 되므로 적색육은 산화에 취약한 특성을 갖는다. 동일한 축종 내에서도 부위별로 적색육과 백색육이 구분되기 때문에 부위별 지질 산화 속도 역시 차이가 있다. 또한, 지질 함량과 지방산의 조성도 지질 산화에 영향을 미친다. 따라서 산화가 발생하기 쉬운 축종이나 근육은 공기와의 차단을 막을 수 있는 진공 포장이나 가스 치환 포장 방법 등을 선택하고, 최대한 낮은 온도에서 냉동 저장해야 장기간 저장할 수 있다.

(4) 근육의 크기

근육을 통째로 냉동하기보다는 작게 절단한 근육을 냉동하면 단면적이 늘어나기 때문에 냉동 속도를 빠르게 할 수 있다. 세절한 근육은 공기와의 접촉 또한 용이하기 때문에 오히려 저장 과정에서 산화적 품질 변화가 발생하기 쉽다. 산화적 품질 저하는 지질 산화에 의한 산패취 발생이 대표적인 현상이지만, 실제로 지질 산화는 단백질의 산화를 초래하기도 한다. 식육 단백질의 산화는 변성과 함께 보수력 상실의 주요 원인이 된다. 따라서 분쇄 식육은 냉동에 의한 품질 변화가 근육 자체를 냉동시킨 경우보다 현저하게 발생할 수 있기에 냉동 처리할 때에 주의가 필요하다.

(5) 냉동, 저장 및 해동 조건

식육의 냉동은 빠르게 시행하고 최대한 낮은 저장 온도에서 온도 변동을 최소화해야 품질 저하를 최대한 막을 수 있음을 살펴보았다. 식육의 해동 조건은 여전히 논란의 대상이 되고 있다. 일부에서는 빠른 해동이 식육의 품질 측면에서 바람직하다고 주장하는 반면에, 일부에서는 여전히 느리게 해동한 식육의 품질이 우수하다고 주장한다. 빠른 해동은 해동 과정 중 재결정화를 억제하여 조직 손상을 최소화할 수 있다는 논리를 내세우는 반면, 느린 해동은 해동 과정 중 식육의 숙성이 개시되기 때문에 오히려 품질이 좋아진다는 논리이다. 실제로 식육은 단백질을 주성분으로 하기 때문에 해동 온도가 높으면 품질 저하가 현저하게 발생한다. 따라서 열처리 기반의 해동 과정에서 해동 속도를 증가시키기 위하여 고온을 사용하는 경우 품질의 저하는 심각하다. 반면에 손상된 조직은 해동 과정에서 발생한 드립을 원 상태로 복원시키지 못하는 문제가 있다. 따라서, 일반적인 냉동 식육의 해동은 저온에서 급속으로 실시하는 경우 품질을 우수하게 보존할 수 있다고 볼 수 있다.

(6) 가공 상태

만두류나 너깃류 같은 식육 가공 제품에는 식염과 함께 여분의 지방을 사용하여 제조한다. 이들 제품은 분쇄 식육 제품에 해당하기 때문에 저장 안정성이 매우 낮은 조건임에도 냉동 처리할 수 있다. 이는 이들 제품에는 냉동에 의한 품질 저하를 억제할 수 있는 다양한 첨가물을 사용하기 때문이다. 육가공 제품의 품질 보존을 위하여 사용되는 첨가물은 표 7-6과 같으며, 주로 지질 산화와 수분 손실을 억제하는 역할을 한다.

표 7-6 식육 가공 제품의 주요 첨가물의 역할

첨가물의 종류	역할	대표적인 첨가물
염지제	미생물의 증식 억제, 항산화 활성 보유, 염지 풍미 부여	아질산나트륨
보존제	미생물 증식 억제, 향미 강화(유기산)	소르빈산, 유기산 등
결착제	식육 단백질의 보수력 향상, 단백질의 용해도 향상	인산염, 식물성 단백질, 유단백질, 검류 등
향신료	풍미 제공, 항균 및 항산화 효과	마늘, 양파, 생강, 후추 등
항산화제	식육의 발색 촉진, 항산화 효과	아스코르빈산, 에리소르빈산 등

2. 냉동 수산 식품

1) 어획 수산물의 처리

수산물은 어획 직후부터 빠르게 부패가 발생하기 때문에 선도 유지를 위한 저온 저장이 매우 중요하다. 소형 수산물의 경우는 어획한 후 개별적으로 내장을 제거하기가 용이하지 않기 때문에 한 개체가 부패하기 시작하면 이는 다른 개체의 부패로 빠르게 확산된다. 수산물은 크기가 작고 아가미가 외부에 노출되어 있기 때문에 축산물에 비하여 손질 과정 중 내장이나 아가미에 존재하는 미생물에 의한 오염이 쉽게 발생된다. 수산물은 어획 직후 충분한 냉동 설비를 갖추지 못한 선상에서 작업이 이루어지기 때문에 전통적인 선도 유지 방법인 얼음을 이용한 빙장법icing을 사용하게 된다. 빙장법은 찬 얼음을 이용하여 수산물을 상온보다 낮은 온도에서 보존하는 방법이지만 선도를 유지할 수 있는 시간이 2~3일로 제한적이라는 한계가 있다. 빙장법은 얼음을 직접 사용하는 쇄빙법碎冰法과 얼음물을 사용하는 수빙법水冰法으로 분류된다.

(1) 쇄빙법

작은 알맹이 형태의 얼음을 직접 냉각원으로 사용하는 것으로, 수산물 사이에 얼음을 채워서 저온 저장하는 방법이다. 참치와 같은 대형 수산물은 내장을 제거한 후 그 내부에 얼음을 채운다. 주로 생선류의 보존 방법으로 사용되지만, 생선류도 사후 생화학적 반응에 의해 품온이 상승하면서 얼음을 부분적으로 녹여 얼음 사이에 빈 공간을 만들게 된다. 이 때문에 생선 표면이 공기에 노출되면 변색, 이취, 냉동변색 등 품질 저하 현상이 발생한다. 이러한 문제를 억제하기 위하여 충분한 양의 얼음을 사용해야 하지만 얼음의 양이 지나치면 그 중량 때문에 생선이 파손되어 상품성을 잃을 수도 있다. 생선의 품온에 의해 녹은 용액은 주기적으로 제거해 주어야 하며, 이들 용액이 다시 얼지 않도록 저장 온도를 0~3°C로 유지해야 한다.

(2) 수빙법

수빙법은 얼음을 물에 넣은 저온의 냉수에 수산물을 담가 보존하는 선도 유지 방법이다. 일반적으로 담수어는 담수를 이용하고 해수어는 바닷물을 이용해야 한다. 경우에 따라 담수어는 바닷물에 침지할 수 있지만, 해수어를 담수에 침지하면 생선 표면의 광택 손실이나 안구 백탁 등의 품질 저하가 발생한다. 수빙법은 다수의 수산물을 동일한 얼음물에 침지하기 때문에 교차 오염의 발생 가능성이 매우 높다. 따라서 수빙법에 사용하는 물은 충분히 예비 냉각을 시켜야 하며, 물의 표면에는 비교적 다량의 얼음을 채워 넣어야 한다. 또한, 수산물은 침지 전 세척하여야 하며, 침지 과정에서는 온도를 균일하게 유지하기 위하여 교반 장치를 사용한다. 실제로 수산물의 선도 유지 측면에서는 어획한 수산물을 수빙법으로 예비 냉각시킨 후 쇄빙법을 실시하는 것이 좋다. 쇄빙법과 수빙법의 장단점을 표 7-7에 비교하였다.

표 7-7 쇄빙법과 수빙법의 장단점 비교

방법	쇄빙법	수빙법
작업 용이성	용이함	어려움
냉각 속도	느림	빠름
지질 산화 발생	쉽게 발생	상대적으로 억제
생선 외형의 손상도	발생하기 쉬움	손상이 없음
표면 건조	발생 가능	건조 없음
표면 변색	산화적 변색	수분 흡수에 따른 퇴색

2) 냉동 수산물의 제조 방법

(1) 원료의 선정

전처리 과정은 어획한 수산물을 냉동하기 전까지의 모든 단계를 포함한다. 수산물의 원료는 조직이 연약하기 때문에 사후강직 중인 원료가 오히려 바람직하다. 원료의 선별은 주로 관능적인 평가를 통해 판정하게 되며, 이 과정에서는 원료의 외형, 조직과 냄새만으로 선도를 양호, 보통, 불량으로 판별한다. 각 평가 항목별 판정의 기준은 다음과 같다.

- 외관 : 고유 색조, 안구의 투명도, 아가미의 적색도, 복부 경도, 배설항문의 정상도
- 조직 : 탄력 정도와 지압 후 원상 복귀 정도, 생선 외형의 휘는 정도
- 냄새 : 해조류 향, 바다 향, 비린내 등

(2) 수세 및 탈수

참치와 같은 대형어는 개체별로 물을 분무하여 세척하며, 소형어는 유수 탱크, 철망 또는 죽제 용기를 이용하여 한꺼번에 침지 세척을 한다. 이 과정에서 혈액, 점액, 유지 및 이물질을 정리하고 잔존하는 수분을 충분히 제거해 주어야 냉동 과정에서 조직의 손상을 억제할 수 있다.

(3) 수산물의 가공 처리

수산물은 어종별, 용도별로 처리 방법을 달리하는데, 주요 처리 방법은 표 7-8에 나타내었다.

표 7-8 수산물(어류)의 가공 처리 방법과 적용 어종

용어	정의	적용 어종
Round	머리, 내장을 포함한 원형 그대로의 것	가다랑어, 방어, 전갱이, 꽁치, 정어리, 고등어, 도미, 연어, 오징어 등
Semidressed	Round 상태에서 아가미와 내장을 제거한 것	상어, 청새치, 전갱이, 연어, 송어, 대구 등
Dressed	머리와 내장을 제거한 것	청새치, 연어, 송어, 명태, 새우, 대구, 넙치 등
Pan dressed	Dressed 처리한 어체에서 지느러미와 꼬리를 제거한 것	가다랑어, 새치, 연어, 송어 등
Fillet	Dressed 상태에서 척추골 부분을 제거하고 2개의 육편으로 처리한 것	다랑어, 청새치류, 상어, 농어, 가자미, 대구 등
Chunk	Dressed 또는 fillet을 일정 크기의 가로로 절단한 것	다랑어, 청새치류 등
Steak	Dressed 또는 fillet을 2 cm 두께로 절단한 것	다랑어, 황새치, 연어, 송어, 넙치 등
Chop	어육 채취기로 채육한 것	대구, 명태, 정어리, 다랑어, 오징어 등
Ground	고기갈이로 간것	다랑어류, 오징어, 임연수어
Shredded	아주 잘게 채썰기한 것	오징어, 쥐치 등
Kneed	뇌궤기로 혼합, 반죽한 것	대구, 명태, 전갱이 등

(4) 재수세, 탈수 및 선별

처리 과정에서 어체에 붙어 있는 표피, 뼈, 껍질, 기생충, 비늘 등을 제거하기 위하여 재수세를 실시한 후 과도한 수분은 제거하고 크기나 손상 유무에 따라 선별한다. 이는 상품 가치를 높이기 위한 목적으로 실시한다.

(5) 칭량 및 포장

선별된 원료는 일정한 중량별로 분류하는데, 이 과정에서 일부 원료는 건조 및 지질 산화를 방지하기 위하여 속포장을 실시한다. 이 경우 냉동 처리한 후 빙의 처리는 생략하고 대포장용 박스에 넣어 겉포장을 실시한다(raw pack).

(6) 팬 채움

소형 어류는 동결 팬에 일정량을 넣는다. 이때 머리는 외부로, 꼬리는 중앙으로 겹치게 넣는다. 냉동 동결 과정에서의 팽창을 고려하여 팬 채움panning을 실시한다. 대형 어류는 팬 채움 과정 없이 개체별로 냉동 처리한다.

(7) 냉동 및 탈팬

수산물의 냉동은 주로 접촉식 냉동이나 송풍식 냉동을 사용하며, -35℃ 이하에서 급속 냉동을 실시함으로써 중심부 온도가 -20℃ 이하에 도달하도록 한다. 냉동된 어류는 냉동 팬에서 충격을 가하여 이탈시킨다. 원활한 탈팬depanning 작업을 위하여 냉동 팬에 물을 분무하거나 물에 잠시 침지시킨 후 충격을 가한다.

(8) 얼음막 형성 및 포장

냉동 수산물은 공기와의 접촉을 억제하기 위하여 표면에 얼음막을 형성시킨다. 얼음막 형성glazing 처리 방법은 앞의 제4장 냉동과 식품의 품질에서 살펴보았다. 수산물에서는 주로 침지식 얼음막 형성 처리를 실시한다. 얼음막 형성 처리 후 저장 과정 중 승화에 의해 두께가 얇아지거나 사라지기 때문에 주기적으로 얼음막 형성을 실시해야 한다. 경우에 따라 젤라틴, 전분, 카복시메틸셀룰로오스carboxymethyl cellulose, CMC, 알긴산 등의 콜로이드 용액으로 얼음막 형성 처리를 할 수도 있다. 이들 콜로이드 용액은 어는점 내림이 매우 작아 쉽게 얼음막을 형성할 수 있지만, 높은 점성 때문에 수산물 표면의 부착량은 매우 많다. 또한, 작업이 번거롭고 가격 부담이 발생하므로 보편적으로 사용하지는 않는다. 모든 처리가 종료된 수산물은 최종적으로 겉포장을 실시한다. 이때 겉포장지의 조건은 다음과 같다.

- 방수성과 방유성이 우수한 것
- 온도에 민감하지 않은 것
- 기계적 강도가 높은 것
- 인쇄가 가능한 것
- 가격이 저렴한 것
- 냉동 저장이 가능한 것

(9) 냉동 저장

이 과정은 어류의 품질에 있어 매우 중요한 단계이며, 일반적으로 지질 함량, 저장 온도 및 개체 종류에 따라 냉동 저장 기간은 각기 상이하다(표 7-9). 특히, 지질 함량이 많은 수산물은 가급적 낮은 온도에서 저장해야 하는데 저장 온도를 -20°C 이하로 낮추어야 품질 저하를 억제하며 장기 저장할 수 있기 때문에 적정 저장 온도의 선택이 중요하다.

표 7-9 수산 식품의 냉동 저장 온도와 저장 기간

수산물	온도(℃)	저장 기간(개월)	수산물	온도(℃)	저장 기간(개월)
지질이 많은 생선	-18	2~3	왕새우	-18	2
	-25	3~5	새우		2
	-29	6	게		6
지질이 적은 생선	-18	4~6	가리비조개		3~4
	-25	7~10	모시조개		3~4

3) 냉동 수산물의 특별 전처리

수산물은 냉동 저장 과정에서 특유의 품질 변화가 발생한다. 이러한 현상들은 개체별로 매우 상이하며, 대표적인 증상을 표 7-10에 나타내었다.

이러한 품질 변화를 방지하거나 억제하기 위한 수단으로 냉동 전 특별한 전처리 과정을 거칠 수 있다. 여기에는 염이나 당, 항산화제와 같은 화학적 전처리 방법과 탈수 처리 같은 물리적 전처리 방법이 있다(표 7-11).

표 7-10 냉동 중 수산물에서 발생하는 품질 변화와 원인

종류	발생 현상	원인	해결 방안
다랑어	냉동변색(갈변)	포장이나 얼음막 형성 처리 미흡	속포장 또는 얼음막 형성 처리
	젤리화 고기(Jelly meat) : 근육 일부가 젤리 또는 액상으로 변화	포자 또는 이물질	내장 제거(기생충의 제거) 및 급속 동결
	녹변	황화수소(H_2S)와 색소단백질과의 반응	발생 부위 제거 및 신속한 냉동
	퇴색육 : 육색이 탈색되고 윤기를 잃으면서 퍼석거리는 현상	어획 시 난폭하게 다루어 근육 내 글리코겐 및 ATP 고갈	어획 후 신속한 냉각 실시
새우, 게	흑변	단백질 분해 결과 티로신(tyrosine)이 산화되어 흑색소인 멜라닌(melanine)을 생성	머리 제거, 충분한 수세, 빙의 처리 또는 진공포장 후 냉동 보관, 환원제 침지
게	근육의 스펀지화	얼음 결정 성장과 육단백질의 저온 변성	급속 동결 및 저장 중 온도 변동 억제
	청변	혈색소의 산화	충분한 탈혈 실시
굴	갈변	내장 중 카로티노이드 색도의 용출	선도 및 취급에 주의, 급속 동결 실시
		고도불포화지방산의 산화	얼음막 형성 처리

표 7-11 **수산물의 특별 전처리 방법**

전처리 종류	방법 및 효과	적용 대상
소금물 처리	저온의 10% 이상 소금물에서 1분 내외, 5% 이하에서 1~2시간 침지 단백질의 수화력을 향상시켜 백색육 어류의 해동 드립 발생을 억제	광어, 도다리, 가자미 등
가염 처리	저온의 포화 식염수에 1~2시간 침지 냉동에 의한 육질의 연화나 조직 붕괴를 억제	해조류
가당 처리	5~10% 설탕 및 0.5% 이내의 중합인산염 첨가 변성 과정에서 설탕에 의한 단백질의 응집 억제 및 인산염에 의한 단백질의 보수력 향상	수리미
항산화제 처리	아스코르빈산, 에리소르빈산 용액에 침지 BHA, BHT를 용제에 녹인 후 물 분산액을 만들어 침지	모든 어종
탈수 처리	소금물 침지로 삼투압에 의한 탈수 실시 스펀지화한 어육의 조직감 개선	대구, 명태 등

3. 아이스크림

1) 빙과류의 분류

빙과류란 원유, 유가공품, 먹는 물에 다른 식품이나 첨가물을 넣고 냉동시켜 섭취하는 아이스크림류, 빙과, 아이스크림 믹스류 및 식용 얼음 등을 의미한다(표 7-12). 빙과류는 냉동 상태에서 바로 섭취하기 때문에 대표적인 냉동식품이라 할 수 있다. 냉동 전 살균 처리가 이루어져야 하므로 해동 후 조리되는 다른 냉동식품과는 제조 방법이 다르다.

아이스크림은 대표적인 빙과류이며 주요 원료들은 그 자체가 특수한 가공 특성을 가지고 있다. 아이스크림의 제조 과정에서는 아이스크림의 믹스 제조가 병행되는데, 빙과의 제조 과정도 아이스크림과 매우 유사하다. 따라서 여기에서는 아이스크림을 중심으로 원료별 특성과 제조 방법에 대하여 살펴보기로 한다.

표 7-12 **『식품공전』의 빙과류 분류**

품목	정의	세부 유형
아이스크림	원유, 유가공품을 원료로 하여 이에 다른 식품이나 첨가물을 넣은 후 냉동, 경화한 것	아이스크림, 저지방아이스크림, 아이스밀크, 샤베트, 비유지방아이스크림
아이스크림 믹스	원유 및 유가공품 등을 원료로 하여 이에 다른 식품이나 첨가물 등을 넣고 혼합, 살균/멸균한 액상 제품과 이를 건조 분말화한 제품으로, 그대로 또는 물을 가하여 냉동시킨 것	아이스크림 믹스, 저지방아이스크림 믹스, 아이스밀크 믹스, 샤베트 믹스, 비유지방아이스크림 믹스
빙과	먹는 물에 식품 또는 첨가물을 혼합하여 냉동한 것	아이스크림이나 아이스크림 믹스 이외의 것
식용 얼음	식품의 제조, 가공, 조리, 저장 등에 사용하거나 그대로 먹을 수 있도록 먹는 물을 냉동한 것	식용얼음, 어업용 얼음

2) 성분 규격에 따른 아이스크림의 분류

아이스크림의 품질 규격은 유지방 함량에 의하여 결정된다. 일반적으로 아이스크림의 주요 성분인 유지방 함량은 10~16%에 해당한다. 아이스크림의 무지유고형분milk solids-not-fat, SNF 함량은 9~12%를 차지하며, 주로 유단백질과 젖당lactose 성분이 여기에 속한다. 감미료는 12~16%를 차지하는데, 대표적인 감미료로는 설탕이나 고형 옥수수 시럽corn syrup solid을 사용한다. 기타 안정제와 유화제가 0.2~0.5%를 차지한다. 아이스크림의 수분 함량은 44~64%를 차지하는데, 대부분의 수분은 우유나 첨가물에 함유된 것이다. 외국에서는 아이스크림의 규격을 샤베트(유지방 1.5% 이하), 저지방 제품(3~5% 유지방), 라이트 제품(6~8% 유지방), 소프트아이스크림(유지방 10% 이상)으로 분류하며, 유지방 함량에 따라 Super-premium, Premium, Standard 및 Economy 제품으로 분류한다(표 7-13). 국내에서는 유지방 함량과 무지유고형분 함량을 기준으로 표 7-14와 같이 아이스크림을 분류한다.

표 7-13 품질 규격에 따른 아이스크림의 분류

분류	Economy	Standard	Premium	Super-premium
유지방	10% 이하	10~12%	12~15%	15~18%
총고형분	36% 이하	36~38%	38~40%	40% 이상
오버런	120% 이상	100~120%	60~90%	25~50%
가격	저렴	일반적	다소 비쌈	비쌈

표 7-14 국내 아이스크림의 분류 규격

분류	규격
아이스크림	유지방분 6% 이상, 유고형분 16% 이상
저지방아이스크림	조지방 2% 이하, 무지유고형분 10% 이상
아이스밀크	유지방분 2% 이상, 유고형분 7% 이상
샤베트	무지유고형분 2% 이상
비유지방아이스크림	조지방 5% 이상, 무지유고형분 5% 이상

3) 주요 원료별 가공 특성

(1) 유지방

아이스크림은 배합 후 냉동 상태에서 바로 섭취하게 되며, 특히 구강 온도에 의해 자연스럽게 녹으면서 부드러운 감촉을 부여한다. 따라서 아이스크림의 품질을 정하는 데 유지방은 매우 중요한 요인이다. 아이스크림에서 유지방의 역할을 정리하면 다음과 같다.

- 제품에 풍부한 우유 향미(바디감) 제공
- 섭취 시 부드러운 구강 내 감촉의 부여
- 유지방의 우수한 용해 특성을 구현
- 제조 과정 중 윤활유 역할을 하여 냉동기와의 마찰을 억제

반면에 유지방 함량이 지나치게 높으면 제품의 단가가 높아지고, 제조를 위한 원료 교반 과정에서 거품 발생 능력whipping을 저하시키며 칼로리를 높이는 단점이 있다.

(2) 무지유고형분

무지유고형분의 주요 성분은 젖당, 카세인casein, 유청 단백질whey protein과 무기물이다. 무지유고형분의 역할은 주로 단백질이 보유한 기능적 특성을 아이스크림에 부여하는 것으로 이를 정리하면 다음과 같다.

- 제품의 바디감과 최종 제품의 조직감 부여
- 단백질의 우수한 거품 형성 능력으로 오버런overrun을 높임
- 유화력이 우수해 안정제의 첨가 비율을 낮출 수 있음
- 유청은 매우 저렴하게 고형분 함량을 높일 수 있는 단백질 원료임

제품의 품질 측면에서 무지유고형분도 지나치게 많은 양을 첨가할 수 없다. 무지유고형분이 일부 제품에서 강한 이취를 발생시킬 수 있고, 젖당은 저온에서 결정화하기 때문에 구강 내 부드러움을 저하시키며 전반적으로 배합 원료의 어는점을 낮추어 냉동 과정을 어렵게 만들 수도 있기 때문이다.

(3) 감미료

감미료는 제품의 향과 맛뿐만이 아니라 제품의 고형분 함량을 높일 수 있는 저렴한 원료에 해당한다. 주로 설탕이나 옥수수 시럽 등 당류가 사용되기 때문에 제품의 어는점을 낮출 수 있는데, 일반적으로 섭취하는 아이스크림의 온도가 -15~-18℃의 범위임을 감안할 때 어는점 내림은 섭취 시 구강 내에서 아이스크림이 부드럽게 녹는 현상을 방해할 수 있다. 옥수수 시럽은 당의 결정화를 막아 제품을 보다 부드럽게 하며 단맛을 부여하

기 때문에 최근에는 설탕 대용으로 아이스크림에 널리 사용되고 있다. 그러나 다량으로 사용하는 경우 제품이 단단해지는 단점이 있다.

(4) 안정제와 유화제

안정제는 아이스크림의 점도를 향상시켜 상온에서 녹아도 쉽게 흐르지 않고 제품의 형태를 유지할 수 있는 역할을 한다. 아이스크림에 사용하는 안정제로는 로커스트빈검, 구아검, 카복시메틸셀룰로오스, 잔탄검, 알긴산나트륨, 카라기난, 젤라틴 등을 들 수 있으며 이들은 증점제로도 사용된다. 안정제에 의한 점도 증가는 아이스크림 배합물의 유화 안정성을 향상시킬 뿐만 아니라 거품 안정성을 향상시키고, 향미 성분의 손실, 젖당이나 얼음 결정의 성장을 억제하며, 구강 내 바람직한 촉감을 부여한다. 그러나 다량의 안정제 첨가는 점도를 크게 높이기 때문에 용해 특성이 저하되고, 냉동고 내부의 교반을 방해할 뿐 아니라 제품의 부드러운 조직감을 저해할 수 있다.

아이스크림에 사용하는 유화제는 오히려 우유의 유화 상태를 불안정하게 하기 위한 목적으로 사용된다. 실제로 유지방은 카세인 미셀casein micelle이나 유청 단백질에 의해 우수한 유화 상태로 존재한다. 이 경우 유화제를 첨가하면 지방구 표면에 흡착된 유단백질과 유화제가 경쟁적으로 작용하므로, 지방구 표면에서 카세인이나 유청 단백질을 이탈시키고 유화제가 지방구 표면을 코팅하게 된다(그림 7-5). 이는 원 상태의 지방구에 비하여 표면층을 약화시키는 결과를 초래하기 때문에 구강 내에서 지질 용해에 따른 부드럽

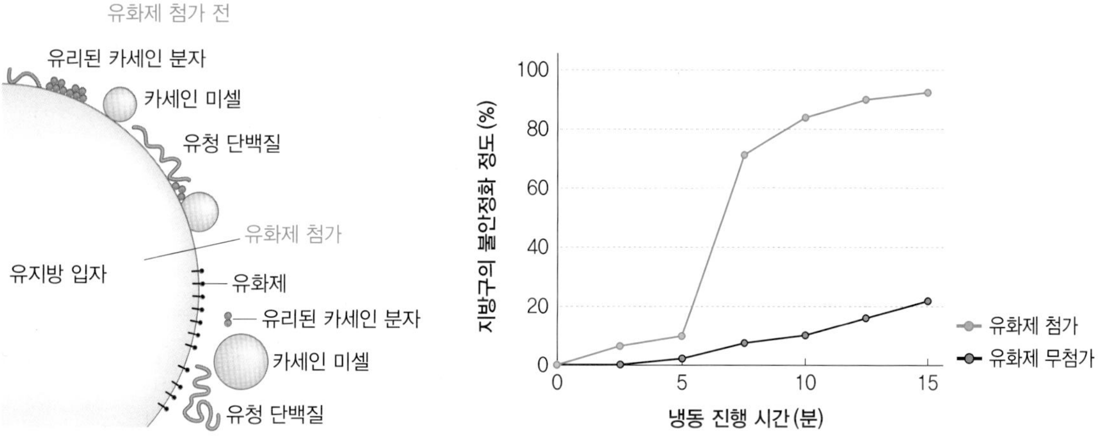

그림 7-5 유화제 첨가에 따른 유지방구의 변화(왼쪽)와 유지방의 안정성 저하도(오른쪽)

고 질척이지 않는 우수한 촉감을 부여할 수 있다. 아이스크림의 유화제로는 난황을 사용하기도 하지만 모노글리세라이드monoglyceride, 다이글리세라이드diglyceride 또는 폴리소베이트 80polysorbate 80 등도 사용된다.

유화제에 의한 지방구의 유화 안정성 저하는 아이스크림 조직에 기포를 안정화시키는 효과를 부여한다. 즉, 유화제의 첨가로 불안정해진 지방구 표면은 부분적으로 인접한 지방구와 융합하게 되며 이들은 휘핑whipping 과정에서 유입된 공기 표면으로 이동하여 거품 안정성을 향상시켜 준다. 그 결과, 아이스크림 조직에 지방과 거품이 혼합된 3차원 구조를 형성하게 된다(그림 7-6).

아이스크림의 거품 안정성 향상은 용해에 따른 형태의 붕괴를 억제하기 위한 수단으로도 사용된다. 즉, 온도 상승으로 인하여 아이스크림의 얼음이 녹기 시작하면 지방의 구조가 붕괴하기 시작하고, 그 결과 거품이 제거되어 아이스크림은 원래의 형태를 유지하지

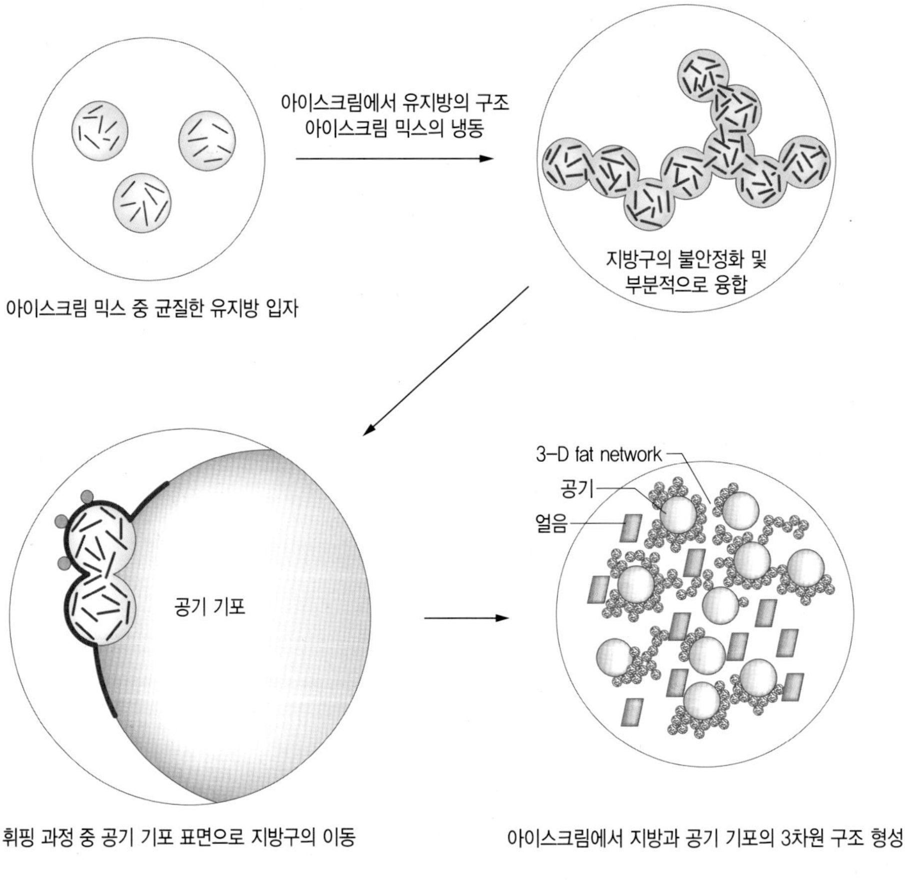

그림 7-6 유화제에 의한 거품 안정성 향상 과정

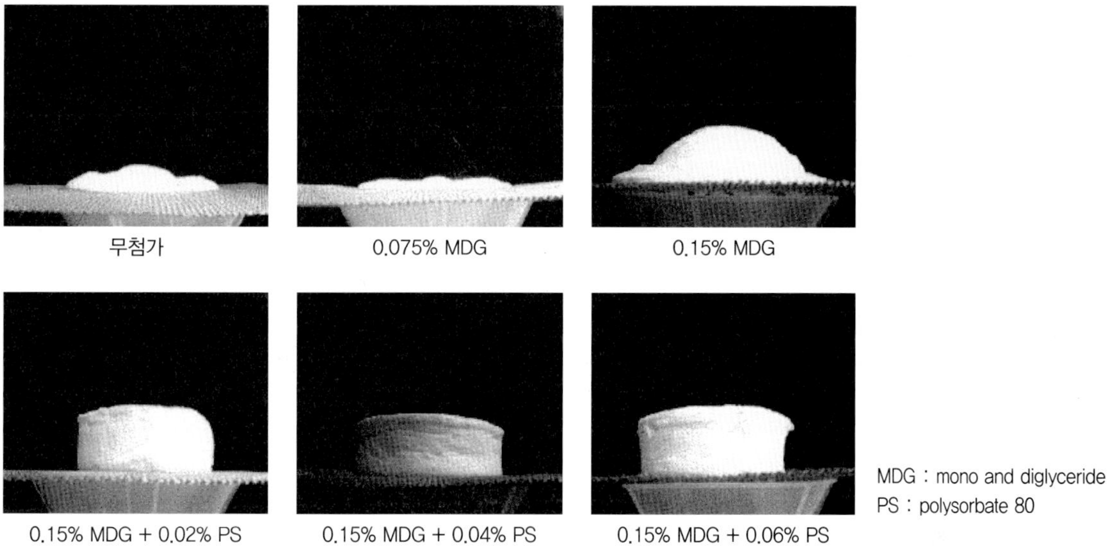

그림 7-7 안정제와 유화제 첨가에 따른 아이스크림의 용해 후 형태 유지 효과
자료 : https://www.sciencedirect.com/science/article/pii/S0958694600000716

못하게 된다. 안정제 및 유화제의 첨가와 이의 적절한 조합은 아이스크림의 용해 속도를 저하함으로써 안정화시키는 데 도움을 준다(그림 7-7).

4) 아이스크림의 제조 과정

(1) 아이스크림 믹스의 제조

아이스크림 제조의 첫 단계에서는 주요 원료와 첨가물의 혼합 과정이 이루어지는데 이 혼합물을 아이스크림 믹스mix라고 한다. 아이스크림의 배합 과정에서는 성분 규격을 고려하여 각 원료와 첨가물의 배합비를 설정해야 한다. 믹스 혼합 과정에서는 분말형 첨가물과 액상 원료의 혼합이 이루어지기 때문에 고속의 교반 과정이 필요하다. 혼합 과정의 소요 시간과 교반 속도는 믹스의 배합비에 의해 조절되는데, 일반적으로 유지방 함량이 많은 아이스크림 믹스는 교반 속도를 높이거나 교반 시간을 다소 길게 설정하게 된다.

(2) 아이스크림 믹스의 살균

『식품 공전』에 의하면 아이스크림 믹스의 살균은 제품의 중심부 온도를 68.5°C에서 30분 이상 처리하거나, 또는 이와 동등한 효력을 가지는 방법으로 실시해야 한다. 실제 빙과 산업 현장에서는 제조 규모에 따라 상이한 살균 방법을 사용한다(표 7-15).

표 7-15 아이스크림 믹스의 살균 방법 및 조건

살균 방법	처리 조건 및 특성
회분식	69°C에서 30분간 처리 유청 단백질의 변성도가 높아 제품의 바디감을 향상시킴 생산 속도 향상을 위해 2대의 장비에서 반연속식으로 살균을 실시함
연속식	본 살균 전 단계에서 믹스를 예비 가열함(30~40°C) 이후 HTST(high temperature short time) 살균을 실시 : 75°C에서 15~20초

(3) 균질 및 냉각

살균과 균질homogenization은 연속식 공정에서는 동시에 이루어지는 반면에, 회분식 공정에서는 순차적으로 실시한다. 균질 단계에서 유지방 함량이 높은 아이스크림 믹스는 2,000~2,500 psi에서 1차 균질을 실시한 후 이를 다시 500~1,000 psi에서 2차 균질을 실시한다. 반면에 아이스크림 밀크나 샤베트와 같이 유지방 함량이 낮은 믹스는 낮은 압력에서도 충분한 균질이 이루어진다. 균질 과정에서 믹스의 온도는 50~60°C 범위를 유지한다. 온도가 낮을 경우 첨가한 안정제에 의해 효과적인 균질이 이루어지지 않기 때문에 균질 과정 이후 냉각을 실시하게 된다. 냉각 과정은 열교환기를 이용하여 15~20°C까지 믹스의 온도를 낮춘다. 이 과정에서도 믹스의 냉각을 지나치게 빠르게 진행할 경우 믹스의 높은 점도로 열교환기의 이동에 제한을 받는다. 그러므로 믹스의 냉각은 천천히 실시한다.

(4) 숙성

아이스크림 믹스의 숙성aging은 온도가 조절된 단열 탱크나 냉동 저장 탱크에서 빠르게 실시할 경우 4시간 정도 하지만 일반적으로는 하룻밤 동안 숙성이 필요하다. 숙성 온도는 10°C를 유지시키는데, 이 과정에서 믹스는 휘핑 특성과 함께 최종 제품에 우수한 바디감과 조직감을 부여한다. 숙성 과정에서는 유단백질과 안정제가 충분히 수화할 수 있는 시간을 제공하여 믹스의 점도를 향상시키며, 지방구 표면에서 유단백질과 유화제 간의 재배열이 일어나고, 저온에서 지방구 간의 부분적 융합 및 결정화가 발생하게 된다. 따라서 믹스의 숙성 과정은 유지방 함량이 낮은 빙과류는 생략할 수 있다.

(5) 냉동

아이스크림 믹스의 냉동 과정에서는 공기를 믹스에 주입시키는 휘핑 과정도 함께 진행되기 때문에 냉동 과정에서 원통 형태의 배럴 냉동기barrel freezer를 사용한다(그림 7-8). 냉동

연속식 아이스크림 냉동기(관형 냉동기)

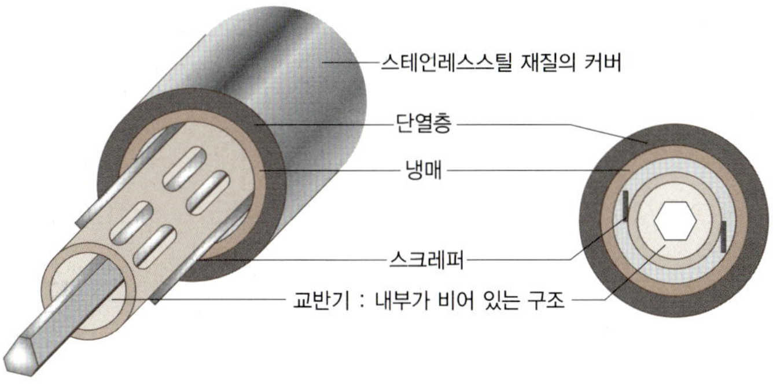

그림 7-8 아이스크림용 소용 냉동기

기는 2중 열교환기 형태로 냉동고 내부 벽면을 통해 저온을 제공한다. 아이스크림 제조 시 사용되는 냉동기는 scarped surface heat exchanger SSHE 형태로 냉동기 중심부에는 내부 벽면에 점착된 냉동 믹스를 긁어내기 위하여 날blade이 장착된 스크래퍼scraper가 회전한다.

믹스의 냉동 과정에서는 믹스의 수분 함량 중 약 50%를 얼리기 때문에 믹스 자체는 슬러리 형태로 반동결 상태가 된다. 이를 소프트 아이스크림soft ice cream이라 하며, 이 과정에서 스크래퍼의 회전이 공기를 믹스 내부로 혼입시키기 때문에(휘핑) 믹스의 부피가 증가하게 된다. 따라서 아이스크림의 수율이 증가할 뿐만 아니라 부드러운 조직감이 형성된다. 아이스크림이 불어넣은 공기의 비율을 오버런이라 하며 다음과 같이 산출한다.

$$\text{오버런}(\%) = \frac{V_{\text{Ice cream}} - V_{\text{Mix}}}{V_{\text{Mix}}} \times 100$$

예제 7.1

500 L의 아이스크림 믹스로 980 L의 아이스크림이 만들어졌다. 이때 오버런이 얼마인지 구하시오.

풀이 $\frac{980-500}{500} \times 100 = 96\%$

(6) 경화

소프트 아이스크림은 -30~-40°C 범위의 냉동고에서 최종 냉동이 이루어진다. 아이스크림의 경화hardening는 제품의 품질 측면에서 중요한 단계이기 때문에 급속 냉동으로 실시되어야 한다. 경화 과정은 얼지 않은 대부분의 수분을 얼리는 과정이기 때문에 이 과정을 거친 아이스크림을 하드 아이스크림hard ice cream이라고 한다. 아이스크림은 −25℃ 이하의 온도에서 저장할 경우 기간 중 얼음 결정 성장에 따른 품질 변화에 매우 안정적인 것으로 알려져 있는 반면에, 이보다 높은 온도에서는 저장 온도가 높을수록 얼음 결정의 성장이 빠르게 진행된다. 이로 인해 상대적으로 높은 온도에서 저장하면 얼음 결정체의 크기가 성장함으로써 모래알 같이 단단하고 거친sandy 아이스크림이 되어 품질이 떨어진다. 경화가 종료된 아이스크림은 개별 포장을 위하여 수직형 또는 수평형으로 절단하여 포장 및 저장이 실시된다(그림 7-7).

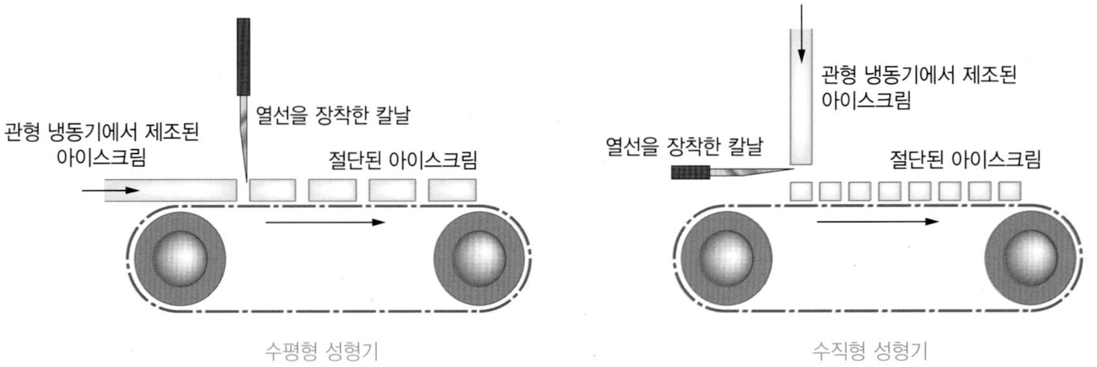

그림 7-9 아이스크림의 소포장을 위한 성형 방법

4. 냉동 HMR

우리나라에서 냉동 처리한 식품 원료는 식육과 수산물이 대다수를 이루고 있는 반면, 농산물은 B2B용 가공 원료를 제외하고는 전무한 실정이다. 외국에서는 다양한 농산물이 냉동 처리되어 판매되고 있다. 이렇게 식물성 기반의 냉동 제품이 우리나라에 정착되지 않는 데는 식생활 차이가 주요인으로 판단된다. 즉, 외국에서는 농산물 원료 자체를 소스와 함께 직접 섭취하는 데 반하여, 우리나라는 농산물 원료를 데치기, 조미, 볶음 등의 조리 단계를 거쳐 이용한다. 따라서, 냉동 후 조리에 따른 조직감 변화는 제품의 기호도를 떨어뜨리는 주요 원인이 되기 때문에 소비자용 B2C 제품화가 성공적으로 이루어지지 않는다.

최근 식생활 형태의 변화로 냉동 가정대용식home meal replacement, HMR이 생산되고 있다. 대표적인 제품으로 냉동 비빔밥이나 볶음밥 등을 꼽을 수 있다. 이들 제품은 소량의 식육 원료를 제외하면 모두 식물성 원료들을 사용하고 있으므로, HMR의 품질은 식물성 원료들의 상태로 결정된다고 볼 수 있다. 따라서 여기에서는 한식 기반의 냉동 HMR의 제조 과정을 중심으로, 농산물의 냉동에 의한 품질 변화를 상세히 살펴보기로 한다.

1) 냉동 HMR 제품의 제조

현재 HMR에 대한 명확한 분류 기준은 없지만 HMR은 가정식 대체 식품으로, 가정에서 일반적으로 섭취하는 음식을 가공 및 포장하여 단순히 데우거나 끓이는 조리 과정만으로 섭취할 수 있는 제품이라 정의한다. 이러한 범주에서 즉석조리식품ready to cook, RTC 또는 즉석섭취식품ready to eat, RTE 제품들을 HMR로 볼 수 있다(표 7-16). 세부적으로는 볶음밥이나 비빔밥류, 갈비탕이나 육개장 등의 한식과, 스파게티, 피자나 라자냐 등의 양식 등 매우 다양하다. 식품 시장에서 HMR이 차지하는 비중은 매우 크며, 특히 이들의 편리성은 향후 이들 식품의 판매량이 지속적으로 증가하는 요인이 될 것으로 판단된다.

일반적으로 가정식의 제조 과정은 원료의 구입, 전처리, 조리 및 섭취 단계를 거치기 때문에 HMR은 조리 단계까지의 가공 과정을 거쳐야 한다. 특히, 가공식품으로서 HMR을 소비자들이 섭취하는 과정에서 가열하는 것은 식품의 살균 목적이 아닌 식사의 만족도 향상을 위한 단계에 해당하기 때문에 HMR은 멸균 또는 냉동 제품으로 제조된다. 여기에서는 한식에서 주로 이용되는 냉동 비빔밥류의 제조 과정을 중심으로 살펴보기로 한다.

(1) 가공 원료의 전처리

일반적으로 비빔밥류는 밥과 함께 다양한 농산물을 주재료로 사용하지만, 이들 원료 중

표 7-16 식품 규격에 따른 HMR의 분류

분류	주요 제품	정의
즉석섭취식품	도시락, 김밥, 샌드위치, 햄버거 등	동식물성 원료에 식품이나 첨가물을 가하여 제조 가공한 것으로 더 이상의 가열이나 조리 과정 없이 그대로 섭취할 수 있는 식품
즉석조리식품	가공밥, 국, 탕, 스프, 순대 등	동식물성 원료에 식품이나 첨가물을 가하여 제조, 가공한 것으로, 단순 가열 등의 조리 과정을 거치거나 이와 동등한 방법을 거쳐 섭취할 수 있는 식품
신선편의식품	샐러드, 간편 과일 등	농·임산물을 세척, 박피, 절단 또는 세절 등의 가공 공정을 거치거나 단순히 식품 또는 첨가물을 가한 것으로, 그대로 섭취할 수 있는 샐러드나 새싹채소 등의 식품

에는 보편적으로 사용되는 원료들이 있다. 콩나물, 시금치, 당근, 고사리, 무, 소고기, 달걀이 주로 사용된다. 여기에서 농산물 원료들은 수확 직후의 신선 원료와 1차 가공 원료로 분류할 수 있다. 최종 제품의 품질은 원료들이 초기에 어떠한 가공 과정을 거쳤는지에 따라 큰 차이를 보인다. 콩나물의 경우 연중 공급이 가능하므로 신선한 원료로 수세, 선별 및 데치기 과정을 거쳐 HMR 제조에 바로 사용되는 반면에, 수확이 계절 한정적인 원료나 가격 경쟁력이 낮은 원료들은 데치기와 냉동 처리를 거친 원료를 이용하기 때문에 해동 후 다시 한 번 가열과 냉동 처리를 거치게 되며 이 과정에서 품질 변화가 크게 발생한다.

(2) 조미 배합 과정

전처리 원료들은 조미 배합 과정을 거치게 된다. 이 단계에서 일부 원료는 단순히 조미 첨가물과의 혼합만이 이루어지지만, 소고기 같은 특정 원료들은 볶음 등의 열처리가 수반되어야 한다. 이후 모든 조리 원료들의 혼합이 이루어진다. 따라서 열처리를 하지 않고 조미가 이루어지지 않은 원료도 열처리 원료와의 혼합으로 열적 변화가 수반될 수 있다. 특히, 냉동 밥류에서 취반미는 제조 직후 고온을 유지하고 있기 때문에 취반미와의 혼합 과정에서 첨가하는 농산물 원료들이 직접적으로 열에 노출되는 단계가 발생한다. 따라서 혼합 전에 예비 냉각 단계를 거쳐야 한다.

(3) 냉동

혼합된 원료들은 냉동 처리한다. 일반적으로 한식 기반의 HMR 원료들은 크기가 작기 때문에 -30°C 이하에서 개별 급속 냉동으로 신속하게 냉동이 완료된다. 만약 예비 냉각을 거치지 않을 경우 냉동 시간이 상대적으로 길어지게 되므로 냉동에 의한 품질 저하가 발생한다.

(4) 포장 및 저장

냉동 후 원료들은 일정한 중량으로 포장된다. 이후 겉포장을 실시하여 출하 전 저장한다. HMR은 보편적으로 냉동 이후에 포장이 진행되는데, 이 과정에서 진공포장을 실시하는 경우 농산물 원료들이 부숴지기 때문에 조리 후 소비자의 기호도를 확보하기 어렵다. 반면에 함기 포장 상태에서는 저장 및 유통 과정에서 발생하는 수분 이동으로 포장지 내면에 얼음 결정이 형성될 수 있으며, 이는 해동 과정 중 다량의 드립으로 전환되기 때문에 품질을 저하시키는 원인이 된다. 따라서 HMR은 저장 및 유통 과정에서 온도 변동을 최소화시켜야 한다.

(5) 해동(조리)

HMR은 구입 후 소비자들에 의해 해동 및 조리가 이루어진다. 이때 사용되는 가열 방법은 전자레인지 또는 팬 프라잉이다. 볶음밥 제품의 경우는 팬 프라잉으로 제품의 기호도 유지가 가능하지만, 비빔밥과 같은 제품들의 경우는 전자레인지 조리가 활용되기 때문에 제조 과정에서 발생한 품질 변화를 복원시키기 어렵다. 따라서 제조 과정에서는 해동 방법을 기준으로 하여 품질을 개선해야 한다.

2) HMR 제조 과정과 원료의 변화

앞에서 살펴본 제조 공정에 의하면 개별 HMR 원료는 두 차례의 냉동(원료 냉동과 제품의 냉동), 세 차례의 가열 공정(원료 해동, 원료 혼합 및 해동 조리)을 수반하고 있다. 이 과정

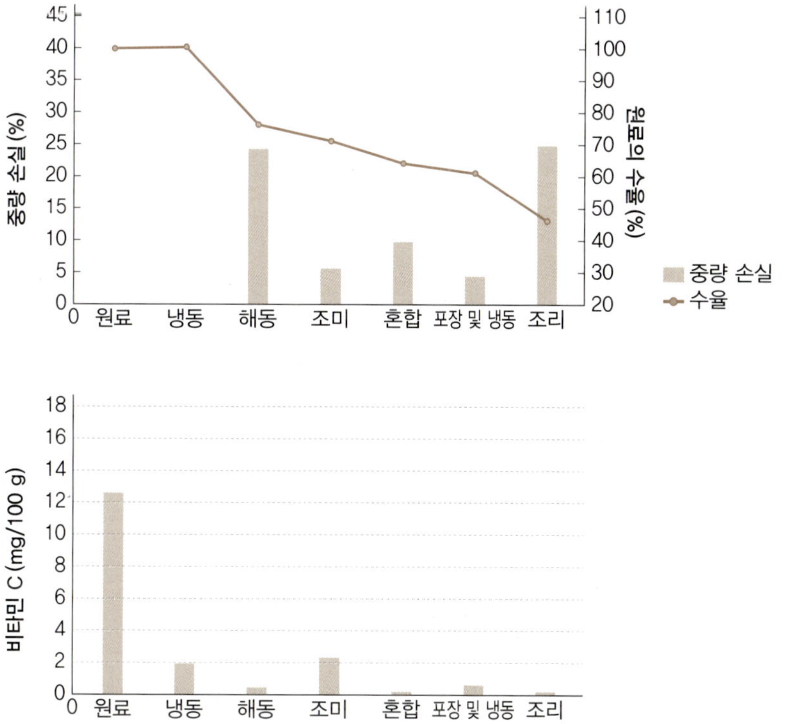

그림 7-10 냉동 비빔밥 제조 과정 중 무의 중량 손실(위)과 비타민 함량 변화(아래)

에서 상당한 중량 손실이 발생할 수 있다(그림 7-10). 실제로 무채를 냉동 비빔밥 제조 공정에 적용하여 각 단계별 중량 손실을 관찰해 보면, 다량의 드립 손실이 원료의 해동 과정과 최종 조리 과정에서 발생한다. 그 결과 초기 원료의 수율은 최종 조리 후 50% 이하로 저하되는 특성을 보인다. 이와 함께 영양학적 손실도 크게 발생한다. 무의 품질 지표로 비타민 C 함량을 측정해 보면 초기 원료에서는 12 mg/100 g 이상의 비타민 C를 함유하고 있지만, 최종 조미 단계에서는 거의 대부분이 파괴되어 있었다.

이러한 현상은 소고기 원료에서도 유사하게 관찰된다. 소고기의 경우 배합 원료의 혼합 과정과 최종 조리 단계에서 다량의 중량 손실을 보인다(그림 7-11). 특히, 배합 원료의 혼합 과정에서 가장 높은 손실을 보이는데, 이는 HMR의 특성상 냉동 전 소고기의 조리가 완료된 후 냉동을 하기 때문이다. 또한, 냉동 HMR의 조리 과정에서 다시 한 번 가열을 하기 때문에 초기 원료의 수율은 최종 조리 후 35% 이하로 감소하게 된다. 그 결과로 소고기의 연도가 증가하는 결과가 나타난다.

결국, 냉동 HMR 품질에는 냉동 조건보다는 가열 조건이 더 큰 영향을 미치고 있다고

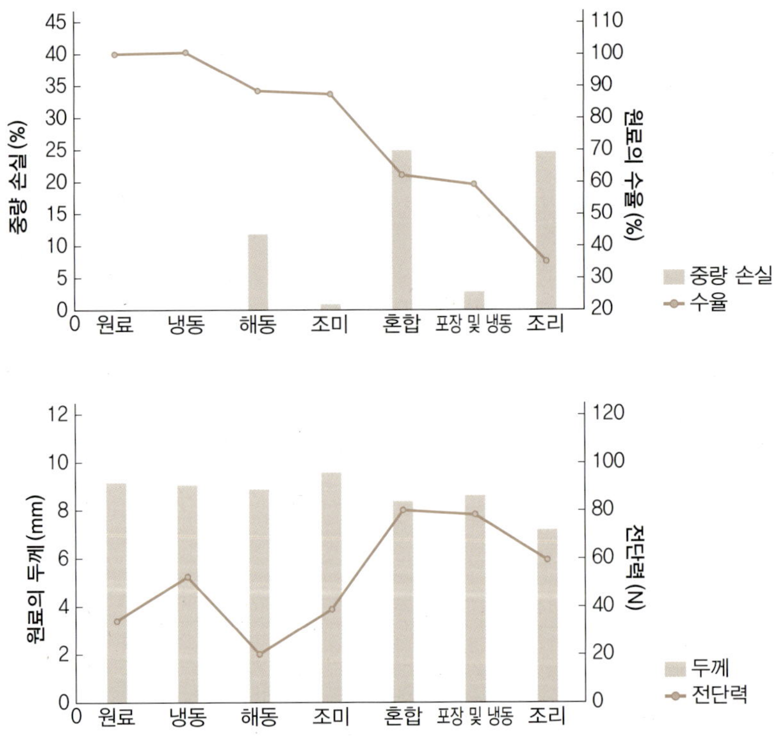

그림 7-11 냉동 비빔밥 제조 과정 중 소고기의 중량 손실(위)과 연도 변화(아래)

볼 수 있다. 실제로 HMR 제조 공정은 다수의 공정 단계를 거치기 때문에 최종 제품의 품질을 향상시키기 위한 개선 요인이 매우 복잡하다. 효과적인 품질 개선을 위하여 각 원료들의 단계별 이화학적 특성을 분석해야 하며, 특히 모든 처리 공정 간의 연계성을 파악하여 처리 조건을 조절해 나가야 한다.

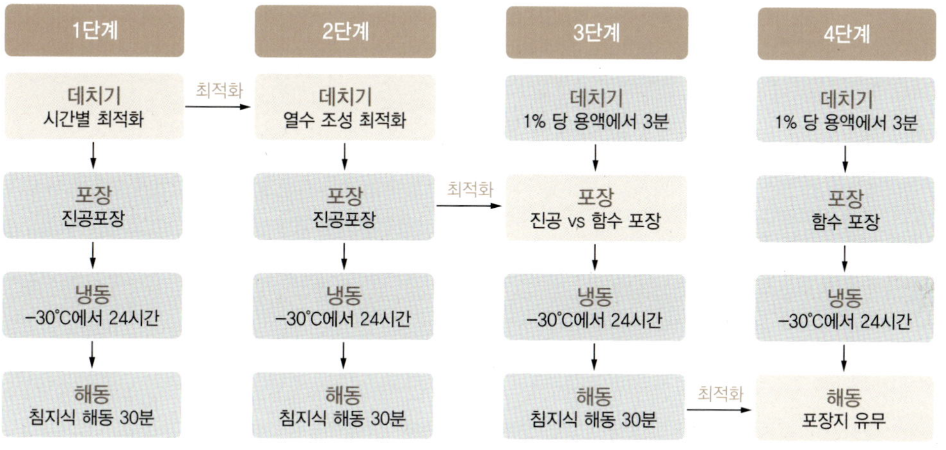

그림 7-12 냉동 HMR 품질 개선의 예

단원 요약

- 식육의 품질은 냉동 속도, 저장 온도 및 저장 기간 등에 영향을 받는다.
- 식육은 냉동 저장 중 표면 건조, 지질 산화, 변색, 드립 발생으로 인해 연도와 다즙성에 변화가 발생한다.
- PSE육은 냉동에 의한 품질 저하가 큰 반면에, DFD육은 정상 육보다 냉동 처리에 안정하다.
- 사후 강직 전 식육을 냉동하면 해동 강직 현상이 발생하여 매우 질긴 조직감을 갖는다.
- 육색소 함량, 지방 함량 및 지방산의 포화도는 냉동 저장 중 식육의 지질 산화에 영향을 미친다.
- 가공육 제품은 다양한 첨가물에 의해 장기간의 냉동 저장 중에도 품질 보존이 가능한데, 첨가물에는 염지제, 보존제, 결착제, 향신료, 항산화제 등이 있다.
- 어획 직후 수산물의 선도 유지를 위하여 쇄빙법과 수빙법이 사용된다.
- 냉동 수산물은 원료 선정, 수세 및 탈수, 가공, 재수세 및 탈수, 선별, 칭량, 포장, 팬 채움, 냉동, 탈팬, 빙의 또는 포장 과정을 거친 후 냉동 저장한다.
- 수산물에서 발생하는 특유의 품질 변화를 방지하기 위하여 냉동 수산물은 냉동 전 특별 전처리를 실시하며, 여기에는 염수 처리, 가염 처리, 가당 처리, 항산화제 처리 및 탈수 처리가 있다.
- 빙과류는 아이스크림, 아이스크림 믹스, 빙과 및 식용 얼음으로 분류된다.
- 아이스크림은 유지방, 무지유고형분, 감미료, 안정제와 유화제를 사용하여 제조하며, 품질 규격은 유지방 함량에 의해 결정된다.
- 유지방은 제품의 바디감과 부드러운 감촉을 부여하고, 무지유고형분은 유화력과 거품 형성 능력을 부여한다.
- 감미료는 설탕이나 옥수수 시럽이 사용되며, 첨가량이 많으면 어는점 내림에 의해 쉽게 제품이 녹아 버리는 단점이 있다.
- 안정제와 유화제는 아이스크림이 녹아도 형태를 유지할 수 있도록 지방이나 거품의 붕괴를 막는다.
- 유화제는 아이스크림의 유화 안정성을 낮추기 위해 사용하며, 그 결과 유지방에 의한 거품 안정 효과를 얻을 수 있다.
- 아이스크림은 믹스의 제조, 살균, 균질, 냉각, 숙성, 냉동 및 경화 단계를 거쳐 제조한다. 냉동 단계에서는 공기를 믹스 내부로 주입시켜 부피를 팽창시키는데 이때 팽창률을 오버런이라고 한다.
- 냉동 HMR은 원료의 전처리, 조미 배합, 냉동, 포장을 거쳐 제조된다.
- 냉동 HMR은 반복되는 열처리 과정을 통해 품질 변화가 발생하기 때문에 공정별 개선 전략이 필요하다.

연습문제

1 냉동에 의한 식육의 품질 변화로 옳은 것을 고르시오.

① 냉동 속도가 느릴수록 드립 발생이 적다.

② 저장 기간이 길수록 드립 발생이 많다.

③ 저장 온도가 낮을수록 보존 기간이 짧다.

④ 모든 축종은 동일한 온도에서 저장하면 저장 기간이 동일하다.

2 다음 냉동 저장 중 발생하는 식육의 품질 변화로 옳지 않은 것을 고르시오.

① -50°C 이하에서도 갈변 현상이 일어난다.

② 미생물의 증식은 억제되고 기생충은 사멸된다.

③ 표면 건조에 따른 산화가 발생한다.

④ 적색 근육이 백색 근육보다 지질 산화의 발생 가능성이 높다.

3 다음 중 냉동에 의한 품질 변화가 가장 적은 식육의 상태를 고르시오.

① PSE ② Normal ③ DFD ④ Pre-rigor

4 냉동에 의한 육가공 제품의 보수력 저하를 막기 위해 사용하는 첨가물이 아닌 것을 고르시오.

① 염지제 ② 보존제 ③ 결착제 ④ 증량제

5 도축 직후 냉동한 식육이 해동 과정에서 심하게 질겨지는 현상을 고르시오.

① Rigor-mortis ② Cold shortening

③ Thaw rigor ④ Post-rigor

6 냉동 저장 중 식품 표면에서 심한 건조로 인해 갈변이 일어나는 현상을 고르시오.

① Freezer burn ② Decoloration

③ Oxygenation ④ Hot-boning

7 냉동변색의 원인이 아닌 것을 고르시오.

① 공기의 온도가 높을 때 ② 습도가 낮을 때

③ 공기 유속이 빠를 때 ④ 지나친 진공 압력으로 포장했을 때

8 냉동변색과 관련이 있는 것을 고르시오.

① 가열 전처리 ② 곰팡이

③ 효소 ④ 산화

9 다음 중 수산물의 냉동 방법이 아닌 것을 고르시오.

① 접촉식 냉동 ② 빙장법

③ 침지식 냉동 ④ 공기 냉동

10 빙장법에 대한 설명으로 틀린 것을 고르시오.

① 수빙법은 쇄빙법보다 냉각이 빠르다.

② 수빙법은 쇄빙법보다 지질 산화가 발생하기 쉽다.

③ 수빙법에서는 표면 건조가 발생하지 않는다.

④ 쇄빙법은 수빙법보다 작업이 용이하다.

11 다음 중 수산물의 머리와 내장을 포함한 원형 그대로의 것에 대한 명칭을 고르시오.

① Round ② Pan-dress ③ Steak ④ Fillet

12 다음 중 어체 처리 정도에 따른 가공 방법의 순서로 옳은 것을 고르시오.

① Round → Dress → Fillet → Chop

② Semi-dress → Fillet → Steak → Chunk

③ Dress → Pan-dress → semi-dress → Steak

④ Fillet → Chunk → Dress → Chop

13 다음 중 냉동 수산물의 특별 전처리가 아닌 것을 고르시오.

① 탈수 처리 ② 가당 처리

③ 팬 채움 ④ 염수 처리

14 냉동 새우에서 발생하는 흑변 현상의 원인을 고르시오.

① H_2S와 색소와의 반응 ② Tyrosine의 산화

③ Myoglobin의 산화 ④ 고도불포화지방산의 산화

15 아이스크림에서 유지방의 역할이 아닌 것을 고르시오.

① 풍부한 우유 향미 제공 ② 구강 내 부드러운 감촉 부여

③ 냉동 과정에서 마찰 억제 ④ 제품의 가격 절감

16 다음 중 아이스크림의 구성 물질에 대한 설명으로 틀린 것을 고르시오.

① 무지유고형분 함량이 높으면 안정제 첨가 비율을 낮출 수 있다.

② 감미료는 제품의 어는점을 낮춰 섭취 중 쉽게 녹게 할 수 있다.

③ 유화 상태를 안정하게 하기 위하여 유화제를 첨가한다.

④ 안정제는 제품이 녹아도 형태를 유지할 수 있도록 한다.

17 아이스크림의 기준 품질 규격으로 옳은 것을 고르시오.

① 유지방 6% 이상, 유고형분 16% 이상

② 유지방 2% 이상, 무지유고형분 7% 이상

③ 조지방 2% 이하, 무지유고형분 10% 이상

④ 무지유고형분 2% 이상

18 다음 중 아이스크림에 첨가하는 유화제의 역할이 아닌 것을 고르시오.

① 유화 안정성을 낮추어 지방구 표면의 유단백질을 제거한다.

② 유지방과 유단백질 간의 결합을 강화한다.

③ 거품과 지방의 안정적인 혼합물을 형성한다.

④ 거품의 안정성을 높인다.

19 오버런(overrun)에 대한 설명으로 옳은 것을 고르시오.

① 믹스 교반 과정에서 형성되는 거품의 비율

② 믹스의 가열 과정에서 형성되는 거품의 비율

③ 믹스의 냉동 과정에서 주입되는 공기의 비율

④ 저장 과정에서 팽창된 아이스크림 부피의 비율

20 다음 중 냉동 HMR 제품의 제조 공정이 아닌 것을 고르시오.

① 원료의 전처리

② 원료와 조미료의 혼합

③ 원료의 가열

④ 마이크로파 해동

부록

부록 1 단위 환산표

※ 길이length

1 mile = 1.609 km = 5280 ft = 6.336×10^4 in

1 m = 3.281 ft = 39.37 in = 6.214×10^{-4} mile

1 ft = 0.3048 m = 12 in = 1.894×10^{-4} mile

1 in = 2.540×10^{-2} m = 8.333×10^{-2} ft = 1.578×10^{-5} mile

1 yard = 0.9144 m

1 m = 10^2 cm = 10^3 mm = 10^6 μm = 10^9 nm = 10^{10} Å

1 μm = 10^{-4} cm = 10^{-3} mm = 10^3 nm = 10^4 Å

※ 면적area

1 ft^2 = 0.0929030 m^2

1 in^2 = 6.4516×10^{-4} m^2

1 m^2 = 10.7639 ft^2

※ 중량mass

1 lbm = 0.453592 kg　　1 kg = 2.20462 lbm

1 ounce(oz) = 28.35 g

1 ton = 1016 kg

1 slug = 32.174 lbm

※ 체적volume

1 liter = 0.2642 gal = .0353 ft^3 = 61.03 in^3

1 ft^3 = 0.028317 m^3 = 7.4805 gal 1 in^3 = 16.3871 cm^3

1 m^3 = 35.315 ft^3

1 gallon = 3.785 l = 231 in^3 (1 gallon = 4.546 l; 유럽 단위)

※ 비중density

1 lbm/ft^3 = 16.0185 kg/m^3 1 kg/m^3 = 0.062428 lbm/ft^3

※ 압력pressure

1 Pa = 1 N/m^2 = 10^{-5} bar,   1 kPa = 0.01 bar,   1 MPa = 10 bar

1 lbf/in^2 (psi) = 6.895 kN/m^2 = 2.036 inHg = 6.8046×10^{-2} atm = 7.0307×10^{-2} kgf/cm^2

1 inHg = 3.39 kN/m^2 = 33864 dyn/cm^2 = 0.0334 atm = 0.491 lbf/in^2

1 inH_2O = 0.249 kN/m^2

1 atm = 14.696 lbf/in^2 = 760 mmHg = 29.92 inHg = 2116.21 lbf/ft^2

= 1.01325×10^5 N/m^2 = 1.033 kgf/cm^2

1 kgf/cm^2 = 9.80665×10^4 N/m^2 = 0.98bar = 735.55 mmHg = 0.9678 atm = 14.22 psi

1 bar = 10^5 N/m^2 = 0.98692 atm = 100 kPa = 0.1 MPa = 14.51 psi = 1.0204 kgf/cm^2

※ 에너지energy, work, heat

1 kJ = 1 kW·s = 0.94782 Btu = 0.23885 kcal

1 J = 1 N·m = 10^7 erg = 9.478×10^{-4} Btu

1 Btu = 1.0551 kJ = 0.25200 kcal = 778.16 ft·lbf

1 kcal = 4.1868 kJ = 3.9683 Btu

1 kW·s = 3.60×10^6 J

1 kW·h = 3413 Btu = 3.6×10^6 J = 859.85 Kcal = 3412.13 Btu

1 erg = 1 dyn·cm 1 ft·lbf = 1.3558 J

1 therm(= 10^5 Btu) = 105.5 MJ

※ 동력power, heat rate

1 W = 1 J/s = 860.13 cal/h = 3.413 Btu/h = 1.3596×10^{-3} PS = 1.341×10^{-3} hp

1 hp = 745.7 W = 550 ft·lbg/s = 2545 Btu/h = 1.0139 PS

1 Btu/h = 0.29307 W = 0.25200 kcal/h

1 kcal/h = 1.1630 W = 3.9683 Btu/h

❋ 힘force

1 N = 10^5 dyn 1 lbf = 4.44822 N

1 kgf = 9.80665 N = 1.0 kilopond 1 poundal (pdl) = 1 lb ft/s^2

❋ 열전달 속도heat transfer coefficient

1 W/(m^2 · K) = 0.17611 Btu/(h · ft^2 · oR) = 0.85985 kcal/(h · m^2 · K)

1 Btu/(h · ft^2 · oR) = 4.8824 kcal/(h · m^2 · K) = 5.6783 W/(m^2 · K)

1 kcal/(h · m^2 · K) = 0.20482 Btu/(h · ft^2 · oR) = 1.1630 W/(m^2 · K)

❋ 열전도도thermal conductivity

1 W/(m · K) = 0.57779 Btu/(h · ft · oR) = 0.85985 kcal/(h · m · K)

1 Btu/(h · ft · oR) = 1.4882 kcal/(h · m · K) = 1.7307 W/(m · K)

1 kcal/(h · m · K) = 1.1630 W/(m · K) = 0.67197 Btu/(h · ft · oR)

❋ 비열Specific heat

1 kJ/(kg · K) = 0.23885 Btu/(lb · °R) = 0.23885 kcal/(kg · K)

1 Btu/(lb · °R) = 1 kcal/(kg · K) = 4.1868 kJ/(kg · K)

1 kcal/(kg · K) = 4.1868 kJ/(kg · K) = 1.0 Btu/(lb · °R)

❋ 온도temperature

K = (5/9) °R = (5/9) · (°F + 459.67) = ℃ + 273.15

°R = (9/5) K = (9/5) · (℃ + 273.15) = °F + 459.67

°F = (9/5) ℃ + 32 ℃ = (5/9) · (oF − 32)

얼음 상의 밀도와 결정의 형태

얼음의 상태	밀도(g/cm³)	결정의 형태
Ih, Hexagonal ice	0.92	Hexagonal
Ic, Cubic ice	0.93	Cubic
II, Ice-two	1.17	Rhombohedral
III, Ice-three	1.14	Tetragonal
IV, Ice-four	1.27	Rhombohedral
V, Ice-five	1.23	Monoclinic
VI, Ice-six	1.31	Tetragonal
VII, Ice-seven	1.5	Cubic e
VIII, Ice-eight	1.46	Tetragonal
IX, Ice-nine	1.16	Tetragonal
X, Ice-ten	2.51	Cubic
XI, Ice-eleven	0.92	Orthorhombic
XI, Ice-eleven k	> 2.51	Orthorhombic
XII, Ice-twelve	1.29	Tetragonal
XIII, Ice-thirteen	1.23	Monoclinic
XIV, Ice-fourteen	1.29	Orthorhombic
XV, Ice-fifteen	1.30	*Pseudo*-orthorhombic
XVI, Ice-sixteen	0.81	Cubic
XVII, Ice-seventeen	0.85	Hexagonal

포화수증기표

온도(℃)	증기압(kPa)	비용(m^3/kg)		엔탈피(kJ/kg)		엔트로피(kJ/kg·K)	
		물	포화수증기	물	포화수증기	물	포화수증기
0.01	0.6113	0.0010002	206.136	0.00	2510.4	0.0000	9.1562
3	0.7577	0.0010001	168.132	12.57	2506.9	0.0457	9.0773
6	0.9349	0.0010001	137.734	25.20	2512.4	0.0912	9.0003
9	1.1477	0.0010003	113.386	37.80	2517.9	0.1362	8.9253
12	1.4022	0.0010005	93.784	50.41	2523.4	0.1806	8.8524
15	1.7051	0.0010009	77.926	62.99	2528.9	0.2245	8.7814
18	2.0640	0.0010014	65.038	75.58	2534.4	0.2679	8.7123
21	2.487	0.0010020	54.514	88.14	2539.9	0.3109	8.6450
24	2.985	0.0010027	45.883	100.70	2545.4	0.3534	8.5794
25	3.169	0.0010029	43.360	104.89	2547.2	0.3674	8.5580
27	3.567	0.0010035	38.774	113.25	2550.8	0.3954	8.5156
30	4.246	0.0010043	32.894	125.79	2556.3	0.4369	8.4533
33	5.034	0.0010053	28.011	138.33	2561.7	0.4781	8.3927
36	5.947	0.0010063	23.940	150.86	2567.1	0.5188	8.3336
40	7.384	0.0010078	19.523	167.57	2574.3	0.5725	8.2570
45	9.593	0.0010099	15.258	188.45	2583.2	0.6387	8.1648
50	12.349	0.0010121	12.032	209.33	2592.1	0.7038	8.0763
55	15.758	0.0010146	9.568	230.23	2600.9	0.7679	7.9913
60	19.940	0.0010172	7.671	251.13	2609.6	0.8312	7.9096
65	25.03	0.0010199	6.197	272.06	2618.3	0.8935	7.8310
70	31.19	0.0010228	5.042	292.98	2626.8	0.9549	7.7553
75	38.58	0.0010259	4.131	313.93	2635.3	1.0155	7.6824
80	47.39	0.0010291	3.407	334.91	2643.7	1.0753	7.6122
85	57.83	0.0010325	2.828	355.90	2651.9	1.1343	7.5445
90	70.14	0.0010360	2.361	376.92	2660.1	1.1925	7.4791

(계속)

온도(°C)	증기압(kPa)	비용(m^3/kg)		엔탈피(kJ/kg)		엔트로피(kJ/kg·K)	
		물	포화수증기	물	포화수증기	물	포화수증기
95	84.55	0.0010397	1.9819	397.96	2668.1	1.2500	7.4159
100	101.35	0.0010435	1.6729	419.04	2676.1	1.3069	7.3549
105	120.82	0.0010475	1.4194	440.15	2683.8	1.3630	7.2958
110	143.27	0.0010516	1.2102	461.30	2691.5	1.4185	7.2387
115	169.06	0.0010559	1.0366	482.48	2699.0	1.4734	7.1833
120	198.53	0.0010603	0.8919	503.71	2706.3	1.5276	7.1296
125	232.1	0.0010649	0.7706	524.99	2713.5	1.5813	7.0775
130	270.1	0.0010697	0.6685	546.31	2720.5	1.6344	7.0269
135	313.0	0.0010746	0.5822	567.69	2727.3	1.6870	6.9777
140	316.3	0.0010797	0.5089	589.13	2733.9	1.7391	6.9299
145	415.4	0.0010850	0.4463	610.63	2740.3	1.7907	6.8833
150	475.8	0.0010905	0.3928	632.20	2746.5	1.8418	6.8379
155	543.1	0.0010961	0.3468	653.84	2752.4	1.8925	6.7935
160	617.8	0.0011020	0.3071	675.55	2758.1	1.9427	6.7502
165	700.5	0.0011080	0.2727	697.34	2763.5	1.9925	6.7078
170	791.7	0.0011143	0.2428	719.21	2768.7	2.0419	6.6663
175	892.0	0.0011207	0.2168	741.17	2773.6	2.0909	6.6256
180	1002.1	0.0011274	0.19405	763.22	2778.2	2.1396	6.5857
190	1254.4	0.0011414	0.15654	807.62	2786.4	2.2359	6.5079
200	1553.8	0.0011565	0.12736	852.45	2793.2	2.3309	6.4323
225	2548	0.0011992	0.07849	966.78	2803.3	2.5639	6.2503
250	3973	0.0012512	0.05013	1085.36	2801.5	2.7927	6.0730
275	5942	0.0013168	0.03279	1210.07	2785.0	3.0208	5.8938
300	8581	0.0010436	0.02167	1344.00	2749.0	3.2534	5.7045

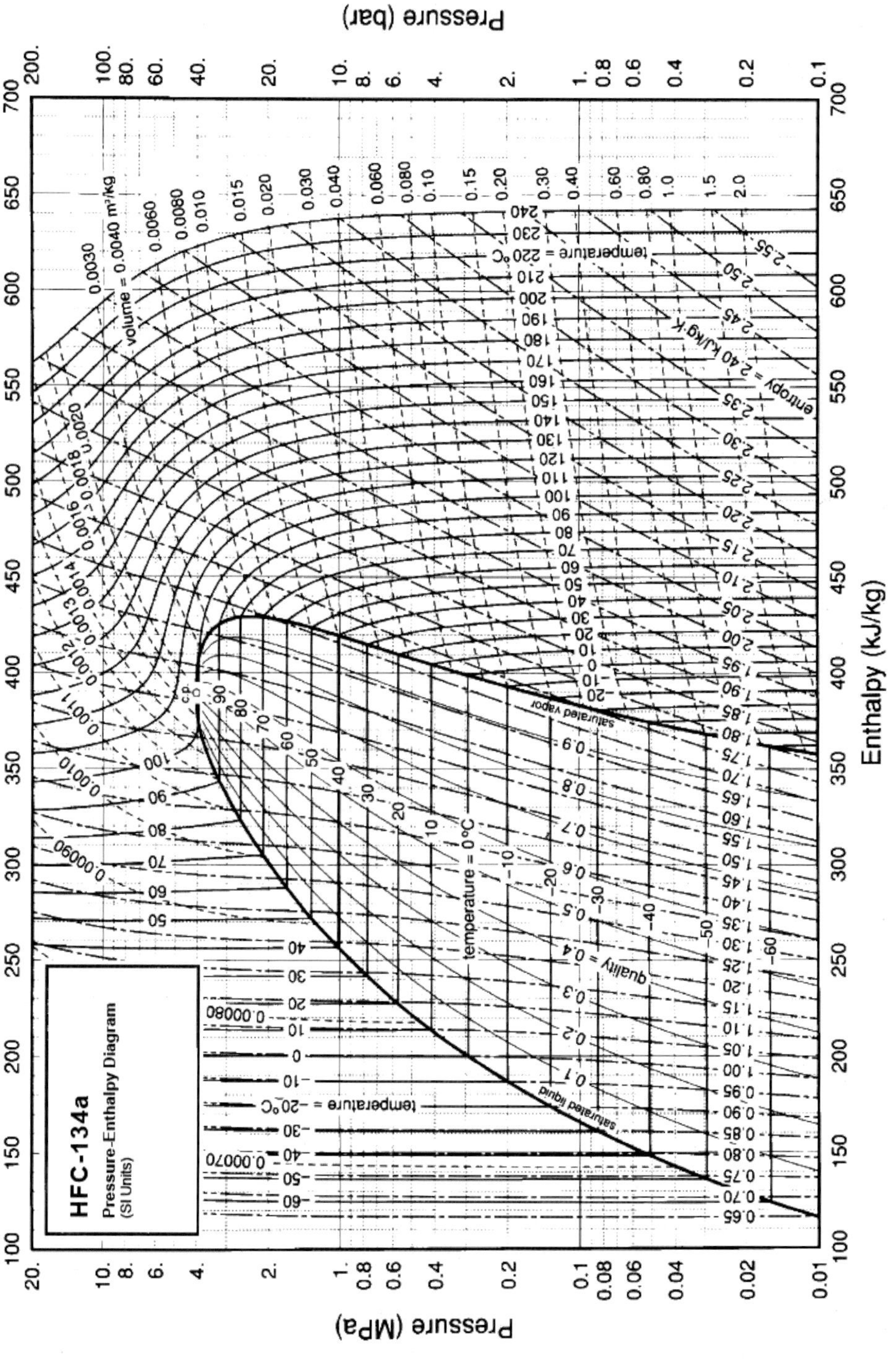
HFC-134a
Pressure-Enthalpy Diagram
(SI Units)
Pressure (bar)
Pressure (MPa)
Enthalpy (kJ/kg)

연습문제
풀이와 정답

제1장

1 ① 냉동식품은 전처리 가공을 실시한 식품이다.

2 ③ RTH : ready-to-heat

3 ④ °F = 9/5°C + 32 = 9/5(−18) + 32 = 0 °F

4 ② 현열은 물질의 온도 변화에 관여하며 잠열은 상태 변화에 관여한다. 융해열, 증발열 및 승화열은 모두 잠열에 속한다.

5 ① 비열(1 cal/g·°C)은 물 1 g을 1°C 높이는 데 필요한 열량을 의미한다.

6 ① 얼음의 융해 잠열은 80 kcal/kg 또는 336 kJ/kg이다.

7 ④ 1 cal의 정의는 물 1 g을 14.5°C에서 15.5°C로 온도를 높이는 데 필요한 열량이다.

8 ② $Q = mc\Delta T$이므로 $c = \frac{Q}{m\Delta T} = \frac{10\ \text{kcal}}{(10\ \text{kg})(2°\text{C})} = 0.5\ \text{kcal/kg°C}$이며, 이는 얼음의 비열에 해당한다.

9 ② 물의 융해 잠열은 약 80 kcal/kg이므로 Q = (1,000 kg)(80 kcal/kg) = 80,000 kcal

10 ④ 위의 9번 문제에서 10°C 물을 0°C로 냉각시키는 데 소요되는 열량은 10,000 kcal이며, 0°C 얼음을 -20°C로 냉각시키는 데 10,000 kcal이 소요된다고 하였다. 따라서 총 열량은 100,000 kcal에 해당한다.

11 ③

제2장

1 ① 수소화물 중 물은 수소와 산소와의 전기음성도 차이로 극성을 보유하기 때문에 수소결합을 할 수 있다.

2 ④ 물 분자의 극성은 기하학적 구조 때문이 아닌 수소와 산소와의 전기음성도 차이 때문에 발생한다. 실제로 수소화물은 물보다 작은 결합각도를 보유한다.

3 ③ 물의 수소결합으로 증기압이 낮기 때문에 잘 증발하지 않는 성질을 갖는다.

4 ④ 열확산도는 일정 거리의 온도 변화가 얼마나 빠르게 현위치의 온도 변화를 일으킬 수 있는지의 척도이며, 얼음이 물보다 약 8배 크다.

5 ③ 계가 팽창하면 주위가 계로 일을 하기 때문에 계의 내부에너지는 감소한다.

6 ④

7 ② 자발적인 현상은 우주의 엔트로피를 증가시키거나, 계의 자유에너지를 감소시키는 방향으로 일어난다.

8 ② 1 kW = 1 kJ/s = (1 kJ/s)(3,600 s/1 h)(1 kcal/4.2 kJ) = 860 kcal/h

9 ③

10 ① 1 kcal = 4.2 kJ = 4,200 N·m = 4,200 kg·m^2/s^2 = (429 kg·m)(9.8 m/s^2) = 429 kg·m

11 ② 엔탈피는 단위질량당 열량으로 kcal/kg의 단위를 갖는다.

제3장

1 ② 열전달 속도는 열전도도, 단면적, 온도 차에 비례하고 열전달 거리에 반비례한다.

2 ②

3 ④

4 ③ 열전달 계수는 물이 공기보다 높고, 흐르는 유체는 정지 상태의 유체보다 크다.

5 ① 동질성 빙핵 형성은 순수한 물 분자들에 의한 빙핵 형성이다.

6 ③ 대부분의 얼음은 상변화 과정에서 형성되며, 상변화 시간이 길수록 얼음 결정체의 크기가 크고 조직 손상이 심하다.

7 ③ 얼음은 과냉각, 빙핵 형성, 얼음 결정의 성장 및 얼음의 냉각 단계로 일어난다.

8 ① 큰 얼음 결정체는 냉동 속도가 느릴 때 만들어진다.

9 ② 10℃ 물을 0℃로 냉각하는 데 제거해야 하는 열량 Q_1 = 1 kg×1 kcal/kg·°C×10°C = 10 kcal
0℃ 물을 0℃ 얼음으로 전환하는 데 제거해야 하는 열량 Q_2 = 1 kg×80 kcal/kg = 80 kcal
0℃ 얼음을 -20℃로 냉각하는 데 제거해야 하는 열량 Q_3 = 1 kg×0.5 kcal/kg°C×20°C = 10 kcal
따라서 제거해야 하는 총 열량은 100 kcal이다.

10 ② 어는점에서 용액은 얼기 시작하며, 모든 수분이 냉동되어 용질이 석출되는 온도를 공정점이라 한다.

11 ③ 어는점 내림 상수는 이온 강도에 비례하므로, 형성되는 이온의 수에 비례한다.

12 ④ 용질의 양이 증가하면 끓는점은 상승하고, 어는점은 강하한다.

13 ③ $\text{식품의 동결률(\%)} = \left(1 - \frac{\text{식품의 어는점}}{\text{식품의 품온}}\right) \times 100 = \left(1 - \frac{-1^\circ\text{C}}{-10^\circ\text{C}}\right) \times 100 = 90\%$

14 ①

15 ① 급속 냉동은 얼음 결정체의 수가 많고 얼음 결정체의 크기는 작아 조직 손상이 적다.

16 ④ 플랑크의 냉동식은 정상 상태에서 열전달이 일어난다고 가정하며, 물의 상태 변화 과정에 소요되는 시간을 산출하기 때문에 실제 냉동 시간과는 다소 차이가 있다.

17 ③

18 ① 판형 식품에서 냉동의 종료는 가장 짧은 면을 통해 이루어지며, 냉동 면이 식품의 중심부에 도달하였을 때 냉동이 종료된다고 볼 수 있다. 따라서 냉동 면의 이동거리는 1 cm이며, 이동 시간은 1시간이 소요되었기에 냉동 속도는 1 cm/h로 계산된다.

19 ④ 온도 중심점은 식품에서 온도 강하가 가장 늦은 위치이며, 고체형 식품은 기하학적 중심에 해당하지만 액체형 식품은 기하학적 중심보다 다소 낮을 수 있다.

20 ②

제4장

1 ④ 물이 얼음으로 전환되면 계의 엔탈피와 엔트로피는 감소하며 부피가 증가한다. 클라페이론식에 의하면 어는점은 압력이 증가할수록 감소한다.

2 ①

3 ② 압력하에서 얼음은 육각형 구조를 잃고 물보다 밀도가 증가한다. 얼음도 압력이 변화하면 상태가 변화하며 다양한 얼음 상이 존재한다.

4 ③ 팽창률(%) = 수분의 질량분률 × 동결률 × 얼음의 팽창률(0.09)로 산출한다. 수분의 질량 분률은 0.75이며 동결률이 95%이므로 팽창률은 6.5%가 된다.

5 ①

6 ② 팽압은 식품 표면의 동결 및 식품 내부에 형성되는 얼음의 부피 팽창으로 인하여 식품 내부에 형성되는 압력이다. 팽압이 최대치에 도달하여 식품 표면에 균열이 생기면 팽압은 급격하게 떨어진다.

7 ④ 급속 냉동에서는 세포의 내외부에 얼음 결정체가 형성되는 반면, 완만 냉동에서는 세포의 외부에 먼저 얼음 결정체가 형성되어 조직 손상을 일으킨다.

8 ①

9 ④ 식물성 세포막은 주로 셀룰로오스로 이루어진 반면, 동물성 세포막은 단백질과 지질로 구성되어 있다. 따라서 식물성 세포는 유동성이 적어 냉동에 의한 손상이 심하게 발생한다.

10 ③ 냉동식품에서 당은 단백질의 냉해방지제로 작용한다.

11 ①

12 ③ 저온균의 최적 증식 온도는 10~20°C이며 일부 저온균은 -10°C에서도 증식할 수 있다. 반면에 냉동 온도에서는 저온균의 증식이 멈춘다.

13 ④ 냉동식품 중에 존재하는 수용성 비타민과 무기물은 해동 드립에 용해되어 손실이 발생할 수 있다.

14 ③ 얼음의 재결정화는 수증기압 차이에 의해 발생한다. 수증기압은 물, 작은 얼음 결정체, 큰 얼음 결정체의 순으로 크다.

15 ② 얼음의 재결정화는 냉동 과정 중 온도 변동이 클수록, 해동 시간이 길수록 가속화된다.

16 ②

17 ④ 지나친 저온은 단백질 저온 변성의 원인이 될 수 있다.

18 ③ 데치기에 의해 식물 조직은 연화되기 때문에 냉동 과정에서 조직 손상을 억제할 수 있다.

19 ①

20 ②

제5장

1 ④

2 (1)

3 ① 압축기는 냉매를 고온 고압의 기체로 만들어 쉽게 응축할 수 있도록 하며, 냉매를 순환시키는 펌프의 역할을 한다.

4 ② 팽창 과정은 자유 팽창으로 냉매는 저온 저압의 액체 상태가 되어 증발기로 들어간다.

5 ② 프레온 등 냉동고에 저온을 발생시키는 냉매를 1차 냉매라 하며, 냉동고 내부의 찬 공기 등은 2차 냉매라고 한다.

6 ③

7 ④ 건조도 0에서 냉매는 모두 액체 상태로 존재하며, 이를 포화액이라고 한다.

8 ①

9 ③ 냉동 효과 = 증발기 통과 전후 냉매의 엔탈피 차이 = 260 − 140 = 120 kcal/kg
압축일량 = 압축기 통과 전후 냉매의 엔탈피 차이 = 280 − 260 = 20 kcal/kg
응축열량 = 냉동 효과 + 압축일량 = 120 + 20 = 140 kcal/kg
성적 계수 = 냉동 효과/압축일량 = 120/20 = 6

10 ④ 증발 온도를 낮추면 증발 압력이 낮아지며 압축률은 증가한다. 따라서 압축기에서 배출되는 냉매의 온도는 올라가고, 압축일량은 커진다. 냉동 효과는 다소 감소하며 성적 계수도 감소한다. 따라서 냉동 효율은 떨어진다.

11 ③ 냉매 순환량은 단위 시간당 이동한 냉매의 양으로 냉매의 유속에 해당한다. 냉매의 유속은 냉동 부하를

냉동 효과로 나누어 산출할 수 있다. 이 경우 냉동 부하는 5 RT이므로

$$냉동부하 = 5\ \text{RT} \times \frac{3{,}320\ \text{kcal/h}}{1\ \text{RT}} \times \frac{1\ \text{h}}{3{,}600\ \text{s}} = 4.6\ \text{kcal/s}$$

따라서 냉매의 유속은 $\frac{4.6\ \text{kcal/s}}{200\ \text{kcal/kg}} = 0.023\ \text{kg/s} = 83\ \text{kg/h}$

12 ③ 냉동 효과 = 증발기 출구 냉매의 엔탈피-증발기 입구 냉매의 엔탈피이므로, 출구 냉매의 엔탈피는 260 + 135 = 395 kcal/kg

13 ④

14 ① 접촉식 냉동은 식품을 냉매가 흐르는 금속판 사이에서 0.1~0.2 kg/cm²의 압력을 가하면서 냉동시키는 방법이다. 금속판과 식품 사이에 전도열 전달이 이루어지기 때문에 급속 냉동이 가능하지만 금속판과 식품 간의 접촉을 위해 사용할 수 있는 식품의 형태는 제한적이다.

15 ②

16 ②

17 ④

18 ② 동결 농축은 얼음 결정체를 제거하여 액상 식품을 농축시키는 기술이며, 얼음 결정체를 쉽게 제거하기 위해서는 결정체 크기를 크게 만들어야 한다.

19 ① 저온 진공 상태에서 얼음은 승화하여 기화되는 특성이 있다.

20 ③ 동결 건조는 식품이 냉동 상태에서 진공에 의한 승화를 이용하여 식품을 건조시키는 방법이며, 해동은 실시하지 않는다.

제6장

1 ③ 이상적인 해동은 단백질 변성에 의해 이루어지지 않는다.

2 ①

3 ②

4 ① 드립은 대부분 수분으로 이루어져 있으며, 드립 발생은 식품의 중량 손실, 수축 등 외형 변화, 색소 성분의 유출로 인한 퇴색, 영양소의 손실을 일으킨다.

5 ④ 드립에는 식품에 존재하는 수용성 물질이 함께 용해되어 있다. 대표적인 수용성 성분은 단백질, 수용성 비타민, 무기물, 색소 및 향미 성분 등이 있다.

6 ③ 드립 발생은 얼음의 재결정화에 의해 영향을 받는다. 얼음의 재결정화는 저장 기간이 길고 저장 과정에서 온도 변동이 크거나 해동 시간이 길 경우 심하게 발생한다.

7 ④ 해동 시간이 지나치게 길면 얼음의 재결정화로 인한 조직 손상이 발생하며, 그 결과 드립의 양은 증가한다.

8 ④ 재구성 식육 제품이나 수리미와 같은 제품은 냉동에 의해 형태를 유지하므로 해동해서는 안 된다. 아이스크림 역시 냉동 상태로 섭취하는 식품이기 때문에 역시 해동하지 않는다.

9 ①

10 ③ 반해동은 식품의 어는점보다 다소 낮은 온도에서 해동을 종료하는 방법이다.

11 ④ 물과 얼음의 열적 특성 차이로 인하여 동일한 조건에서도 해동은 냉동보다 오랜 시간이 요구된다.

12 ②

13 ②

14 ① 해동 속도는 고주파 해동이 가장 빠르며, 공기 해동이 가장 느리다.

15 ①

16 ③

17 ③ 전자기파는 복사 열전달을 통해 식품의 품온을 상승시킨다.

18 ④ 전자기파 해동은 해동 속도가 매우 빠르기 때문에 부분적인 과열과 함께 해동이 불균일하게 일어나는 특징이 있으며, 특히 해동 후반부의 온도 제어가 매우 어렵다.

19 ② 초고압 해동은 압력의 증가에 따른 물의 어는점 내림을 이용하는 해동 기술로, 일정한 압력하에서 식품의 해동을 진행한다. 이 과정에서 압력에 의한 단백질 변성이 발생할 수 있다.

20 ② 포화수증기 해동은 수증기가 차가운 냉동식품 표면에 응축하면서 발생하는 잠열을 이용하기 때문에 해동 속도를 빠르게 할 수 있다.

제7장

1 ② 식육의 드립은 저장 기간이 길수록 증가한다.

2 ① 냉동 속도가 낮을수록 갈변 등의 화학적 변화는 느리게 일어나는 특성이 있으며, −50°C 이하의 심온 저장 온도에서는 갈변 현상이 잘 일어나지 않는다.

3 ③ DFD는 식육의 pH가 이상적으로 높기 때문에 보수력이 매우 높고 드립 발생량을 줄일 수 있지만, 외형이 비정상적으로 보이기 때문에 상품 가치는 낮다.

4 ④ 염지제와 결착제는 육제품의 보수력을 높이는 데 직접적으로 관여한다. 보존제의 경우 항산화제는 지질 및 단백질 산화를 억제하기 때문에 보수력 저하를 억제할 수 있다. 반면에 증량제는 식품의 중량을 높이기 위한 목적으로 사용되기 때문에 보수력과는 직접적인 관계가 없다.

5 ③ 도축 직후 냉각 속도가 지나치게 빠를 경우 저온 단축cold shortening 현상이 발생하는 반면, 도축 직후 냉동한 식육은 해동 과정에 심하게 질겨지는 해동 경직thaw rigor 현상이 발생한다.

6 ① 냉동변색freezer burn : 냉동 중 식품 표면의 승화에 의한 건조로 변색되는 현상.
탈색decoloration : 색소의 소실 등으로 식품이 원래 보유하고 있던 색도가 저하되는 현상.
산소화oxygenation : 식육 색소가 산소와 결합하여 선홍색의 옥시미오글로빈oxymyoglobin을 형성하는 현상.
온도체 발골hot-boning : 도축 직후 식육이 냉각되기 전 발골하는 처리 방법.

7 ④

8 ④

9 ② 빙장법은 냉동 방법이 아니라 어획 수산물의 저온 저장 방법이다.

10 ②

11 ①

12 ①

13 ③ 특별 전처리는 팬 채움 이전에 실시한다.

14 ② 단백질 분해 결과 티로신이 산화되어 흑색소인 멜라닌을 생성한다.

15 ④ 아이스크림의 품질 규격은 유지방 함량에 의해 결정된다. 즉, 유지방 함량이 높을수록 프리미엄 아이스크림으로 분류된다.

16 ③ 일반적으로 유화제는 유화 상태를 안정시키기 위해 사용하지만, 아이스크림에서는 지방구를 불안정화하기 위한 목적으로 사용된다. 유화제는 지방구 표면의 카세인과 유청 등 유단백질을 이탈시켜 유지방의 안정성을 저하시켜 공기 기포와의 3차원 구조를 만듦으로써 부드러운 조직감을 만든다.

17 ①

18 ② 유화제는 유지방을 안정화시키는 카세인과 유청을 이탈시키기 위해 사용한다.

19 ③

20 ④ 냉동 HMR 제품은 섭취 직전의 상태로 제조하여 냉동시킨 식품이다. 따라서 제조 과정에서 해동은 수행되지 않는다.

참고문헌

강수정, 김옥선, 손시혜, 유혜민, 이지원, 정수영, 조아영, 윤기선. 냉동가공 식품에 대한 소비자 인식도 및 수산 냉동식품의 오염 상태 조사 연구. 동아시아식생활학회지. 18, 873-883. (2008)

금준석, 이창호, 한억. 마이크로파 해동에서 냉동식품의 해동높이 변화가 해동후 품질에 미치는 영향. 한국식품영양과학회지. 27, 109-114. (1998).

김공환. 식품공학 제2판. ㈜라이프사이언스. (2015)

김병목, 정지희, 정민정, 김종찬, 전기홍, 김동수, 이광표, 전준영, 정인학. 냉동온도 및 해동시간이 홍게(*Chionoecetes japonicas*) 다릿살 채육에 미치는 영향. 한국수산과학회지. 48, 655-660. (2015).

김선재, 임종한. 동결, 해동 및 Blanching이 자색고구마 색소에 미치는 영향. Korean Journal of Food Science and Technology. 29, 9-14. (1997).

김영환. 가정간편식의 시장 동향 분석. 식품과학과 산업. 50, 57-66. (2017).

김진세, 박석호, 최동수, 최승렬, 김용훈, 이수장, 박천완, 한귀정, 조병관, 박종우, 라디오파 해동기의 해동 및 가열성능 분석. Food Engineering Progress. 21, 57-63. (2017).

김진수. 식품냉동냉장학(개정판). 도서출판 효일. (2003)

김진수, 허민수, 김혜순, 하진환. 수산가공학의 기초와 응용. 도서출판 효일. (2007)

대한설비공학회, 냉동냉수 시스템 기술정보집, Part 4, 제1장, 제2절, 한국에너지공단. (2015)

박원종, 이승기, 강윤한, 김종국, 윤광섭, 이진만, 최성희, 허상선, 강복희. 기초가 탄탄한 식품가공학. 수학사. (2015)

박종대. 쌀 자원의 편의식 밥류 제품의 가공적성 연구. 식품과학과 산업. 49, 71-77. (2016).

변명희, 최미정, 이성, 민상기. 모델 시스템에서 동결속도에 따른 얼음 결정체의 크기 및 동결건조 속도의 변화. 한국축산식품학회지, 18, 164-175. (1998)

변유량, 고상훈, 민세철, 이동언, 정명수, 조형용, 최미정, 최영진, 한재준. 에센스 식품공학. 지구문화사. (2007)

서정균, 임병주, 함영복, 김형재, 정광수. 요거트아이스크림의 냉각에 따른 오버런 특성실험. 대한기계학회 춘추학술대회, 2617-2620 (4 pages) (2010).

손종철. 전자레인지(Microwave Oven)란 무엇인가? 식품과학과 산업. 32: 2-11. (1999).

양철영, 이치호, 이경혜, 주옥수. 식품냉장냉동학. 도서출판 석학당. (2014)

윤철구, 박지용. 전기에너지를 이용한 동결육의 급속 해동 기술. 식품과학과 산업. 29, 36-42. (1996)

윤도영, 김병식, 김민찬, 최창균. 열역학의 이해. 사이텍미디어. (1988)

윤찬석, 홍승인, 조아름, 이화신, 박현우, 이근택. 즉석편의 식품용 포장재의 전자레인지 가열에 의한 변형 원인 분석. Korean Journal of Food Science and Technology, 47, 63-69. (2015).

이종경, 박지용. Microwave 가열을 이용한 동결육 해동. 식품과학과 산업. 30: 103-112. (1997)

정강현, 임지순, 오문헌, 김종국. 식품가공학. 문운당. (2007)

정석봉, 서태룡, 정효정, 김보경, 조영제. 고주파해동과 일반해동이 냉동 고등어, 명태, 삼치, 조기의 이화학적 품질에 미치는 영향. 수산해양교육연구. 28, 1152-1158. (2016).

전중균, 홍경표. 냉동과 해동에 따른 국매리복 근육의 독화. Journal of the Korean Society of Fisheries and Technology. 37, 175-178. (2004).

진구복(편). 식육육제품의 과학과 기술(개정판). 선진문화사. (2017)

천호연, 최은지, 한애리, 정영배, 김진세, 박석호. 한우육의 냉동 및 해동 조건에 따른 품질 변화. 한국식품영양과학회지, 45, 230-238. (2016)

한국식품냉동기술협의회. 소비자들이 생각하는 냉동식품의 오해와 진실. 한국식품냉동기술 소식

지. 도서출판 학예사. (2015)

한국식품과학회, 식품과학기술 대사전, 광일문화사. (2004)

Aylward G, Findlay T. SI Chemical data (5th edition). John Wiley & Sons. (2002)

Bahari L, Bein A, Yashunsky V, Braslavsky I. Directional freezing for the cryopreservation of adherent mammalian cells on a substrate. Plos One, 13, e0192265. (2018)

Bedane, T.F., Chen, L., Marra, F., Wang, S. Experimental study of radio frequency (RF) thawing of foods with movement on conveyor belt. Journal of Food Engineering. 201, 17-25. (2017).

Bolliger S, Kornbrust B, Goff HD, Tharp BW, Windhab EJ. Influence of emulsifiers on ice cream produced by conventional freezing and low-temperature extrusion processing. International Dairy Journal, 10, 497-504. (2000)

Briard JG, Poisson JS, Turner TR, Capicciotti CJ, Acker JP, Ben RN. Small molecule ice recrystallization inhibitors mitigate red blood cell lysis during freezing, transient warming and thawing, Scientific Reports 6: 23619. (2016)

Canet Parreño, W., Álvarez Torres, M.D. Quality and Safety of Frozen Vegetables. In. D.W. Sun, Handbook of Frozen Food Processing and Packaging (2nd ed.). CRC Press. (2012)

Calligaris S, Manzocco L, Conte LS, Nicoli MC. Application of a modified Arrhenius equation for the evaluation of oxidation rate of sunflower oil at subzero temperature. Journal of Food Science, 69, 361-366. (2004)

Canet Parreño, W., Álvarez Torres, M.D. Quality and Safety of Frozen Vegetables. In. D.W. Sun, Handbook

Chang R. Physical chemistry for the chemical and biological sciences. University Science Books. (2000)

Chichester CO. Advances in food research (volume 27). Academic Press, Inc.

Evans JA. Frozen food science and technology. Blackwell Publishing. (2008)

Farang, K.W., Marra, F., Lyng, J.G., Morgan, D.J., Cronin, D.A. A comparison of conventional and radio frequency thawing of beef meats: effects on product temperature distribution. Food and Bioprocess Technology. 4, 1128-1136. (2011).

Farouk MM, Swan JE. Effect of rigor temperature and frozen storage on functional properties of hot-boned manufacturing beef. Meat Science, 49, 233-247. (1998)

Fennema OR, Powrie WO, Marth EH. Low-temperature preservation of foods and living matter. Marcel Dekker, Inc. (1973)

Gambuteanu C, Alexe P. Comparison of thawing assisted by low-intensity ultrasound on technological properties of pork Longissimus dorsi muscle. Journal of Food Science and Technology, 52, 2130-2138. (2015)

Goñi, S.M., Oddone, S., Segura, J.A., Mascheroni, R.H., Salvadori, V.O. Prediction of foods freezing and thawing times: Artificial neural networks and genetic algorithm approach. Journal of Food Engineering. 84, 164-178. (2008).

Góral, D., Kluza, F., Spiess, W.E.L. Kozłowicz, K. Review of thawing time prediction models depending on process conditions and product characteristics. Food Technology and Biotechnology. 54, 3-12. (2016).

Halliday D, Resnick R, Walker J. Fundamentals of physics (6th edition). John Wiley & Son, Inc. (2001)

Hidehisa Kawahara, Chapter 5. Characterizations of Functions of Biological Materials Having Controlling-Ability Against Ice Crystal Growth, Advanced Topics on Crystal Growth, Ed. Sukarno Olavo Ferreira, InTech. (2013)

Huang, Z., Marra, F., Subbiah, J., Wang, S. Computer simulation for improving radio frequency (RF) heating uniformity of food product: A review. Critical Reviews in Food Science and Nutrition. 58, 1033-1057.(2017).

Jeff Schwegman J. Basic cycle development technique for lyophilized products. SP Scientific. (2009)

Judith A. Evans, Frozen Food Science and Technology. Blackwell Publishing Ltd, UK, p125,126,163,175. (2008)

Kevin R., The Use of Freeze-Drying Microscopy (FDM) to Determine Critical Parameters of Materials Prior to Lyophilisation Ward Director of Research & Development, BTL Winnall Valley Road, Winchester SO23 0LD T: 01962 841092 W: www.btl-solutions.net

Leygonie, C., Britz, T.J., Hoffman, L.C. Impact of freezing and thawing on the quality of meat: Review. Meat Science. 91, 93-98. (2012)

Li B, Sun DW. Novel methods for rapid freezing and thawing of foods-a review. Journal of Food Engineering, 54, 175-182. (2002)

Li D, Zhu Z, Sun DW. Effects of freezing on cell structure of fresh cellular food materials: A review. Trends in Food Science and Technology, 75, 46-55.

Nesvadba, P. Thermal properties and ice crystal development in frozen foods. In. J.A. Evans, Frozen Food Science and Technology. (2008)

Nguyen, L.T., Balasubramaniam, V.M., Sastry, S.K. Determination of in-situ thermal conductivity, thermal diffusivity, volumetric specific heat and isobaric specific heat of selected foods under pressure. International Journal of Food Properties. 15, 169-187. (2012).

Makita, T. Application of high pressure and thermophysical properties of water to biotechnology. 76, 87-95. (1992).

Markets and Markets. Frozen food market analysis by products type and by geography. Trends and forecasts (2010-2015). Market research reports. (2011)

Min GG, Hong GP, Choi MJ. Changes in ice dendrite size during freezing process in gelatin matrix as a model food system. Korean Journal for Food Science of Animal Resources, 28, 312-318. (2008)

Otero L, Rodriguez AC, Perez-Mateos M, Sanz PD. Effects of magnetic fields on freezing: application to biological products. Comprehensive Reviews in Food Science and Food Safety, 15, 646-667. (2016)

Paul Singh, R., HeldMan, D.R. Introduction to Food Engineering (4th ed.). Academic Press. (2009)

Petrovic L, Grujic R, Petrovic M. Definition of the optimal freezing rate-2. Investigations of the physico-chemical properties of beef M. longissimus dorsi frozen at different freezing rate. Meat Science, 33, 319-331. (1993)

Peter J. Marchand, Life in the cold. 3rd Edn. University Press of New England, Hanover, N.H., p 48. (1996)

Petrovic, L., Grujic, R. and Petrovic, M., Definition of the optimal freezing rate-2. Investigations of the physico-chemical properties of beef M. longissimus dorsi frozen at different freezing rates. Meat Science 33, 319-331. (1993)

Pham QT. Thawing. In: Mascheroni RH, editor. Operations in food refrigeration. Boca Raton FL, USA: CRC Press, Taylor & Francis Group. (2012)

Phimolsiripol Y, Siripatrawan U, Tulythan V, Cleland DJ. Effects of freezing and temperature fluctuations during frozen storage on frozen dough and bread quality. Journal of Food Engineering, 84, 48-56. (2008)

Rao MA. Concentration of apple juice. In: D. L. Downing (ed.) Processed apple products, pp. 137. Van Nostrand Reinhold, NY. (1989)

Rasta, Made & Wardana, I.N.G. & Hamidi, Nurkholis & Sasongko, M.N., The role of heterogeneous nucleation in water based phase change material for medium temperature refrigeration. 11, 978-985. (2016).

Sacks B, Casey NH, Boshof E, Zyl H. Influence of freezing method on thaw drip and protein loss of low-voltage electrically stimulated and non-stimulated sheep's muscle. Meat Science, 34, 235-243. (1993)

Santivarangkna C, Kulozik U, Foerst P. Inactivation mechanisms of lactic starter cultures preserved by drying processes. Journal of Applied Microbiology, 105, 1-13. (2008)

Schiffmann, R.F. Microwave technology: A half-century of progress. Available from: http://www.foodproductdesign.com. Accessed May. 01., (2014)

Silberberg M. Chemistry: The molecular nature of matter and change (6th edition). McGraw-Hill, Inc. (2012)

Tironi V, de Lamballerie M, Le-Bail A. Quality changes during the frozen storage of sea bass (Dicentrarchus labrax) muscle after pressure shift freezing and pressure assisted thawing. Innovative Food Science and Technologies, 11, 565-573. (2010)

Walker M. Microorganisms able to grow or survive at cold temperature: A hidden danger on board ships. Inspector's News, No. 69556. (2014)

Yoo SM, Shim JB, Kim KI, Min SG, Lee SY, Jo YJ, Choi MJ. Effects of various freezing and thawing techniques on pork quality in ready-to-eat meals. African Journal of Food Science, 9, 525-533. (2015)

Zhu S, Le Bail A, Ramaswamy HS, Chapleau N. Characterization of ice crystals in pork muscle formed by pressure-shift freezing as compared with classical freezing methods. Journal of Food Science, 69, FEP190-FEP197. (2004)

찾아보기

영문 찾아보기

저자 소개

홍근표
현재 세종대학교 식품생명공학과 교수
건국대학교 축산가공학과 학사
건국대학교 축산가공학과 석사
건국대학교 축산식품생물공학과 박사

박성희
현재 강릉원주대학교 해양식품공학과 교수
건국대학교 축산가공학과 학사
건국대학교 축산식품생물공학과 석사
Ohio State University(USA) 박사

조연지
현재 건국대학교 의생명공학과 연구전임교수
경기대학교 식품생물공학과 학사
경기대학교 식품생물공학과 석사
건국대학교 바이오산업공학과 박사

천지연
현재 제주대학교 식품생명공학과 교수
건국대학교 영양자원학과 학사
이화여자대학교 식품영양학과 석사
건국대학교 축산식품생물공학과 박사

최미정
현재 건국대학교 축산식품생명공학과 교수
건국대학교 축산가공학과 학사
건국대학교 축산가공학과 석사
Université de Claude BernardLyon1(France) 박사

원리로 배우는 식품 냉동학

2018년 8월 14일 초판 인쇄
2018년 8월 20일 초판 발행

대표저자 홍근표
저　　자 박성희 · 조연지 · 천지연 · 최미정

발행인 이 영 호
발행처 **수 학 사**
06653 서울특별시 서초구 효령로 263
출판등록 1953년 7월 23일 No.16-10
전화번호 02) 584-4642(代) 팩스 02) 521-1458
http://www.soohaksa.co.kr
디자인 북큐브

정가 24,000원

ISBN 978-89-7140-718-9 93570